“十四五”时期国家重点出版物出版专项规划项目

中国能源革命与先进技术丛书

储能科学与技术丛书

中国电力科学研究院科技专著出版基金资助

电力储能系统安全技术与应用

惠　东　高　飞　马　达　陈　蕾
卓　萍　李向梅　路世昌　郭鹏宇　著

机械工业出版社

为了保障电力储能系统安全，需要从标准体系、管理制度、安全应用技术等方面协同发力，包括：健全储能标准体系，加强储能标准的贯彻执行；健全储能电站管理制度，加强电力储能系统电站的安全管理；发展电力储能系统安全应用技术研究，探索新材料、新技术在电力储能系统中的应用与工程实践；强化储能系统安全设计，加强储能消防安全技术研究等。

本书从当前电力储能系统安全标准化现状、电力储能系统火灾事故、电力储能安全风险、电力储能安全防护技术专利、电力储能系统热防护材料、储能系统安全设计、储能消防安全等方面开展论述。对于电力储能安全问题，本书无疑有较好的指导性和借鉴性，也希望本书能为从事储能电站设计、运维等相关工作的人员提供更多帮助。

图书在版编目（CIP）数据

电力储能系统安全技术与应用/惠东等著. —北京：机械工业出版社，2022.11（2023.11 重印）
（中国能源革命与先进技术丛书. 储能科学与技术丛书）
“十四五”时期国家重点出版物出版专项规划项目
ISBN 978-7-111-71624-2

Ⅰ.①电… Ⅱ.①惠… Ⅲ.①电力系统-储能-安全技术 Ⅳ.①TM7

中国版本图书馆 CIP 数据核字（2022）第 174294 号

机械工业出版社（北京市百万庄大街 22 号 邮政编码 100037）
策划编辑：付承桂　　责任编辑：付承桂 杨 琼
责任校对：张 征 张 薇　封面设计：鞠 杨
责任印制：任维东
北京中兴印刷有限公司印刷
2023 年 11 月第 1 版第 2 次印刷
169mm×239mm · 14 印张 · 4 插页 · 270 千字
标准书号：ISBN 978-7-111-71624-2
定价：89.00 元

电话服务　　网络服务
客服电话：010-88361066　机 工 官 网：www.cmpbook.com
010-88379833　机 工 官 博：weibo.com/cmp1952
010-68326294　金 书 网：www.golden-book.com
封底无防伪标均为盗版　机工教育服务网：www.cmpedu.com

前　言

储能对于促进能源转型方面起着重要的支撑作用，“十四五”时期，我国已开启全面建设社会主义现代化国家新征程，为实现“碳达峰、碳中和”这个宏伟目标，国内相继出台多项储能支持政策，将发展新型储能作为提升能源电力系统调节能力、综合效率和安全保障能力的重要一环。

为了保障电力储能系统安全，需要从标准体系、管理制度、安全应用技术等方面协同发力，包括：健全储能标准体系，加强储能标准的贯彻执行；健全储能电站管理制度，加强电力储能系统电站的安全管理；发展电力储能系统安全应用技术研究，探索新材料、新技术在电力储能系统中的应用与工程实践；强化储能系统安全设计，加强储能消防安全技术研究等。

本书从当前电力储能系统安全标准化现状、电力储能系统火灾事故、电力储能安全风险、电力储能安全防护技术专利、电力储能系统热防护材料、储能系统安全设计、储能消防安全等方面开展论述。

全书组织如下：

第 1 章介绍了电力储能系统安全基本概念以及相关政策。

第 2 章分析了国内外典型电力储能系统安全事故案例。

第 3 章介绍了国际电工委员会（IEC）和其他标准组织在储能安全标准化方面的工作，以及我国电力储能安全标准化情况。

第 4 章介绍了电力储能系统安全风险评估方面的技术进展，包括锂离子电池热失控过程分析、锂离子电池模块热失控连锁反应及传播、锂离子电池燃烧爆炸特性分析及危害评估等。

第 5 章介绍了国内外储能安全防护技术相关专利的申请和分布情况，包括申请量、国家/地区分布、重点专利分析、重点申请人分析等。

第 6 章介绍了电力储能系统热防护材料的研究进展、热防护材料的理化分析，以及在电池模块中的应用效果评估。

第 7 章介绍了电池储能安全设计技术，包括锂离子电池系统安全设计、系统安全使用注意事项、系统安全维护注意事项，以及电池管理系统安全策略设计等。

第 8 章介绍了电池储能消防安全技术，包括锂离子储能系统本质安全及其火灾特点、储能电站火灾预警报警系统研究、储能电站灭火系统适用性研究，以及储能电站防火设计要点等。

参考文献部分列出了本书编写过程中参考的相关文献出处。

由于时间仓促，水平有限，书中难免存在不妥之处，恳请广大读者批评指正。作者联系邮箱：154754937@ qq. com。

目　录

第1章 电力储能系统安全概述

1.1 电力储能系统安全基本概念

电力储能系统包含的类型有很多，既包括目前已经取得广泛应用的锂离子电池储能、液流电池储能、铅酸（炭）电池储能，也包括正处于示范应用阶段的钠离子电池储能、压缩空气储能、飞轮空气储能等。

在本书中，电力储能系统泛指电池储能系统，书中的电力储能系统安全是指在储能系统应用全寿命周期内不能因储能电池本体自身缺陷和故障以及储能电池本体以外的其他故障或因素导致起火、爆炸等事故，不能造成周边建筑设施毁坏、人身伤亡。

目前，电力储能系统安全已经成为影响储能电池在储能领域大规模应用的重大问题。从安全风险载体形式来看，电力储能系统安全涉及电池储能电站包含的所有电力储能系统及设备，以及相关附属设施，比如电池管理系统（Battery Management System，BMS）、储能变流器（Power Conversion System，PCS）、接入系统、继电保护及监控系统、辅助设施等，这些设备设施的故障或操作失误等都可能引发电池本体的安全问题，比如设备隐性缺陷、设计问题、施工质量问题、长期使用造成的性能衰退后安全状态劣化问题。

除了设备外，环境因素和人为因素也会导致电力储能系统安全问题。在环境因素方面，风险诱因可能来自空气湿度、灰尘污染、高海拔地区气压、沿海地区盐雾等对设备接触性、功能性、绝缘性的长期影响，包括设备外部环境的温度冲击（比如夏季户外高温）、雨水侵蚀、电磁干扰。在人为因素方面，风险诱因可能是施工人员的不规范、运行监控人员和维修人员的误动作等。

1.2 电力储能系统安全相关政策

国家对储能行业的发展越来越重视，经过十几年的发展，储能进入较为成熟阶段，呈现出爆发式增长趋势，储能大规模发展的时代即将到来。随着电力储能系统应用的规模越来越大，国内外发生了多起电池储能电站的火灾事故，尤其是2021年4月16日的北京某光储充一体化电站火灾事故（简称“416火灾事故”），使我国对电力储能系统安全问题的重视达到了前所未有的高度。在416火灾事故之后，国家各部委相继发布多项储能安全管理的法规文件，在应急救援、安全管理、检测认证、并网管理、风险隐患整治等方面对储能安全均提出了明确要求。

2021年5月，国家应急管理部消防救援局印发《电化学储能电站火灾扑救要点（试行）》的通知，该文件总结了电化学储能电站事故的特点：1）事故风险大；2）高电压高电流高能量；3）有毒有害、易燃易爆；4）火灾救援难度大，并提出电化学储能电站辨识方法、专业知识、储能模式、风险危害、处置对策和安全注意事项等。

2021年8月，国家发展改革委、国家能源局组织起草了《电化学储能电站安全管理暂行办法（征求意见稿）》，明确储能电站各相关方在项目准入、产品制造与质量、并网及调度、运行维护、退役管理、应急管理与事故处置等环节的安全管理职责，并规定了罚则；该文件要求，合理进行防火设计，明确电池室等部位的最大容量、防火分隔、防爆泄压、防火封堵等要求，配置可靠消防设施，最大限度降低风险。

2021年9月，国家能源局发布实施《新型储能项目管理规范（暂行）》，指出新型储能项目的储能设备和涉网设备必须具备准入资格，关键环节的质量安全必须牢牢掌控。该文件要求新型储能项目主要设备应满足相关标准规范要求，通过具有相应资质机构的检测认证，涉网设备应符合电网安全运行相关技术要求。在并网管理方面，该文件提出电网企业应建立和完善新型储能项目接网程序、明确并网调试和验收流程等具体要求。

2022年1月10日，国家能源局发布《电化学储能电站并网调度协议示范文本（试行）》，为储能电站的合规并网提供了依据。

2021年11月，国务院安全生产委员会办公室发布《电化学储能电站安全风险隐患专项整治工作方案》，要求设区的市、县级安委会组织协调发展改革、工业和信息化、市场监督管理、能源主管、消防救援等部门（机构），按照职责分工组织对已建成和在建电化学储能电站开展检查评估，督促责任企业单位落实整改责任，坚决遏制安全事故发生，确保电化学储能产业高质量安全发展。

2022 年 1 月 26 日国家能源局发布《电力安全生产“十四五”行动计划》，提出加强电网调度安全管理，强化跨省跨区安全调剂余缺能力，提升电网灵活安全调节能力，推动应急备用和调峰电源建设，推动建立健全可调负荷资源参与辅助服务市场机制，推动各类储能安全发展，为新能源发展提供安全保障。

第2章 电力储能系统安全事故案例分析

世界能源理事会（WEC）发布的《储能监测：2019 发展趋势》报告中指出，全球储能部署规模持续快速扩大，各种储能技术不断发展，储能成本不断降低，2018 年，全球储能新增装机容量达到 8GW，预计到 2030 年，全球储能装机总量将达到 250GW。

储能技术是涉及多学科的前沿技术，过去二十年，在各类储能工程中，用以保证储能安全的管理措施和技术措施等主要是借鉴常规的电气安全规范。由于储能安全问题的形成机理、边界条件、控制要素尚未认识清楚，致使储能安全防控手段、防范措施等不能适应储能技术快速发展及应用需要。近年来，国内外储能电站发生了多起火灾及安全事故，引起了社会的广泛关注。

2.1 国外储能安全状况

2.1.1 韩国

近年来，韩国陆续部署了 1000 多个电力储能系统项目。自 2017 年 8 月至今，先后发生了 34 起储能电站火灾事故。

根据 2019 年 6 月 11 日韩国政府发布的《储能电站火灾事故调查结果报告》，在前 23 起安全事故中，按储能电站容量规模划分，不足 1MWh 的电站有 1 起，1~10MWh 规模的电站有 17 起，超过 10MWh 规模的电站有 5 起；按储能电池类型划分，三元锂电池的储能电站有 21 起，磷酸铁锂电池的储能电站有 2 起；按应用场景划分，参与可再生能源发电应用的电站有 17 起，参与电力需求侧管理的储能电站有 4 起，参与电力系统调频的电站有 2 起；按发生事故时所处状态划分，充满电后待机中发生火灾的储能电站有 14 起，处于充放电运行状态的有 6 起，尚处于安装或调试状态的有 3 起。韩国储能电站火灾统计见表 2-1。

表 2-1　韩国储能电站火灾统计

序号	地区	容量/MWh	用途	安装地形	建筑形态	事故日期	使用时间	发生阶段
1	全北高敞	1.46	风力	海边	集装箱	2017.08.02	/	安装中（保管）
2	庆北庆山	8.6	频率	山地	集装箱	2018.05.02	1 年 10 个月	修理检查中
3	全南灵岩	14	风力	山地	组建式面板	2018.06.02	2 年 5 个月	修理检查中
4	全南群山	18.965	太阳能	海边	组建式面板	2018.06.15	6 个月	充电后休止中
5	全南海南	2.99	太阳能	海边	组建式面板	2018.07.12	7 个月	充电后休止中
6	庆南居昌	9.7	风力	山地	组建式面板	2018.07.21	1 年 7 个月	充电后休止中
7	世宗	18	需求管理	厂区	组建式面板	2018.07.28	/	安装中（施工）
8	忠北岭东	5.989	太阳能	山地	组建式面板	2018.09.01	8 个月	充电后休止中
9	忠南泰安	6	太阳能	海边	组建式面板	2018.09.07	/	安装中（施工）
10	济州	0.18	太阳能	商业区	混凝土	2018.09.14	4 年	充电中
11	京畿龙仁	17.7	调频	厂区	集装箱	2018.10.18	2 年 7 个月	修理检查中
12	庆北容州	3.66	太阳能	山地	组建式面板	2018.11.12	9 个月	充电后休止中
13	忠北天安	1.22	太阳能	山地	组建式面板	2018.11.21	11 个月	充电后休止中
14	忠北闻庆	4.16	太阳能	山地	组建式面板	2018.11.21	11 个月	充电后休止中
15	庆南居昌	1.331	太阳能	山地	组装式	2018.11.21	7 个月	充电后休止中
16	忠南堤川	9.316	需求管理	山地	组建式面板	2018.12.17	1 年	充电后休止中
17	江原三陟	2.662	太阳能	山地	地下混凝土	2018.12.22	1 年	充电后休止中

（续）

序号	地区	容量/MWh	用途	安装地形	建筑形态	事故日期	使用时间	发生阶段
18	庆南阳山	3.289	需求管理	厂区	混凝土	2019.01.14	10个月	充电后休止中
19	全南莞岛	5.22	太阳能	山地	组建式面板	2019.01.14	1年2个月	充电中
20	全北樟树	2.496	太阳能	山地	集装箱	2019.01.15	9个月	充电后休止中
21	蔚山	46.757	需求管理	厂区	混凝土	2019.01.21	7个月	充电后休止中
22	庆北漆谷	3.66	太阳能	山地	组建式面板	2019.05.04	2年3个月	充电后休止中
23	全北樟树	1.027	太阳能	山地	组建式面板	2019.05.26	1年	充电后休止中
24	忠南野山郡	2套储能系统	太阳能	/	/	2019.08.30	/	/
25	江原平昌	21	风力	/	室内	2019.09.24	/	/
26	军威	/	/	/	/	2019.09.29	/	/
27	河东	/	/	/	/	2019.10.21	/	/
28	金海	/	/	/	/	2019.10.27	/	/
29	海南	/	/	/	/	2020.05.27	/	/
30	银城	/	/	/	/	2020.09.03	/	/
31	永川	/	/	/	/	2021.03.11	/	/
32	洪城	/	/	/	/	2021.04.06	/	/
33	蔚山	/	/	工厂	/	2022.01.12	/	/
34	军威	1.5	太阳能	山地	/	2022.01.17	/	/

注：“/”表示信息未知。

为查明事故原因，韩国调查委员会在事故现场调研的基础上，先后组织开展了 76 项比对性事故试验，围绕安全的起因，最终得出五项结论：1）电池保护系统存在缺陷；2）运行环境管理不规范；3）安装与调试规程存在缺失问题；4）综合保护管理体系不完善；5）部分电池存在制造缺陷，易发生电池内部短路进而诱发火灾事故。

韩国发布的《储能电站安全强化对策》中指出，为预防和应对储能系统火灾，针对电力储能系统装置特点，从四个方面实施安全强化措施：1）改进在“产品—安装—运行”等前期周期中的安全标准和管理制度，制定针对储能系统的消防标准；2）大幅强化产品及系统层面的安全管理；3）强化储能系统设置基准：强化屋内安装技术条件，强化安全装置及环境管理，增强监控功能；4）强化运维管理制度：强化法定检查，新设不定期维修强制条款；5）根据特定消防对象设定火灾安全基准，制定火灾安全标准，2019 年下半年制定专门的储能电站标准化火灾应对程序，强化消防应对能力。

由于韩国的储能事故不断发生，韩国政府于 2019 年 10 月成立了“储能火灾事故调查组”进行第二次调查。与第一次调查结果不同的是，在 2020 年 2 月公布的第二次调查结果中，电池异常（缺陷）被列为火灾的主要原因。在 2020 年 2 月之后，韩国又连续发生了多起储能事故，韩国政府在 2021 年 6 月再次成立了调查组，进行第三次事故调查，预计韩国将会出台更为严格的储能安全法规。

2.1.2　美国

据美国能源信息署（EIA）预计，美国未来两年所有能源的装机容量将增加 78GW，其中大部分将是大型太阳能发电设施和储能项目，预计将增长 62%，总装机容量为 49GW。根据美国能源信息署最新发布的《电力月度更新》调查报告预计，美国在两年内部署的电池储能系统的装机容量将达到 10GW。

通过公开资料检索，2011—2012 年，美国先后发生的 3 起电化学储能电站的火灾事故，事故地点均为夏威夷 Kahuku 风电场储能电站，发生火灾时间分别为 2011 年 4 月、2012 年 5 月、2012 年 8 月。Kahuku 风电场风电装机容量为 30MW，并配备 15MW 的铅酸电池储能系统，前两起火灾均是储能系统中 ECI 电容器发生故障导致起火事件，而第三起则是从储能系统的电池箱内部起火并迅速扩散蔓延导致火灾。事故调查报告显示，这三起事故的主要原因是储能系统安全设计不足以及防护设施缺失，当储能系统周边的电器部件引发起火时，储能系统无法采取有效措施规避安全风险致使发生连锁反应。

2019 年 4 月 19 日的亚利桑那州 McMicken 变电站中电力储能系统设备发生起火事件，并在消防人员开展现场检查时发生爆炸，造成消防员受伤。该变电站安装有 2 套 2MW/2MWh 三元电力储能系统，2017 年建成投运，主要用于提升光伏发电的并网友好性。

2020 年 7 月 18 日，电站所属企业发布该储能事故分析报告，将事故原因总结为五个方面：一是电池内部故障引发热失控；二是灭火系统无法阻止电池的级联式热失控；三是电芯单元之间缺乏足够的隔热层保护；四是易燃气体在没有通风装置的情况下积聚，当预制舱门被打开时引起爆炸；五是应急响应计划没有灭火、通风和进入事故区域的程序。

在 2011—2012 年的夏威夷 Kahuku 风电场储能电站火灾等事件之后，美国开始重视电池储运、使用过程中的安全性问题。美国的消防协会、国家运输安全委员会、联邦航空署以及 UL 实验室等机构纷纷加大对锂离子电池安全问题的研究，以及加紧制定锂离子电池安全的相关标准。

到目前为止，美国在储能系统的安装规范和安全标准方面，已经制定了包括相关的美国电气规范（NEC）、国际防火法规（IFC）、国际建筑规范（IBC）、国际住宅规范（IRC）、储能系统安装规范（NFPA 855）、储能系统和设备的安全标准（UL 9540），以及评价储能系统热失控扩散危险性和消防措施有效性的大规模火烧测试标准（UL 9540A）等。

2.1.3 澳大利亚

2021 年 7 月 30 日上午，澳大利亚“维多利亚大电池”储能项目在测试过程中，一个特斯拉 Megapack 电池集装箱发生了火灾，并引燃了另一个 Megapack 电池集装箱。事故发生后，消防员仅采用了远程高压水喷淋的方式，没有采用其他消防灭火措施，经过 4 天多的燃烧，现场火灾得到基本控制。

2021 年 9 月，澳大利亚维多利亚州能源安全部门发布该事故调查结果，认为该储能项目的冷却系统内泄漏造成电池短路、继而引发了储能火灾，而监控系统没有按要求 24h 运行也是该事故暴露出的问题。

2.1.4 日本

日本部署电力储能系统以电化学储能为主，早期主要推广钠硫电池储能，后期则以锂离子电池储能系统为主。

2011 年 9 月 21 日上午，日本茨城县三菱材料筑波制作所内的一座 1MW/6MWh钠硫电池电站发生火灾，10 月 5 日大火被彻底扑灭。日本钠硫电池制造商在事故发生当天成立了事故调查委员会，并同时宣布停运其在世界各地部署的全部钠硫电池储能电站。事故调查表明，由于钠硫电池的构造及工作原理，钠硫电池存在以下两大安全风险：1）钠硫电池使用金属钠和单质硫，化学活性强；2）由于钠硫电池的工作温度需达 300~350℃，当电池单元着火时，火势容易向周围的其他电池单元蔓延。在发生事故的钠硫电池系统中存在

1 个“不合格”的钠硫电池单元，该电池单元的破损导致高温熔融物（液态的钠和硫）从内部流出，致使相邻的区块之间发生了短路。在发生火灾的同时，再加上熔融物流出，火势便蔓延到了整个储能电站。事故后，日本钠硫电池制造商推出钠硫电池安全防护强化措施，为每一节电池设置了防火板，电池元件之间增加了熔断器，在电池模块之间放置绝缘板，还在电池模块之间的上下方放置了防火板。

事实上，早在 2007 年，日本消防法修订了“与危险品限制相关的规定”，改为允许将不同种类的危险品装入同一容器内运输或储藏，（可燃性固体的）硫被定义为第二类危险品，（自燃性物质及禁水性物质的）钠被定义为第三类危险品。根据这一修订，只要容器及设置场所达到一定标准，即可安装部署钠硫电池。不过，此次事故说明钠硫电池的安全技术及火灾对策并不成熟。

为此，日本钠硫电池制造商在加强安全防护工艺的同时，还提出了钠硫电池储能电站安全强化对策，如“建立用来在早期发现火灾的监控体制”“设置灭火防火设备并建立灭火体制”，以及“制定火灾发生时的逃生线路并建立引导疏散体制”等。

在锂离子电池方面，未查到近年来有关日本电力储能系统电站方面的火灾报道，仅有其他领域的锂离子电池事故报道，比如 2006 年日本国内发生的首起索尼笔记本电池起火事件，以及 2013 年全日航空公司的波音 787 锂电池起火事件等。

2.2　国内储能安全状况

根据《2019 储能产业应用研究报告》中统计，2018 年我国新增投运储能项目有 108 个，共计 2112.8MW。其中，电化学储能装机功率规模为 612.8MW（103 个），占比为 29%。从技术路线来看，在装机功率占比方面，磷酸铁锂离子电池占比最高（57.8%），其次是铅蓄电池（25.5%）、三元锂离子电池（10.8%）；在装机容量占比方面，铅蓄电池占比最高（51.7%），其次是磷酸铁锂离子电池（37.0%）、三元锂离子电池（5.2%）。以上数据表明，我国电力储能系统从装机功率和装机容量来看在电化学储能中都占有很大的比例。

我国储能技术的发展经历了早期技术积累和示范应用，目前正处于从示范应用向商业化初期过渡的重要历史阶段。在前一个时期，对于储能技术的关注点主要在技术论证和包括性能、寿命与成本等在内的综合评价方面。随着示范项目的开展，储能技术性能快速提升而成本逐渐下降，储能技术应用价值被广泛认可，而当前阶段关注更多的则是储能技术的应用场景、商业模式、安全问题及环境影响等。

目前，我国从公开资料查到的储能电站火灾中，具有较大影响的是2017年3月7日和2018年12月22日在山西某火电厂发生的两起电力储能系统火灾事故。该火电厂安装3套3MW/1.5MWh预制舱式三元电力储能系统机组，用于辅助机组AGC调频。两次火灾事故分别造成一套储能机组设备损坏。根据山西省消防总队的调查认定，2017年3月7日的储能系统火灾事故发生在系统恢复启动过程中，原因为浪涌效应引起的过大电压和电流，而System BMS未得到有效的保护，不能实施管理Rack BMS的功能，也直接掉线，导致事故蔓延扩大。另外，该系统设置的七氟丙烷灭火系统虽然执行了动作，但是未能将火扑灭。

2021年4月16日，北京市某25MWh直流光储充一体化电站发生了起火事故，在对电站南区进行处置的过程中，电站北区在毫无征兆的情况下突发爆炸。2021年11月22日，北京市应急管理局发布该事故的调查报告，认为起火直接原因是磷酸铁锂电池发生内部短路故障，引发电池热失控起火，产生的易燃易爆组分通过电缆沟扩散，与空气混合形成爆炸性气体，遇电气火花发生爆炸。事故调查报告认为间接原因是有关涉事企业安全主体责任不落实，在建设过程中存在未备案先建设问题；在事发区域多次发生电池组漏液、发热冒烟等问题，在未完全排除安全隐患的情况下继续运行；事发南北楼之间室外地下电缆沟两端未进行有效分隔、封堵，未按照场所实际风险制定事故应急处置预案。

2.3 总结

从国内外已经发生的储能电站火灾事故来看，这些储能电站火灾事故涉及多种储能类型，其中以锂离子电池为主。这些电力储能系统电站火灾事故暴露出目前在储能电站的安全管理、安全保障方面普遍存在不足，包括储能主要部件和设备的安全质量把关不严、储能电站安全防护措施不足、人员现场操作和管理制度问题等。

1. 储能主要部件和设备的安全质量把关不严

储能电池由于质量问题在正常运行状态下可能会发生内阻、电压、温度异常等情况，在滥用条件下可能会发生起火燃烧。如果没有严格按照相关标准对储能电池提出门槛性的安全性能要求，出现电池选型不当或质量把关不严等情况，电池的基本安全性将无法确认和保障，在一般滥用条件下极易发生突发热失控的情况。除储能电池外，电池管理系统、储能变流器以及其他电气设备出现故障、失效等情况，也会诱发安全问题。

2. 储能电站安全防护措施不足

储能电池出现故障发生热失控后，如果储能系统缺乏防护措施，就可能产生储能电池的热失控连锁反应，使事故扩大，引燃周边设施和建筑；若储能系统布置在封闭性环境内，当可燃气体达到一定浓度时，遇明火则可能会发生爆炸事故。比如美国亚利桑那州储能火灾事故、北京大红门光储充一体化电站火灾事故均发生了爆炸，现场处置人员的安全防护措施准备不足，且缺乏对储能火灾危险的充分认识。

3. 人员现场操作和管理制度问题

储能系统属于高电压、高能量的带电系统，调试运行现场有很多的线路，如果操作失误或者现场处置不当，很容易出现安全问题。目前已有的标准已基本覆盖储能的各个环节，如果不按照标准执行、现场作业不规范操作、管理制度不健全、监管缺失等，都可能导致严重的后果。

第3章

电力储能系统安全标准化现状

3

3.1 国内储能标准工作相关政策

我国历来重视储能安全的标准化工作，近年来相继发布多项储能政策、规划，在这些规划和政策中均提到了要建设完善储能技术标准体系，其中的电池储能安全标准化工作是储能标准体系建设的重要组成部分。

2016 年 4 月，国家发展改革委、国家能源局在《能源技术革命创新行动计划（2016—2030 年）》中要求“形成相对完整的储能技术标准体系，建立比较完善的储能技术产业链”，引领国际储能技术与产业发展。

2016 年 12 月，国务院办公厅印发《国家标准化体系建设发展规划（2016—2020 年）》，将研制大规模间歇式电源并网和储能技术等标准列为工业标准化重点之一。

2017 年 10 月，国家发展改革委、国家能源局等五部门发布《关于促进储能技术与产业发展的指导意见》，提出完善储能标准体系建设，健全储能标准化技术组织，建立与国际接轨、涵盖储能系统与设备全生命周期、相互支撑、协同发展的标准体系。

2018 年 11 月，国家能源局印发《关于加强储能技术标准化工作的实施方案（征求意见稿）》，其中规定在储能接入电网和储能系统方面，依托全国电力储能标委会等标准化技术组织重点开展标准体系建设和标准研制。

2020 年 1 月，国家能源局发布《关于加强储能标准化工作的实施方案》，方案指出要跟踪储能技术与产业发展，针对储能设施在能源系统的应用，建立涵盖储能系统与设备及其应用、相互支撑、协同发展的标准体系。积极推进关键储能标准制定，鼓励新兴储能技术和应用的标准研究工作。

2020 年 12 月，国家能源局发布《关于加快能源领域新型标准体系建设的指导意见》，指出在智慧能源、能源互联网、风电、太阳能发电、生物质能、储能、氢能等新兴领域，率先推进新型标准体系建设，发挥示范带动作用。

2022 年 1 月，国家能源局发布《2022 年能源行业标准计划立项指南》，提出在新型储能领域的重点方向是新型储能系统建设、运维、安全监督，电化学储能的安全设计、制造与测评，用户侧储能的安装、运行、维护，能源储能配置规模测算，储能电站安全管理、应急处置，不同应用场景下的储能系统技术要求及并网性能要求。

2022 年 2 月，国家标准化管理委员会印发《2022 年全国标准化工作要点》，文件中提到，将加大新能源利用、大规模新能源调度、电力系统安全、电力储能、氢能等领域标准研制力度。

电力储能安全标准化工作，对规范电力储能设备及系统的设计开发，保障电力储能电站在设计施工、运行维护、设备检修等不同阶段的安全操作，提升电池储能电站的安全质量管理水平，提高储能电站安全性有着重要的意义。

3.2 国际电工委员会储能安全标准化情况

国际电工委员会（IEC）于 2012 年底正式批准成立 IEC TC 120，主要负责研究制定电力储能系统及相关部件的国际标准。截至 2019 年 5 月 15 日，IEC TC 120 在储能领域立项标准 12 项，已发布 6 项、在编 6 项。目前 TC 120 下设 5 个工作组，1 个联合工作组，1 个特别工作组，分别是：WG1-术语与定义工作组，WG2-储能单元参数与测试方法工作组，WG3-规划与安装工作组，WG4-环境问题工作组，WG5-安全问题工作组，JWG 10 与 IEC TC 8 共同负责分布式电源接入电网。

其中的 WG5 工作组是负责制定与储能系统相关的安全性技术标准，目前在编的标准为 IEC 62933-5-2，主要是关于储能系统存在的安全风险、降低安全风险的各项措施和要求以及系统性测试要求等。

目前 IEC TC120 已经发布的、在编的电力储能标准分别见表 3-1 和表 3-2。

表 3-1　IEC TC120 已经发布的电力储能标准

序号	编号	名称
1	IEC 62933-1：2018	Electrical Energy Storage（EES）systems-Part 1：Vocabulary
2	IEC 62933-2-1：2017	Electrical Energy Storage（EES）systems-Part 2-1：Unit parameters and testing methods-General specification
3	IEC 62933-2-1：2017/COR1：2019	Corrigendum 1-Electrical Energy Storage（EES）systems-Part 2-1：Unit parameters and testing methods-General specification

（续）

序号	编号	名称
4	IEC TS 62933-3-1：2018	Electrical Energy Storage（EES）systems-Part 3-1：Planning and performance assessment of electrical energy storage systems-General specification
5	IEC TS 62933-4-1：2017	Electrical Energy Storage（EES）systems-Part 4-1：Guidance on environmental issues-General specification
6	IEC TS 62933-5-1：2017	Electrical Energy Storage（EES）systems-Part 5-1：Safety considerations for grid-integrated EES systems-General specification

表 3-2　IEC TC120 在编的电力储能标准

序号	编号	名称
1	PNW TS 120-149	Electrical Energy Storage（EES）systems-Part 3-3：Planning and performance assessment of electrical energy storage systems-Additional requirements for energy intensive and backup power applications
2	PNW TS 120-150	Electric Energy Storage systems-Part 3-2：Planning and performance assessment of electrical energy storage systems-Additional requirements for power intensive and for renewable energy sources integration related applications
3	IEC 62933-1 ED2	Electrical Energy Storage（EES）systems-Part 1：Vocabulary
4	IEC TS 62933-2-2 ED1	Electric Energy Storage systems-Part 2-2：Unit parameters and testing methods- Applications and Performance testing
5	IEC TR 62933-4-200 ED1	Electrical Energy Storage（EES）systems-Part 4-200：Guidance on environmental issues-Greenhouse gas（GHG）emission reduction by electrical energy storage（EES）systems
6	IEC 62933-5-2 ED1	Electrical Energy Storage（EES）systems-Part 5-2：Safety requirements for grid integrated EES systems-electrochemical based systems

在 IEC 已发布的标准中，其他直接涉及电池储能安全的标准，见表 3-3。

表 3-3　IEC 发布的与电池储能安全相关的标准

序号	编号	名称
1	IEC 62477-1	Secondary cells and batteries containing alkaline or other non-acid electrolytes-Secondary lithium cells and batteries for use in industrial applications
2	IEC 62619	Secondary cells and batteries containing alkaline or other non-acid electrolytes-Safety requirements for secondary lithium cells and batteries, for use in industrial applications

（续）

序号	编号	名称
3	IEC 62620	Secondary cells and batteries containing alkaline or other non-acid electrolytes-Secondary lithium cells and batteries for use in industrial applications
4	IEC 62933-1	Electrical Energy Storage（EES）systems-Part 1：Terminology
5	IEC 62933-2-1	Electrical Energy Storage（EES）systems-Part 2-1：Unit parameters and testing methods-General specifications
6	IEC 62933-3-1	Electrical Energy Storage（EES）systems-Part 3-1：Planning and installation- General specifications
7	IEC 62933-4-1	Electrical Energy Storage（EES）systems-Part 4-1：Guidance on environmental issues
8	IEC 62933-5-1	Electrical Energy Storage（EES）systems-Part 5-1：Safety considerations related to grid integrated EES systems
9	IEC 62933-5-2	Electrical Energy Storage（EES）systems-Part 5-2：Safety considerations related to grid integrated electrical energy storage（EES）systems- Batteries

3.3 其他国际标准组织储能安全标准化情况

2017 年 1 月，美国消防协会（NFPA）组织成立储能系统技术委员会，由来自该领域的专家学者、生产制造商、应急部门以及其他利益方共同制定储能系统从设计到安装和使用，以及应急救援全过程的安全操作与应急响应标准。2019 年 8 月，NFPA 发布关于储能系统火灾危险和安全建设的标准 NFPA 855《固定式储能系统安装标准》，该标准随后成为美国国家标准。该标准根据电力储能系统采用的技术，明确了储能系统安装、尺寸、隔离以及灭火和控制系统的要求。除了 NFPA 855 外，美国 UL 还制定了 UL 9540《储能系统和设备安全标准》、《电池储能系统热失控火蔓延评估的测试方法》（UL 9540A）等标准。

2019 年 10 月，澳大利亚标准协会正式发布了电池系统的安全标准 AS/NZS 5139：2019《电气装置——电力转换设备用电池系统的安全》，该标准的制定是为了确保澳大利亚用户侧电池储能系统的安全性，该标准的发布填补了澳大利亚电池储能部门安全指导方面的空白。

2022 年 2 月，韩国消防部发布《储能系统火灾响应指南》，指出储能系统起火和爆炸的主要原因是电池产生的可燃气体，而在储能系统起火时防止产生可燃气体的最佳方法是冷却电池，该响应指南针对不同的火灾程度给出了处置建议。

以上是近年来国外具有较大影响力的典型标准或文件，除此之外，NFPA、国际规范委员会（ICC）、美国电气和电子工程师学会（IEEE）、挪威船级社（DNV GL）、美国国家电气承包商协会（NECA）等标准组织也制定了大量与电池储能安全相关的标准，包括储能安全的总体规范和标准、系统安装防护相关规范和标准、系统安全要求及测试方法相关规范和标准等。

3.3.1 总体规范和标准

此部分共有12份现行规范和标准，主要涉及与储能相关的建筑环境安全、消防、电气、并网运行安全等。总体规范和标准见表3-4。

表3-4 总体规范和标准

编号	标准名称	版本	发布机构	备注
1	NFPA 1-18 Fire Code	2018版	美国消防协会（NFPA）	新增52章与储能系统安装相关
2	NFPA 70-17，National Electrical Code（NEC）	2017版	美国消防协会（NFPA）	新增706章适用于储能系统
3	NFPA 5000-18 Building Code	2018版	美国消防协会（NFPA）	为采用其他标准和规范提供依据
4	2018 International Fire Code（IFC）	2018版	国际规范委员会（ICC）	第12章1206节与电力储能相关
5	2018 International Residential Code（IRC）	2018版	国际规范委员会（ICC）	能源和建筑部分与储能系统安装相关
6	2018 International Building Code（IBC）	2018版	国际规范委员会（ICC）	为采用其他标准和规范提供依据
7	2018 International Existing Buildings Code（IEBC）	2018版	国际规范委员会（ICC）	部分相关
8	2018 International Energy Conservation Code（IECC）	2018版	国际规范委员会（ICC）	部分相关
9	2018 International Green Construction Code（IGCC）	2018版	国际规范委员会（ICC）	部分相关
10	2018 International Mechanical Code（IMC）	2018版	国际规范委员会（ICC）	包括固定式燃料电池动力系统的基本要求和通风排气

（续）

编号	标准名称	版本	发布机构	备注
11	IEEE C2-17，National Electric Safety Code（NESC）	2017版	美国电气和电子工程师协会（IEEE）	储能系统及装备的电气安全相关
12	DNVGL-RP-0043 Safety，Operation and Performance of Grid-connected Energy Storage Systems	2017版	挪威船级社（DNV GL）	储能并网的安全、运行和性能

3.3.2　系统安装防护相关规范和标准

此部分共有4份现行规范和标准，还有4份正在制定中，主要涉及与储能系统安装相关的防护、隔离、灭火等。现行规范和标准，以及制定中的规范和标准，分别见表3-5和表3-6。

表3-5　与系统安装防护相关的现行规范和标准

编号	标准名称	版本	发布机构	备注
1	NFPA 855 Standard for the Installation of Stationary Energy Storage Systems	2019版	美国消防协会（NFPA）	固定式储能系统安装、尺寸、隔离以及灭火和控制系统的要求
2	NECA 416-16 Recommended Practice for Installing Stored Energy Systems	2016版	美国国家电气承包商协会（NECA）	储能系统安装要求
3	IEEE 1635-18/ASHRAE Guideline 21-18，Guide for Ventilation and Thermal Management of Batteries for Stationary Applications	2018版	美国电气和电子工程师学会（IEEE）	指导铅酸和镍镉储能电池系统如何提供通风和热管理
4	IEEE 1578-18 Recommended Practice for Stationary Battery Electrolyte Spill Containment	2018版	美国电气和电子工程师学会（IEEE）	储能电池电解液泄漏控制方法以及消防

表3-6　与系统安装防护相关的制定中的规范和标准

编号	标准名称	版本	发布机构	备注
1	NFPA 1078（new standard），Standard for Electrical Inspector Professional Qualifications	制定中	美国消防协会（NFPA）	储能系统的电气检查审核资格

（续）

编号	标准名称	版本	发布机构	备注
2	NFPA 78（new standard），Guide on Electrical Inspections（proposed edition）	制定中	美国消防协会（NFPA）	电气设计和安装
3	NECA 417-20xx Recommended Practice for Designing，Installing，Maintaining，and Operating Micro-grids	制定中	美国国家电气承包商协会（NECA）	微电网的设计、安装、维护和运行
4	FM Global Property Loss Prevention Data Sheet # 5-33，Electrical Energy Storage Systems	制定中	FM Global	描述了关于储能设计、操作、保护和检查等方面

3.3.3 系统安全要求及测试方法相关规范和标准

此部分共有4份现行规范和标准，还有3项正在制定中，主要涉及储能系统安全要求和测试方法。现行规范和标准、制定中的规范和标准，分别见表3-7和表3-8。

表3-7 与系统安全要求及测试方法相关的现行规范和标准

编号	标准名称	版本	发布机构	备注
1	ESS-1-2019 Standard for Uniformly Measuring and Expressing the Performance of Electrical Energy Storage Systems	2019版	美国国家电气制造商协会（NEMA）	电力储能系统性能测试
2	ANSI/CAN/UL 9540，Energy Storage Systems and Equipment	2016版	UL	储能系统安全
3	UL 9540A，Test Method for Evaluating Thermal Runaway Fire Propagation in Battery Energy Storage Systems（BESSs）	2018版	UL	储能系统热扩散测试
4	NFPA 791-2018，Recommended Practice and Procedures for Unlabeled Electrical Equipment	2018版	美国消防协会（NFPA）	无标签电力设备

表 3-8 与系统安全要求及测试方法相关的制定中的规范和标准

编号	标准名称	版本	发布机构	备注
1	TES-1（new standard）Safety Standard for Thermal Energy Storage Systems	制定中	美国机械工程师协会（ASME）	熔盐储能系统安全
2	TES-2（new standard）Safety Standard for Thermal Energy Storage Systems，Requirements for Phase Change，Solid and Other Thermal Energy Storage Systems	制定中	美国机械工程师协会（ASME）	相变材料、固态介质等其他热储能系统安全，包括设计、施工、测试、维护和运行
3	PTC 53（new standard）Performance Test Code for Mechanical and Thermal Energy Storage Systems	制定中	美国机械工程师协会（ASME）	机械和热能储存系统性能试验规程

3.3.4 系统设备安全要求及测试方法相关规范和标准

此部分共有 9 项现行规范和标准，还有 6 项正在制定中，主要涉及储能系统电池系统、电池管理系统、变流器等部件的安全要求和测试方法。现行规范和标准、制定中的规范和标准，分别见表 3-9 和表 3-10。

表 3-9 与系统设备安全要求及测试方法相关的现行规范和标准

编号	标准名称	版本	发布机构	备注
1	CSA C22.2 No. 107.1-2016，Power Conversion Equipment	2016 版	加拿大标准协会（CSA）	变流器要求
2	IEEE 1679.1-17，Guide for the Characterization and Evaluation of Lithium-Based Batteries in Stationary Applications	2017 版	美国电气和电子工程师学会（IEEE）	固定式锂离子电池性能和安全评价指南
3	IEEE P1679.2-18，Guide for the Characterization and Evaluation of Sodium-Beta Batteries in Stationary Applications	2018 版	美国电气和电子工程师学会（IEEE）	Sodium-Beta 电池性能和安全评价指南
4	ANSI/UL 810A，Electrochemical Capacitors	2017 版	UL	储能用电化学电容器安全要求
5	UL 1642，Lithium Batteries	2012 版	UL	储能用锂离子电池要求
6	UL 1741，Inverters，Converters，Controllers and Interconnection System Equipment for Use with Distributed Energy Resources	2018 版	UL	应用于分布式能源的逆变器、转换器、控制器和互连系统设备要求

（续）

编号	标准名称	版本	发布机构	备注
7	ANSI/CAN/UL 1973，Standard for Batteries for Use in Stationary，Vehicle Auxiliary Power and Light Electric Rail（LER）Applications	2018 版	UL	固定储能、车辆辅助动力和轻轨（LER）用电池
8	ANSI/CAN/UL 1974-18，Evaluation for Re-purposing Batteries	2018 版	UL	循环利用电池

表 3-10　与系统设备安全要求及测试方法相关的制定中的规范和标准

编号	标准名称	版本	发布机构	备注
1	CSA C22.2 No.340-20XX（new standard），Battery Management Systems	制定中	加拿大标准协会（CSA）	电池管理系统的设计、性能和安全性
2	IEEE P1679.3（new standard），Guide for the Characterization and Evaluation of Flow Batteries in Stationary Applications	制定中	美国电气和电子工程师学会（IEEE）	液流电池性能和安全评价指南
3	IEEE P2686（new standard）Recommended Practice for Battery Management Systems in Energy Storage Applications	制定中	美国电气和电子工程师学会（IEEE）	储能用电池管理系统要求
4	IEEE P1547.9（new standard）Guide to Using IEEE Standard 1547 for Interconnection of Energy Storage Distributed Energy Resources with Electric Power Systems	制定中	美国电气和电子工程师学会（IEEE）	储能系统接入电网要求
5	UL CSDS Proposal 62133-1，Secondary Cells and Batteries Containing Alkaline or Other Non-Acid Electrolytes-Safety Requirements for Portable Sealed Secondary Cells，and for Batteries Made from Them，for Use in Portable Applications-Part 1：Nickel Systems	制定中	UL	镍电池安全要求
6	UL CSDS Proposal 62133-2，Secondary Cells and Batteries Containing Alkaline or Other Non-Acid Electrolytes-Safety Requirements for Portable Sealed Secondary Cells，and for Batteries Made from Them，for Use in Portable Applications-Part 2：Lithium Systems	制定中	UL	锂离子电池安全要求

3.3.5　小结

目前，其他国际标准组织共有 29 份储能安全相关现行规范和标准，还有 13 项正在制定中，涉及储能系统建筑环境、消防、安装、部件等，已经初步建立起了储能安全相关的标准体系。然而，该标准体系尚有不足，主要表现为标准体系中的标准多为沿用通用性标准，这些通用标准多数与传统电气安全要求相关，而仅有很少的部分内容是针对电池储能特性而制定的。其原因可能是在制定标准时，可参考的案例和必要的经验数据等较为缺乏。另外，该标准体系中缺少电池储能电站火灾风险归类和量化评估方面的标准，比如美国的标准 UL9540A 侧重于评估电池储能系统的热扩散测试，并未区分火灾风险源的差异对电池储能系统安全问题严重性的影响。

3.4　我国电力储能安全标准化情况

2014 年 6 月 3 日，国家标准化管理委员会批复成立全国电力储能标准化技术委员会（SAC/TC 550，以下简称储能标委会），对口 IEC TC 120。从储能标委会成立之日起至今，在中国电力企业联合会的领导下，储能标委会一直致力于储能标准体系研究，组织国内相关单位制定、修订储能标准，逐步完善电力储能标准体系。目前，储能标委会已经陆续发布了多项电池储能相关的国家标准、行业标准和团体标准，涉及储能关键设备（储能电池、储能变流器、储能电池管理系统），储能电站设计、施工及验收，储能系统运行维护等多个方面。

2018 年发布的 GB/T 36276—2018《电力储能用锂离子电池》从电滥用、热滥用的角度提出了电力储能用锂离子电池安全试验方法及技术要求，要求电池在各类滥用试验下不起火、不爆炸。另外，该标准还针对电气安全性问题，提出了绝缘特性测试、耐压特性测试、过充电测试、过放电测试、短路测试；针对机械安全问题，提出了挤压测试、跌落测试；针对环境滥用和化学安全性问题，提出了盐雾与高温高湿、低气压、加热等测试。

储能标委会长期以来始终重视电力储能的安全标准化工作，由中国电力科学研究院牵头开展了电力储能标准体系框架及路线图研究，基于储能标准界面及关联关系研究，制定电力储能标准框架体系及路线图，指导未来电力储能标准化工作以及标准制定修订计划的编制；开展了电力储能用锂离子电池的燃烧爆炸激源解析及防控技术研究，分析电力储能用锂离子电池的燃烧爆炸特性；联合应急管理部天津消防所、上海消防所、中国科学技术大学、清华大学等单位开展了电力储能用锂离子电池消防灭火技术研究，评估了适用于电力储能用锂离子电池的消防介质及策略，为后续储能电池安全相关标准的制定提供了宝贵数据和编制依据。

2021 年 12 月，北京市地方标准《电力储能系统建设运行规范》正式发布，这也是我国储能行业首个地方出台的建设运行规范。该标准明确提出各类消防建筑要求，如储能电站建筑耐火等级不应低于二级，火灾危险性为甲、乙类的储能系统应设置独立的事故通风系统，集装箱式储能系统应单层布置。当储能电站内的集装箱采取集中布置时，对电池装置之间的防火间距、防火墙长度与高度等都提出了要求。此外，该标准还要求电池布置区域应设置消防水泵接合器和浸没式水冷却装置，确保淹没储能单元或电池单元的时间不超过 10min。单个额定能量不超过 500kWh 的分散式储能装置宜采用浸没式水冷却装置。

2021 年 10 月，我国的国家标准《电化学储能电站安全规程》开始征求意见，该标准规定了电力储能系统在运行维护、检修试验中的安全操作要求。

3.5 总结

综上所述，目前在国际上，IEC、美国、UL 等国家或组织均开展了大量的储能安全相关的标准化工作，然而由于电池储能的安全问题涉及环节多，且多因素交叉影响，对于电池储能安全问题的认识水平还不系统深入，在安全技术要求、关键指标阈值等方面还缺乏相关技术和数据支撑。

与国际上的电力储能标准化工作相比，我国的标准化工作一直在同步进行，近年来陆续制定了多项关键性的与电池储能安全相关的标准规范，已经覆盖了电池储能的大多数应用环节，发挥了标准化工作在保障电池储能安全性方面的支撑和引领作用。

随着近年来我国储能行业的日益发展壮大，储能电站规划和建设数量逐年增加，电池储能电站的规模也从 MWh 级发展到了百 MWh 级，我国电池储能的应用场景、应用形式逐渐多样化，比如梯次利用电池储能、集装箱式电池储能等。在这样的背景下，应进一步加强电池储能安全标准化工作，根据电池储能技术与产业发展水平，从电池储能电站安全设计、电池储能设备安全技术要求、电池储能电站施工验收、储能电站运行维护、储能设备检修等阶段积极推进储能标准制定、修订工作。

第4章 电力储能系统安全风险分析

4

4.1 引言

本书中，电力储能系统泛指电池储能系统，目前广泛应用的有锂离子电池储能、液流电池储能、铅酸（炭）电池储能三大类。其中，液流电池储能、铅酸（炭）电池储能的应用规模相对锂离子电池储能的应用规模较小，这两类电力储能技术公开报道的安全事故也相对很少，而锂离子电池储能近年来在国内外发生了多起火灾事故，在第 2 章中有过详细介绍，行业内对于锂离子电池储能的安全问题高度关注，因此本章将主要针对锂离子电池储能的安全风险进行分析。

4.2 锂离子电池储能系统

4.2.1 安全风险源

锂离子电池储能系统的安全风险源从性质上可分为电激源、热激源和机械激源。锂离子电池在经历电滥用（过充、过放、短路等）、热滥用（过热）、机械滥用（挤压、跌落、碰撞等）等各种滥用后，电池内部会发生复杂的物理化学反应、电化学反应，这些反应过程会释放出大量的反应热，促使电池热失控进而起火燃烧，甚至爆炸。这些滥用属于外部因素，当电池本身存在内部缺陷时，也可能出现安全问题，比如电池制造过程中引入电芯内部的颗粒杂质、电池使用过程中出现的锂枝晶现象、电池长期循环使电芯鼓胀变形等都可能造成电池内短路，其后果既造成内短路电池的失效，又引起并联电池组内其他电池的外短路，造成连锁反应。

锂离子电池储能系统的安全风险源除了外部的各种激源和电池本体的内部缺陷外，还可能来自于电池成组集成后的串并联结构、系统散热、模组设计施工缺陷、环境因素、容量（功率）标注不准确等，这些均可能使电池处于异常状态而引发安全问题，比如散热结构设计不合理使某位置电池始终处于较高温度、模组安装施工问题造成电池模组局部接触电阻大形成热点、电池组长期循环后单体一致性变差使个别电池过充/过放、并联结构的电池经过长期循环后出现电流分流现象造成使个别电池过电流等。另外，锂离子电池的包装也是一项安全风险源，除了符合运输、安装、防水防尘等要求外，锂离子电池的包装还应标明电池类型和容量（功率），尤其是梯次利用的电池，更应在包装上详细标识出电池当前的容量和适用功率要求，否则可能会造成梯次利用电池的电滥用，出现安全问题。

目前国内外已经开展了大量的锂离子电池安全问题的研究，从热失控机理、材料热稳定性、电池热失控副反应等方面分析了锂离子电池安全问题的发生发展规律，但是在锂离子电池安全问题的危害性评估、安全风险评价方面还有待于深入研究，尤其是需要充分认知在电池模块、电池簇、电池系统等规模更大的层级上，锂离子电池安全问题的发生机制、临界条件以及危害性，为锂离子电池储能系统的安全设计及人员防护提供基础和依据。

4.2.2 电池燃烧爆炸温度分析

4.2.2.1 电池爆炸前温升变化

电池在充放电过程中由于极化电阻的存在和化学反应热的存在，电池会产生一定的热量积蓄在壳体内造成温度的上升，这种温度的积蓄可能会引发新的放热副反应。电池单体在2C倍率过充时的温升图如图4-1所示。

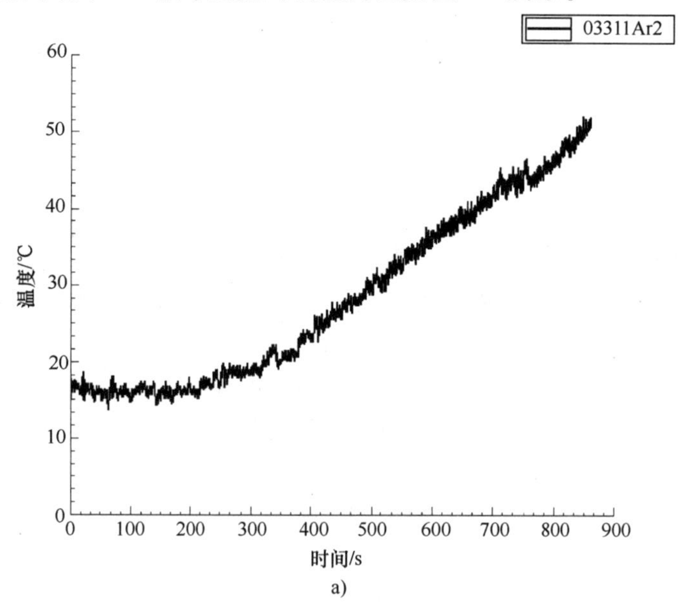

图4-1 电池单体在2C倍率过充时的温升图

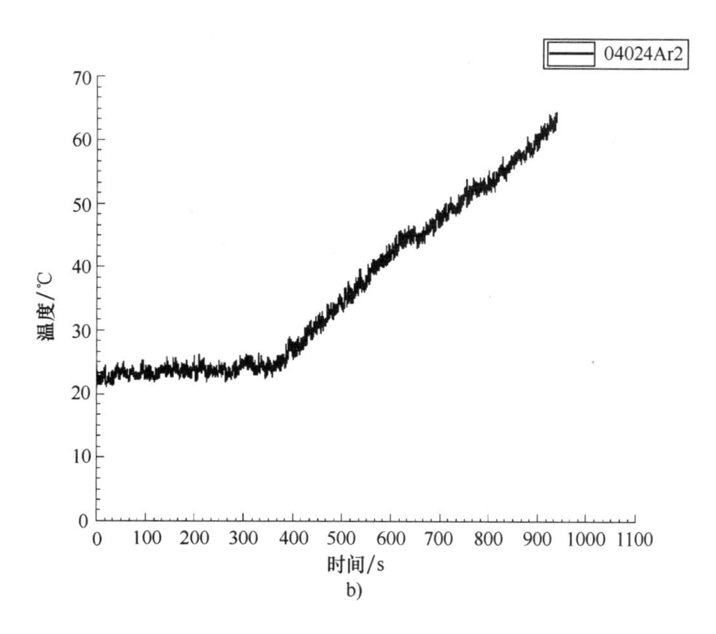

b)

图 4-1　电池单体在 2C 倍率过充时的温升图（续）

图 4-2 所示为电池单体在 3C 倍率过充时的温升图。

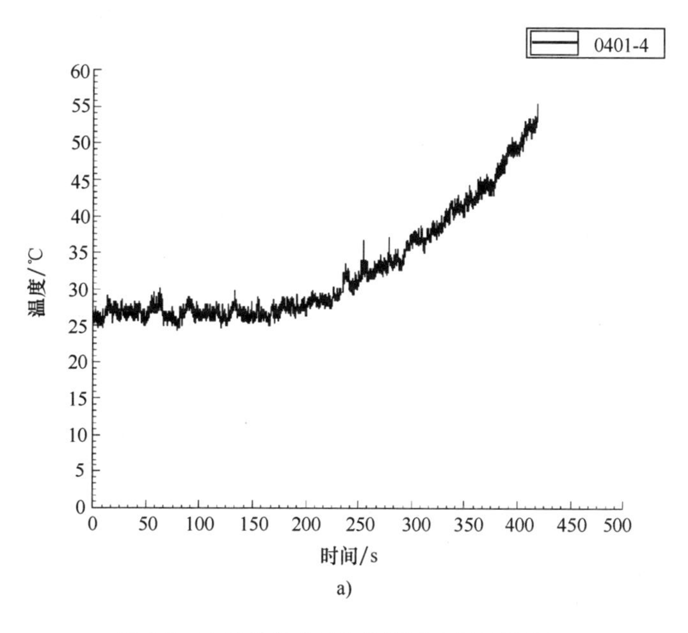

a)

图 4-2　电池单体在 3C 倍率过充时的温升图

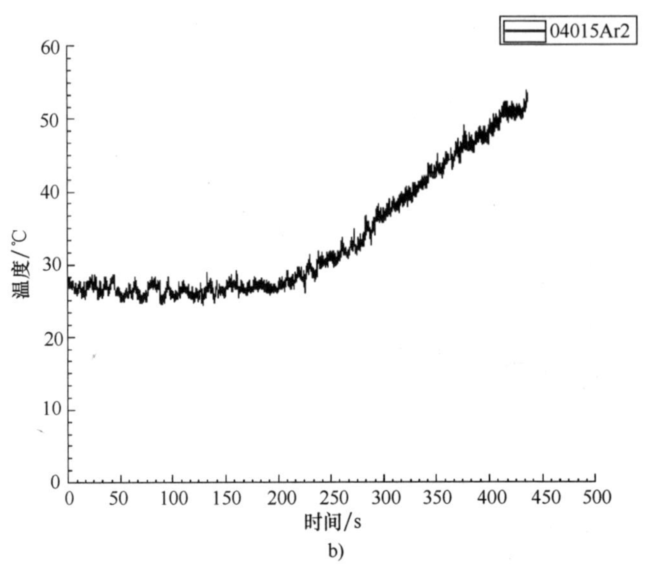

b)

图 4-2　电池单体在 3C 倍率过充时的温升图（续）

电池的温升情况大致分成两个阶段，第一阶段电池温度没有明显变化，第二阶段电池温度快速上升。随着电池充电倍率的增加，第一阶段电池保持稳定的时间越来越短，这是因为倍率的增加使得电池完成充电的时间减少所致；第二阶段的时间同样是越来越短，这是由于充电倍率的增大，使得电池内反应变得更加激烈，温度上升得更快。

4.2.2.2　电池爆炸后喷出物温度变化

电池在过充到一定阶段，电池内压过大超过电池泄压阀的临界压力强度时就会发生破裂，随后电池内部的高压气液混合物就会喷出，在喷射过程中遇到氧气，并与空气、电池测试支架摩擦，就会发生爆炸。图 4-3 所示为电池单体在 2C 过充致爆时红外热像图以及最高温度点随时间变化曲线。

图 4-4 所示为电池单体在 3C 过充致爆时红外热像图以及最高温度点随时间变化曲线。

从图 4-3 和图 4-4 可知，测试的电池单体爆炸燃烧温度在 550~600℃范围内，且电池发生爆炸后随着喷射物的耗尽，电池周边温度迅速降低，但是电池壳体温度仍然较高。电池单体的爆炸燃烧温度与电池单体的能量有关，对于百 Ah 级的大容量锂离子电池的爆炸燃烧温度可能超过 1000℃。

4.2.3　锂离子电池爆炸冲击波分析

4.2.3.1　电池连锁爆炸反应试验平台配置

为了定量测量锂离子电池连锁爆炸产生的冲击波，搭建电池爆炸试验平台，

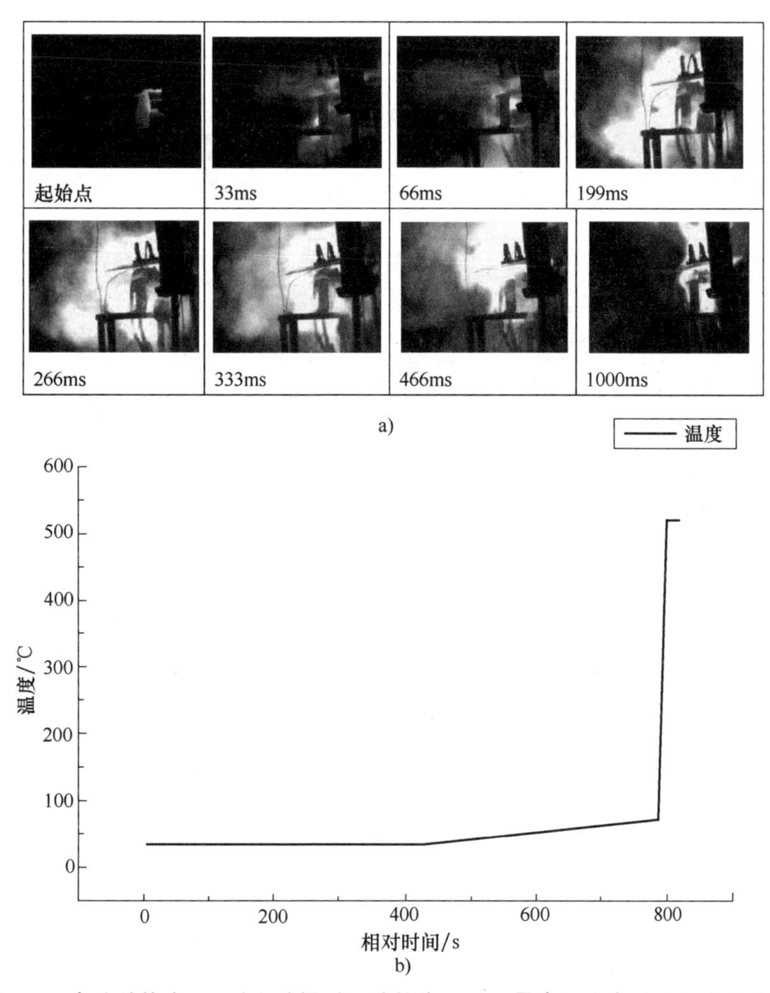

图 4-3　电池单体在 2C 过充致爆时红外热像图以及最高温度点随时间变化曲线

如图 4-5 所示，包括对电池组的充电系统、电池组主体及测试支架、红外测温系统、电池组爆炸数据采集系统等。电池组爆炸数据采集系统由同步触发器、高速摄影仪、压力传感器、红外摄像仪等组成；单电池爆炸时产生的声音，使得音频采集给同步触发器一个电信号，接到同步触发器的电信号，立刻向高速摄影仪、压力传感器和红外摄像仪传递触发信号，使得仪器同时工作，记录电池爆炸时的物理参数。

考虑到电池爆炸时喷射方向的随机性，共使用四个相同型号的传感器，传感器正对着电池的最大面，两侧各放置 2 个压力传感器。同样由于电池爆炸喷射方向的随机性，电池喷射物可能不会经过高温热电偶，而红外摄像是对整个摄像视野内的温度观测，因此电池喷射物的温度以红外摄像记录为准，而电池壳体的温

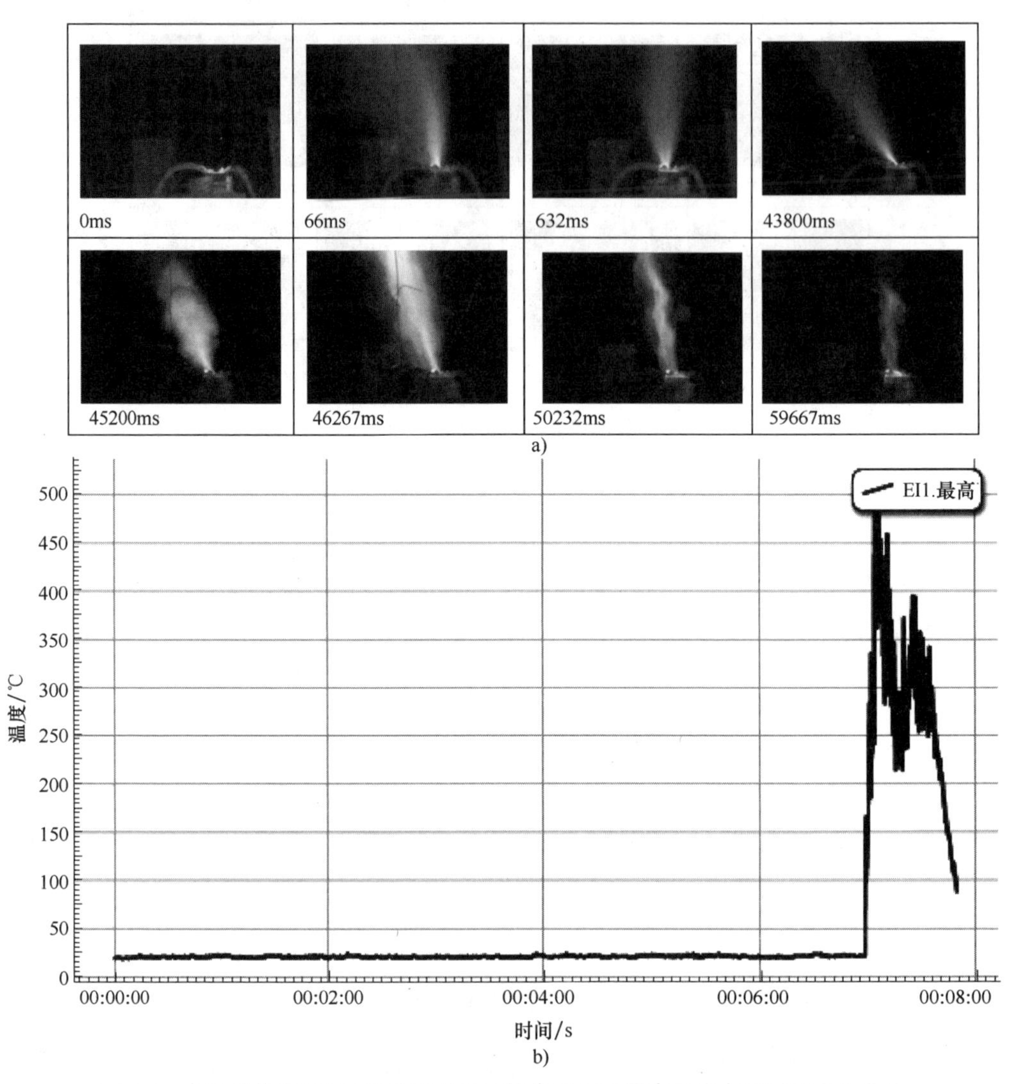

图 4-4　电池单体在 3C 过充致爆时红外热像图以及最高温度点随时间变化曲线

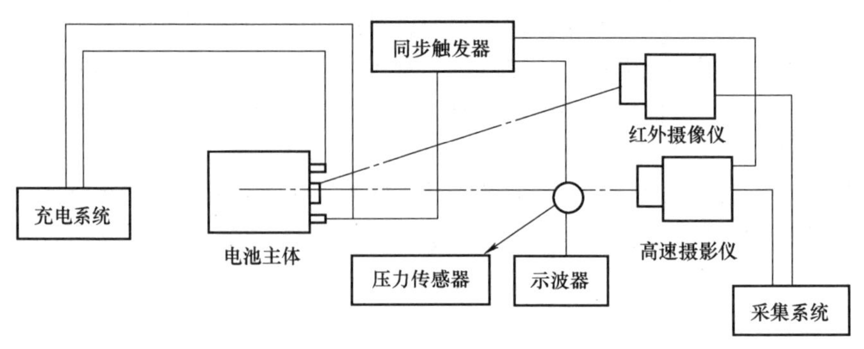

图 4-5　电池爆炸试验平台

度以高温热电偶数据为准。红外热像仪参数见表 4-1。为了处理红外热像仪、高速摄影仪和传感器的位置关系，红外热像仪在电池的一侧，斜对着电池的最大面，与电池保持在同一高度，距电池 120cm，选择的量程是 0~2000℃。

表 4-1　红外热像仪参数

光学数据	空间分辨率	1. 36mrad
探测器参数	帧频	60Hz
	探测器类型	非制冷微热量型
	波长范围	7. 5~13μm
	图像分辨率	320×240
	探测器时间常数	典型值 12ms
测量数据	测温范围	-20~2000℃
	测温精度	2℃或读数的 2%

使用的高速摄影仪，采用 1360×1024 分辨率。为了保护高速摄影仪，将其放置在观测窗外，通过观测窗拍摄电池爆炸瞬态场景，距电池 400cm。电池的支架高 120cm。

4. 2. 3. 2　电池单体爆炸反应冲击波分析

为了进行对比分析，在同样试验条件下分别进行了某型号的锂离子电池单体的过充致爆试验和 3 并电池组的连锁爆炸试验，过充倍率为 2C 和 3C。

图 4-6 和图 4-7 所示为电池单体 2C 过充致爆冲击波波形（试验编号分别为 50331-1 和 50402-4）。

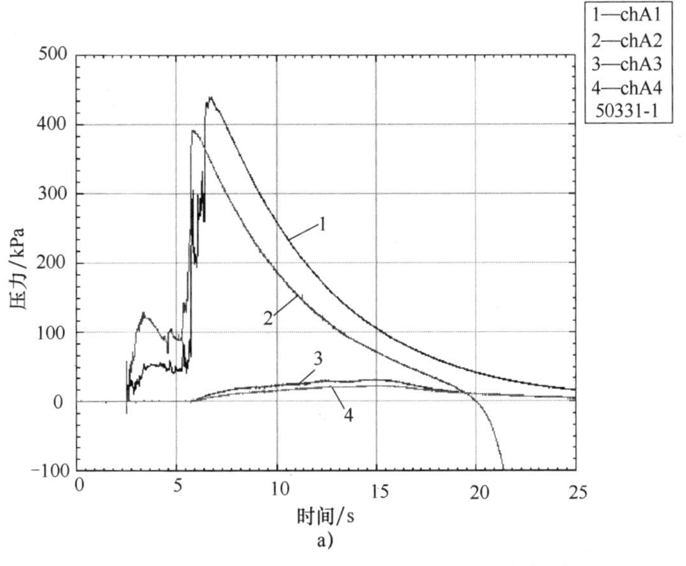

图 4-6　电池单体 2C 过充致爆冲击波波形（试验编号 50331-1）

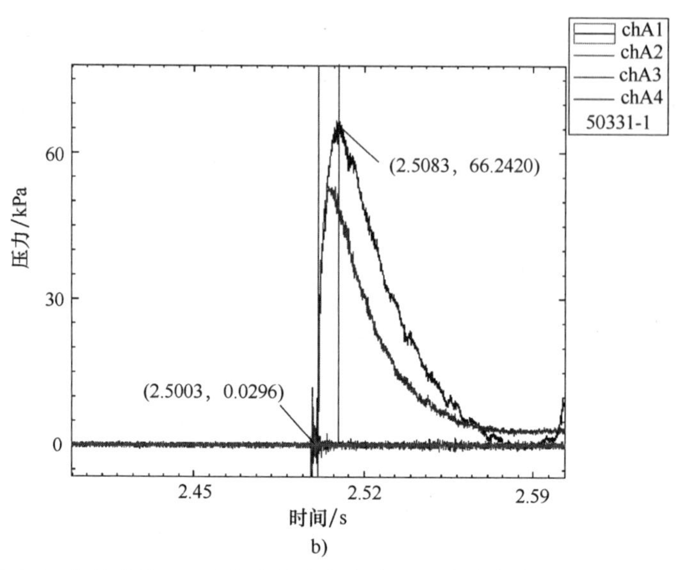

b)

图 4-6　电池单体 2C 过充致爆冲击波波形（试验编号 50331-1）（续）

在电池单体 2C 过充致爆试验中（编号 50331-1），1 号传感器采集到爆炸的峰值压力是 66.2420kPa，爆炸开始采集到信号的时间是 2.5003s。该压力第一个峰值到达时间为 2.5083s，超压 ΔP 为 66.2160kPa。如图 4-6 所示。已知 1、2、3、4 传感器距离爆炸对象表面的距离是 20cm。电池开口方向朝向 1、2 传感器，所以测得的压力比较清晰明显。2 号传感器采集到爆炸的峰值压力是 53.0214kPa，爆炸开始时间是 2.50095s，该压力第一个峰值到达时间为 2.5052s，超压 ΔP 为 52.9918kPa。1 号与 2 号传感器的结束时间差异与采集到的

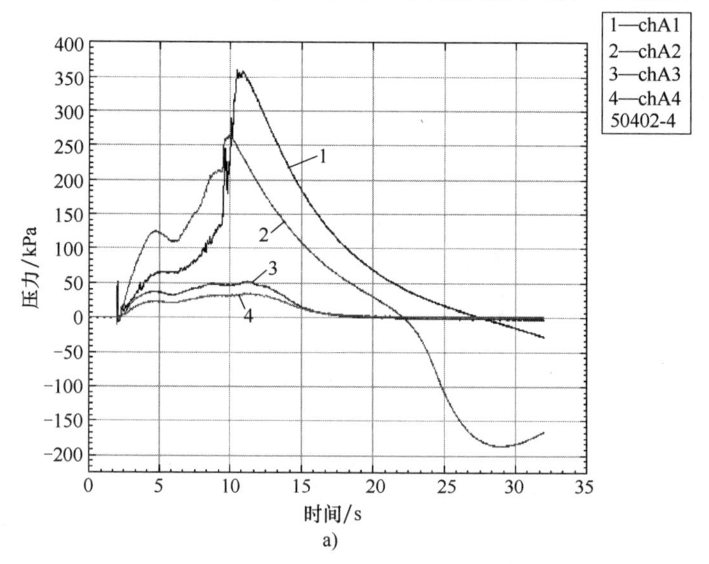

a)

图 4-7　电池单体 2C 过充致爆冲击波波形（试验编号 50402-4）

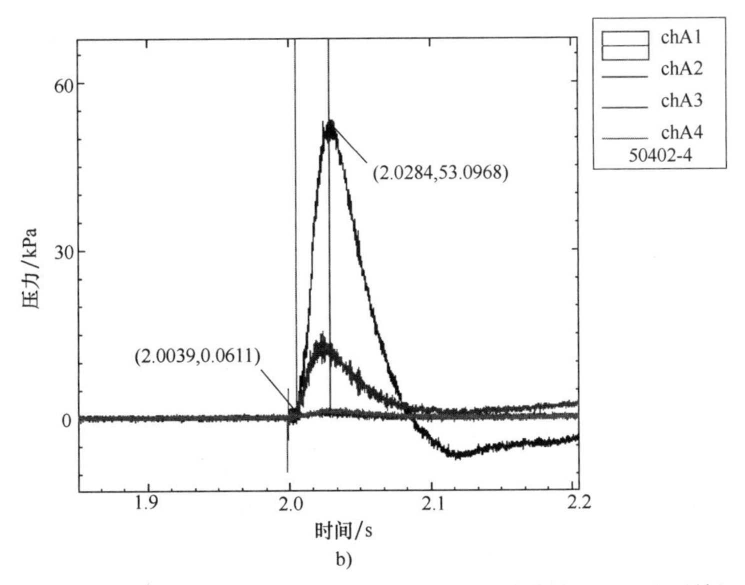

b)

图 4-7　电池单体 2C 过充致爆冲击波波形（试验编号 50402-4）（续）

峰值压力的不同，再一次印证了爆炸开口方向对数据的影响。电池喷射的最大压力是 437.4144kPa。

在电池单体 2C 过充致爆试验中（编号 50402-4），爆炸的峰值压力是 53.0968kPa，爆炸开始采集到信号的时间是 2.0039s。该压力第一个峰值到达时间为 2.0284s，超压 ΔP 为 53.0357kPa。如图 4-7 所示。已知 1、2、3、4 传感器距离爆炸对象表面的距离是 20cm。电池开口方向朝向 1、2 传感器，所以测得的压力比较清晰明显。电池喷射的最大压力是 352.2187kPa。

图 4-8 和图 4-9 所示为电池单体 3C 过充致爆冲击波波形（试验编号分别为 50401-4 和 50401-5）。

电池单体 3C 过充致爆试验（编号 50401-4），爆炸的峰值压力是 3.3147kPa，爆炸开始采集到信号的时间是 2.0024s。该压力第一个峰值到达时间为 2.0171s，超压 ΔP 为 3.1745kPa。如图 4-8 所示。已知 1、2、3、4 传感器距离爆炸对象表面的距离是 20cm。主要是电池开口偏向上方，导致两边的传感器接收到的爆炸压力较小。电池喷射的最大压力是 55.3828kPa。

电池单体 3C 过充致爆试验（编号 50401-5），爆炸的峰值压力是 1.3667kPa，爆炸开始采集到信号的时间是 2.0780s。该压力第一个峰值到达时间为 2.1162s，超压 ΔP 为 1.3563kPa。如图 4-9 所示。已知 1、2、3、4 传感器距离爆炸对象表面的距离是 20cm。主要是电池开口偏向上方，导致两边的传感器接收到的爆炸压力较小。电池喷射的最大压力是 200.3104kPa。

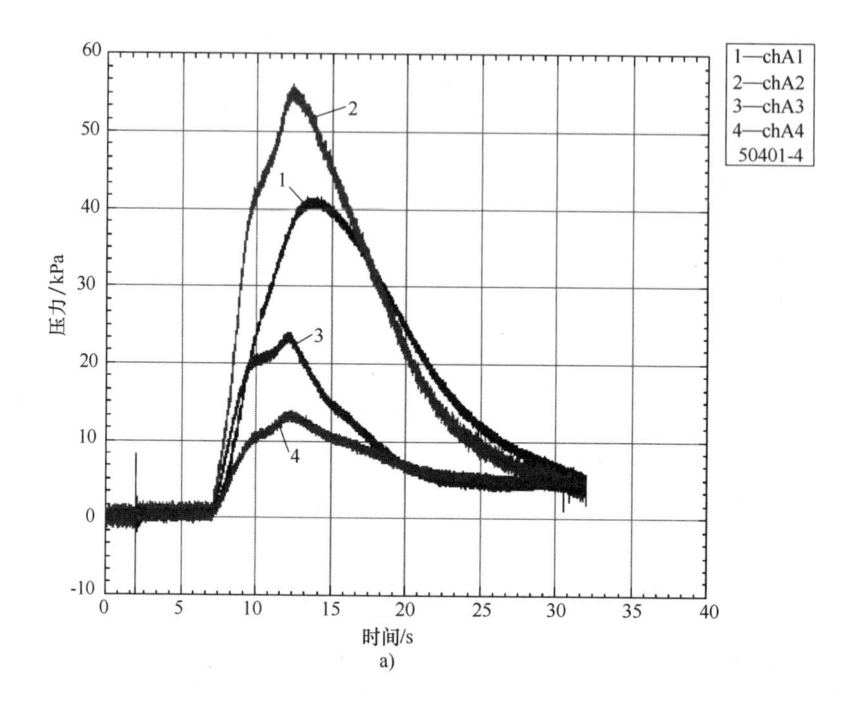

a)

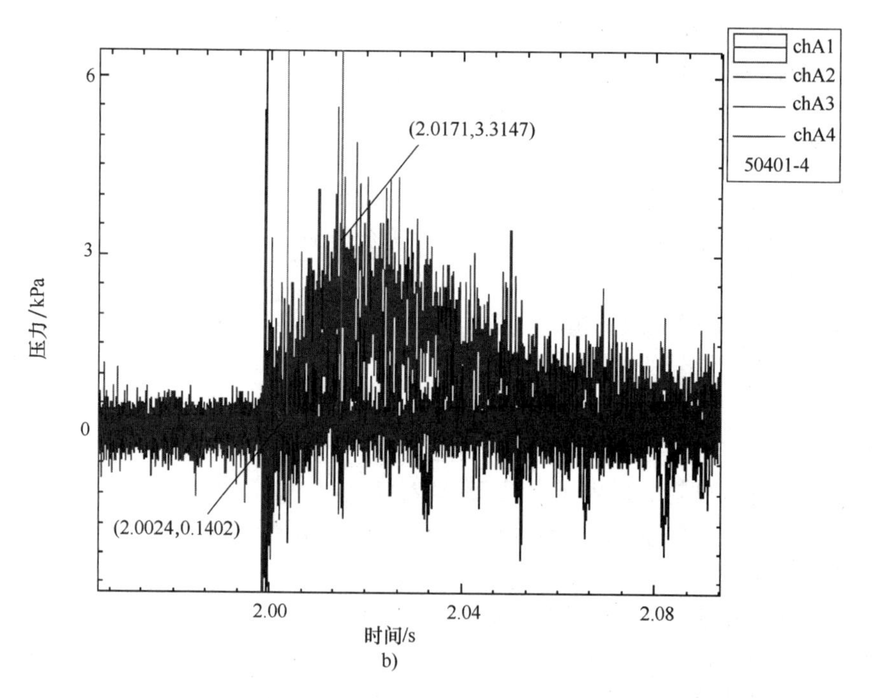

b)

图 4-8　电池单体 3C 过充致爆冲击波波形（试验编号 50401-4）

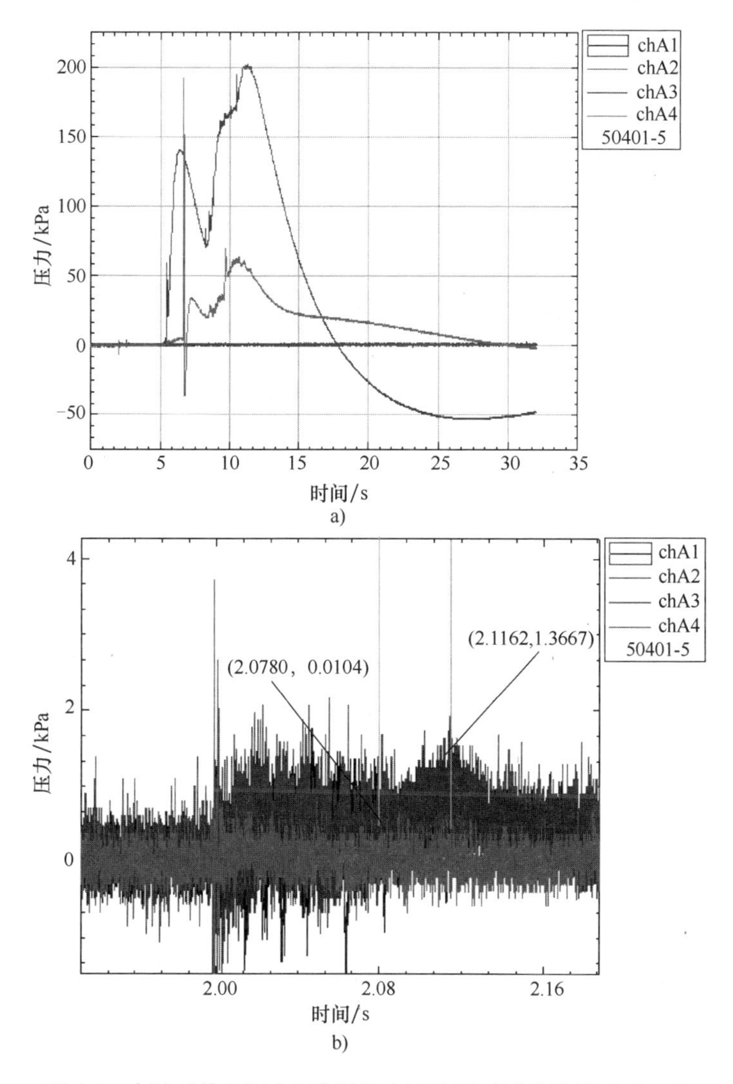

图 4-9　电池单体 3C 过充致爆冲击波波形（试验编号 50401-5）

4.2.3.3　电池连锁爆炸反应冲击波分析

在与锂离子单体爆炸试验同样条件下进行电池组的过充致爆试验，图 4-10 所示为 3 并电池组 2C 过充连锁爆炸冲击波波形及放大图。

图 4-11 所示为 3 并电池组 3C 过充连锁爆炸冲击波波形及放大图。

对于 3C 来说，第二次爆炸电池出现了有规律的压力变化。这种振荡说明电池内的气体是有一定规律性地喷出。在爆炸时，电池内部的化学反应继续进行，为爆炸提供能量和物质；爆炸后，释放出大量的可燃性气体，可燃性气体的浓度达到一定程度，在外界一定的刺激下（电、火等），就会发生二次爆炸-气体爆炸。

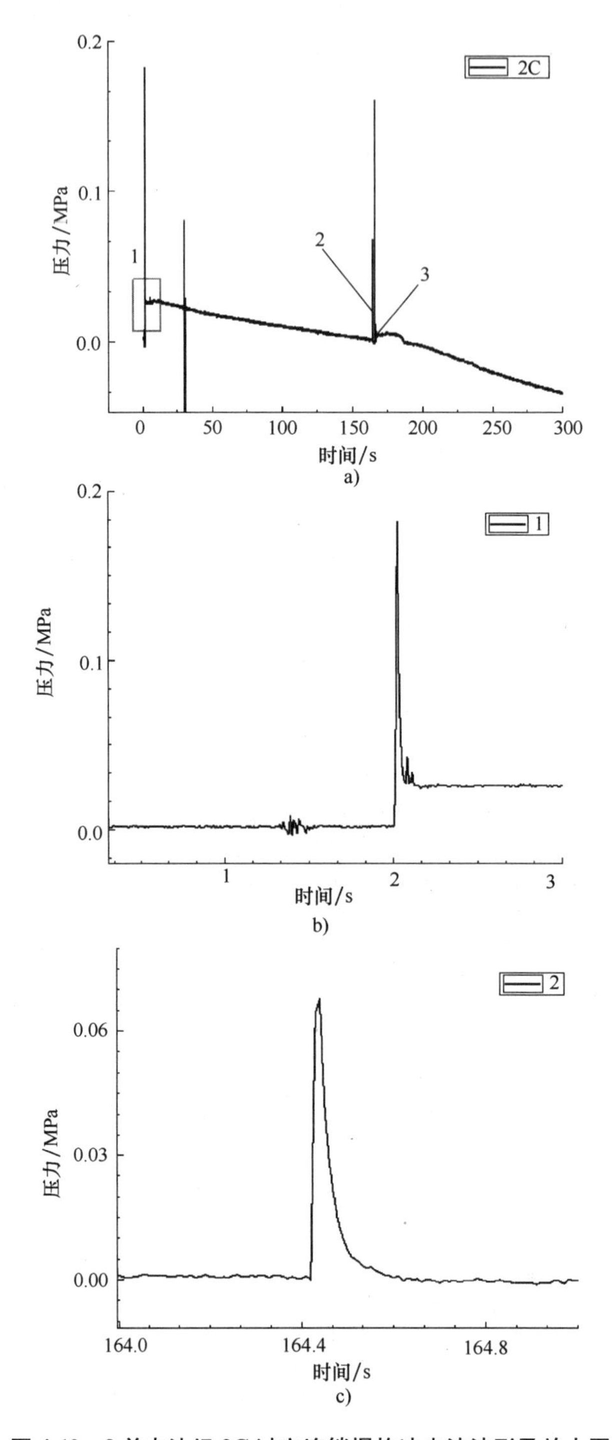

图 4-10　3 并电池组 2C 过充连锁爆炸冲击波波形及放大图

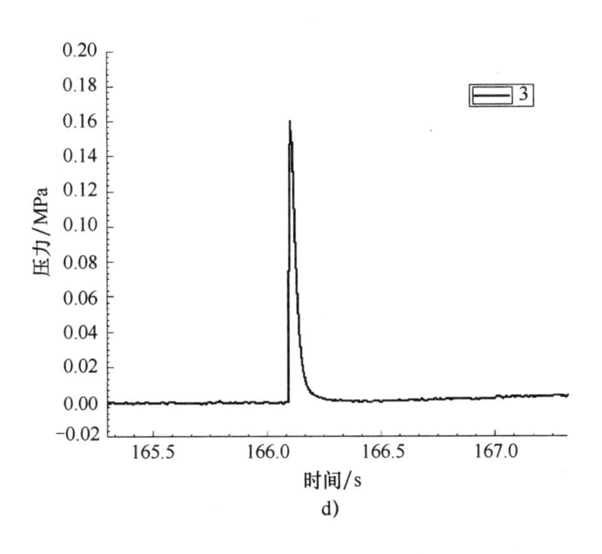

d)

图 4-10　3 并电池组 2C 过充连锁爆炸冲击波波形及放大图（续）

三次爆炸的时间间隔没有规律性，在第一个电池发生爆炸后，有的立刻发生爆炸，有的需要 60 多秒才开始爆炸，这种随机性可能与电池喷射有关，这是因为电池喷射有一定的方向性，这种方向性导致未爆电池接收的能量是不一样的。如果电池喷射正对着未爆电池，那么爆炸的时间间隔就短一些；如果电池喷射没有直接对着未爆电池，那么爆炸的时间间隔就长一些。

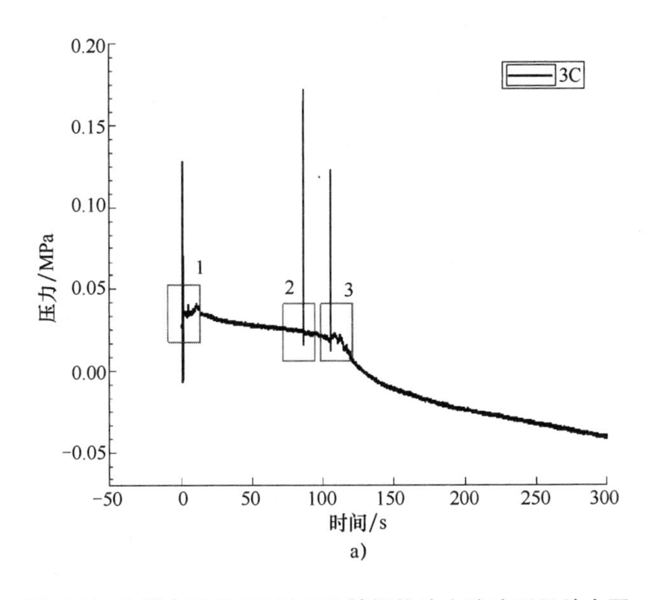

a)

图 4-11　3 并电池组 3C 过充连锁爆炸冲击波波形及放大图

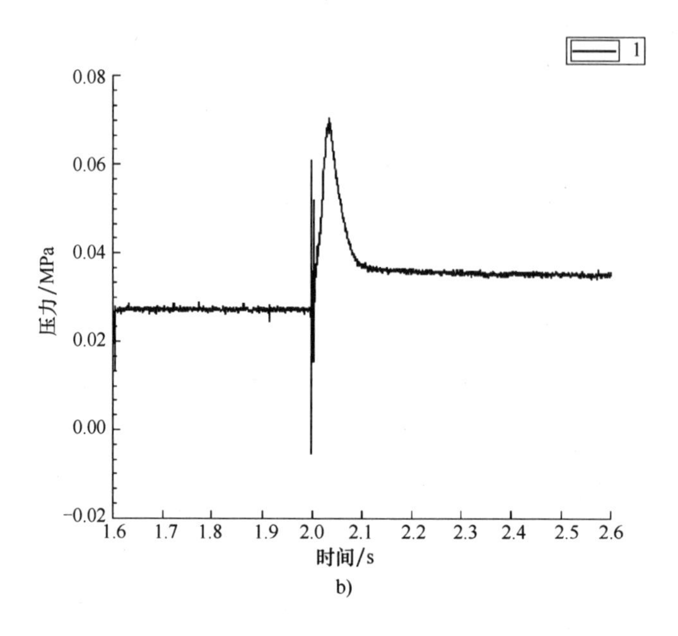

b)

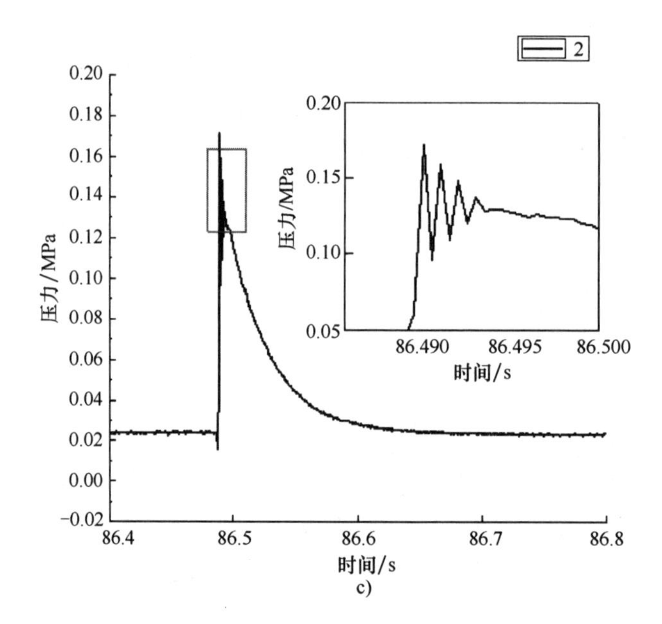

c)

图 4-11　3 并电池组 3C 过充连锁爆炸冲击波波形及放大图（续）

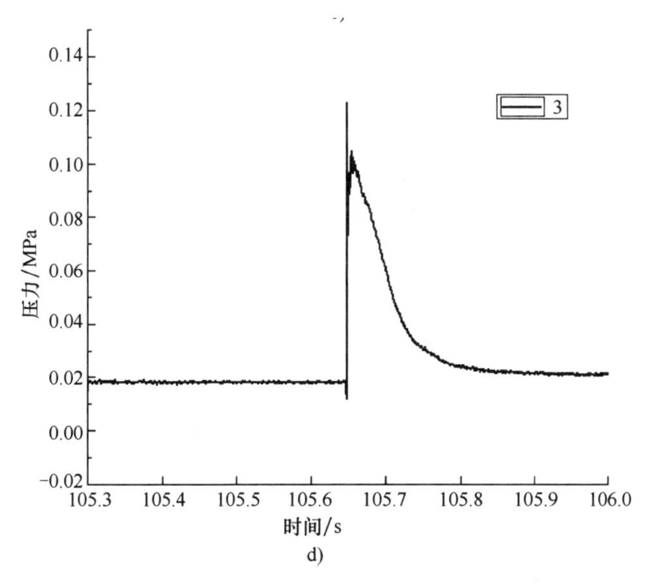

d)

图 4-11　3 并电池组 3C 过充连锁爆炸冲击波波形及放大图（续）

4.2.4　锂离子电池燃烧产烟性分析

材料燃烧时产生的不完全燃烧有机质、碳质悬浮粒子以及水汽是形成烟雾的主要物质，不完全燃烧虽然会降低热释放量，但是烟雾的大量积聚会削弱光线，造成人员心理恐慌，而且烟雾中含有大量刺激性毒性成分，是造成火灾中人员伤亡的主要因素。

锂离子电池有多种体系，采用不同的电极活性物质，电池的燃烧产烟性可能会有所区别，因此采用锥形量热仪氦-氖激光系统测量目前几种典型的电池组件燃烧过程中的总生烟量，如图 4-12 所示。

三类电池组件的生烟量存在着一个共同点，即隔膜生烟量的变化与正极、负极存在明显区别，在三类电池组件中隔膜的生烟量在点燃后就开始迅速提高，然后逐渐稳定，而正极和负极随着燃烧过程持续稳定地释放出烟气。另外，对于锰酸锂电池和三元电池组件，隔膜的生烟量要显著高于正极和负极的生烟量，在这两类电池组件中正极的生烟量最低；对于磷酸铁锂电池组件，磷酸铁锂正极生烟量与隔膜接近，生烟量最低的是负极。

在电池组件中，隔膜一般是聚乙烯、聚丙烯等高聚物，分子结构中存在大量的碳氢键，在被点燃的情况下如果完全燃烧需要大量的氧气，但是在电池组件燃烧前期，空气中的大部分氧气被电解液的气相挥发物和电解液本身消耗掉了，因此这一阶段中隔膜的燃烧主要是不完全燃烧，产生了大量的烟气，这一阶段正对应电池组件热释放速率达到峰值的时刻。在此之后，电池组件的燃烧从气相/液

相燃烧为主体逐渐转变为液相/固相燃烧为主体。正极、负极和隔膜的生烟量有

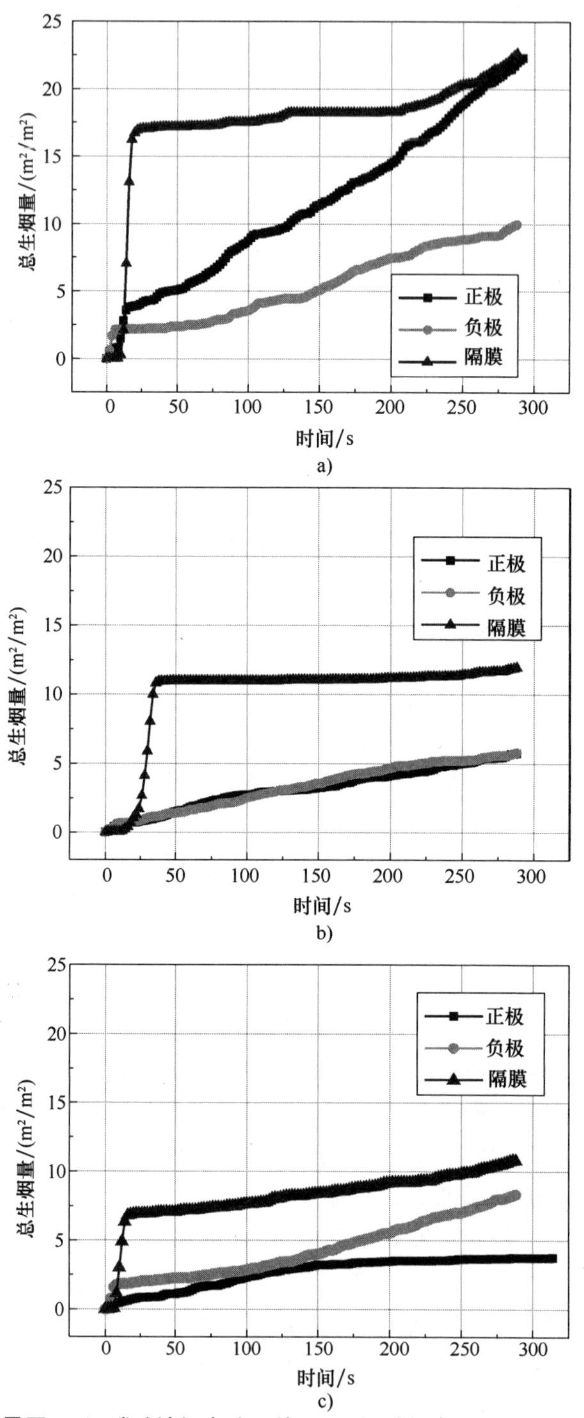

图 4-12　总生烟量图，a）磷酸铁锂电池组件，b）锰酸锂电池组件，c）三元电池组件

明显差别，这可能是由于组件材料燃烧产生的不完全燃烧有机质、碳质悬浮粒子含量不同所致。

总生烟量表示材料单位面积燃烧时的累积生烟总量，而比消光面积表示试样分解挥发单位质量的可燃物所产生烟的能力。比消光面积是反映材料燃烧以及受热分解过程中某时刻消耗单位质量试样所产生的烟量。从表 4-2 中的数据可知，在三类电池组件中，对于锰酸锂电池和三元电池，均是隔膜的比消光面积最大，其次是负极、正极；对于磷酸铁锂电池，比消光面积最大的是隔膜，其次是正极、负极。结合图 4-12 的总生烟量可知，电池燃烧过程中烟气的主要来源首先是隔膜的不完全燃烧，其次是电极材料的燃烧和热分解。

另外，从表 4-2 的 CO、CO_2 产率的数据中可以看出，电池组件对这些常规燃烧气相产物的产生能力也不同，隔膜燃烧释放出的 CO_2 的能力最大，其次是正极、负极。隔膜燃烧释放的 CO 产率相对最大，这与隔膜的不完全燃烧相对应。

表 4-2　电池组件生烟参数测试值

样品		CO_2 产率/(kg/kg)	CO 产率/(kg/kg)	比消光面积/(m^2/kg)
磷酸铁锂电池	正极	10.34	0.32	279
	负极	7.79	0.16	197
	隔膜	19.35	0.15	1113
锰酸锂电池	正极	16.55	0.41	127
	负极	5.12	0.12	201
	隔膜	47.22	1.19	935
三元电池	正极	9.01	0.17	32
	负极	5.2	0.11	106
	隔膜	20.37	1.34	1159

磷酸铁锂电池、锰酸锂电池、三元电池这三类电池是国内目前技术成熟、应用范围广泛的锂离子电池体系，它们的相同之处在于都使用石墨材料作为电池的负极，电解液也常用碳酸酯类作为溶剂，而不同之处在于这些电池的正极材料不同，电解液中含有的添加剂也可能不同。对于锥形量热仪测试结果的差异性，一方面是由于电池材料本身在燃烧和受热分解方面的本征性差异所决定的，比如正极材料的热分解行为，另一方面则是受到不同体系所适用的电解液成分（溶剂组分、添加剂种类等）和含量（富液、贫液），以及隔膜、负极成分差异等方面的影响，这些差异是锂离子电池组件燃烧性能差异的主要原因。

4.2.5 锂离子电池燃烧烟气危害评估

4.2.5.1 锂离子电池烟气的化学毒性评估

1. 实验设备和判定准则

硅刀秒表、钢直尺、电子温湿度计、天平、比色管、气袋、取样系统；烟密度测试箱、恒温恒湿间；非分散红外分析仪，S2000 型，北京天和力特科技有限公司。

产烟毒性危险等级评定所选标准：GB/T 8323.2—2008。

2. 实验方案

在通风橱内，用硅刀将锂离子电池切割成所需的样品后，立即放入调试好的烟箱中，以 GB/T 8323.2—2008 为标准，在辐射照度为 $25kW/m^2$，有引燃火焰的模式下进行测试。在实验开始后的 1.5min 和 4min 时，分别读取烟密度并记录。在 4min 后，取烟箱中的气体进行比色管检测毒气，并记录。

3. 结果与讨论

（1）锂离子电池测试前后对比

从图 4-13 中可以看出，在锂离子电池整体燃烧测试烟气毒性实验中，电池经有引燃火焰的模式辐照后，表面发生剧烈燃烧，且电池铝膜外包装、石墨、正负极、隔膜、电解液均发生燃烧现象。佐证了在锂离子电池实际燃烧时，其各个部分均会发生燃烧现象，并可能释放出 CO、CO_2、NO_x、SO_2、HCN 等有毒有害气体，为后续的实验进行铺垫。

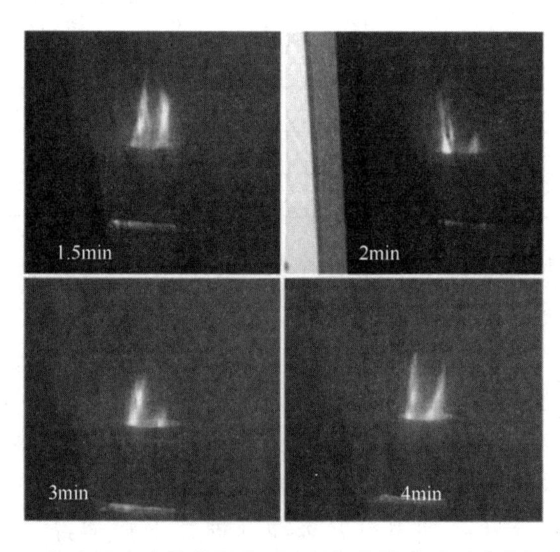

图 4-13 锂离子电池整体燃烧测试烟气毒性实验时火焰燃烧情况

从图 4-13 中可以看出，在实验过程中，锂离子电池燃烧时产烟较大，并且火焰变化情况为由大至小，再至大的过程，这可能与锂离子电池结构有关。

（2）毒性气体组分及含量

从表 4-3 中可以看出，当电池整体燃烧时释放出的毒性气体 CO 的实测值远远超出了安全浓度范围，会给人带来致命危害；而 CO_2、NO_x、SO_2、HCN 各组分含量均在安全浓度范围内，对人体有一定伤害，但属于非致命烟毒浓度。

表 4-3　锂离子电池整体燃烧测得的毒性气体组分及含量与标准参照表

气体种类	要求浓度（$\times10^{-6}$）	实测值（$\times10^{-6}$）	是否符合
CO	<3500	28400	不合格
CO_2	<50000	650	合格
HF	<100	0	合格
HBr	<100	0	合格
HCl	<100	0	合格
NO_x（以 NO_2 计）	<100	16	合格
SO_2	<100	10	合格
HCN	<100	1	合格

（3）烟密度

从图 4-14 中可以看出，试验开始后大约 200s 时材料开始产烟，并随着燃烧时间的推移，烟密度急剧增加至最大值，再缓慢减小。

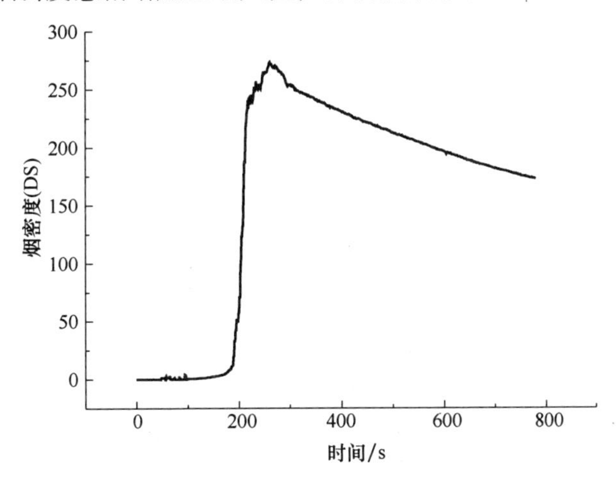

图 4-14　电池整体燃烧测得的烟密度曲线

根据判定标准操作，在90s时取样，测得烟密度为0（小于100），此时样品烟密度为合格；在240s时取样，测得烟密度为254.37（大于200），此时样品烟密度为不合格，产烟较大。说明在240s时，烟密度已经超过了合格范围，并在此条件下，会给人类的身体健康带来极大的危害，甚至可能导致死亡。

4.2.5.2 锂离子电池组分燃烧烟气的化学毒性评估

前一部分对锂离子电池整体燃烧产生的烟气的化学毒性进行了评估。本节将进一步探究锂离子在极端情况下，即锂离子电池中的各个组分均完全充分燃烧下释放的烟气毒性成分及含量。基于大量的阅读文献及查找资料，在锂离子电池燃烧时，由于电池的正负极、石墨的燃烧性能，这些组分并不会释放出有毒有害气体，因此只做锂离子电池的隔膜及电解液完全燃烧时所产生的烟气的化学危害评估研究。

1. 实验设备和评定准则

电子秤、游标卡尺、钢直尺、电子温湿度计、比色卡、秒表；烟密度测试箱、恒温恒湿间、管式炉；离子色谱仪，CIC-D120型，青岛盛瀚色谱技术有限公司。

锂离子电池的隔膜及电解液，在完全燃烧条件下所产生的烟气的化学毒性危险等级评定所选标准：NF X 70-100，燃烧特性试验-对高温分解和燃气的分析——管式蒸馏法。此标准是以材料样品质量为1g的基准上，将其放入管式炉中部，并使其完全燃烧，再将收集的气体进行进一步的检测实验，最后根据检测结果参数对材料进行完全燃烧时，释放出烟气的危害毒性等级评估。

在法国NF X 70-100标准中，各个气体均有一个极限危险浓度，见表4-4，超出其危险浓度，均会给人体带来危险性伤害。

表4-4 NF X 70-100标准规定各气体的危险浓度

气体	危险浓度（C. C）/(mg/m^3)	气体	危险浓度（C. C）/(mg/m^3)
CO	1750	HCl	150
CO_2	90000	HCN	55
SO_2	260	HBr	170
HF	15	NO_x	90

2. 实验方法

1）打开管式炉预热，待管式炉的炉丝加热至600℃时，放样品并塞至管中间部位，盖上盖子同时按下秒表计时。

2）待燃烧10min后，停止收集气体，堵住关闭气袋口，同时取走样品。

3）将非分散红外仪校对后，将已收集气体的袋子连接至非分散红外仪的收集口，测 CO、CO_2 的含量，待读数稳定后，即可读数并记录数据。

4）再将袋子连接至 HCN、SO_2、卤素（HCl、HBr、HF）、NO_x 比色管，测气体成分。在用比色管法进行烟毒气体检测时，需分两次进行比色管测试，并按以下顺序进行连接：

① 气袋管—卤素管—SO_2—HCN—抽气筒。

② 气袋管—NO_x—抽气筒。

若有 SO_2，则管会变黄色；若有 HCN，则管会变桃红色；若有卤素，则管会变浅红色；若有 NO_x，则管会变浅紫色。待抽气筒上的指示灯变白后即可读数，并记录。

5）在使用抽气筒时，应注意：

① 气袋管连接小刻度进气端，抽气管连接大刻度出气端。

② 用 50mL 量程抽气时，刻度度数应乘以 2；用 100mL 量程抽气时，刻度示数即为数据。

6）若有超量程的或含量较大的成分，需进行离子色谱法或紫外分光法，来进一步精确测量。

3. 实验结果

（1）质量损失率

从表 4-5 中可以看出，两次样品燃烧的损失率相差不多，且均已基本达到完全燃烧标准，损失率达 95%左右。同时可以看出样品 1 和样品 2 的平行性较好，质量损失率较高，说明隔膜及电解液完全燃烧效果较好。燃烧前样品质量要求 1.0000±0.0050g，故本部分样品质量需保留小数点后四位。

表 4-5　锂离子电池隔膜及电解经管式炉完全燃烧后质量变化情况

质量及损失率	样品 1	样品 2	均值
燃烧前样品质量/g	0.9984	0.9999	0.9992
燃烧舟质量/g	15.1369	15.7639	15.4504
燃烧后样品+燃烧舟质量/g	15.1893	15.8060	15.4977
质量损失率（%）	94.8	95.8	95.3

（2）比色管检测结果

由图 4-15 可以看出，第一根 HCN 比色管由黄色变为桃红色，证明毒性气体中含有 HCN，且其含量可由比色管中的刻度读出；第二根 SO_2 比色管由粉色变为黄色，且因气体推移的因素，只在中部有一段变为黄色，故只读黄色段刻度含量即为毒性气体成分中的 SO_2 含量；第三根 HF 检测管的视数已经全部变为浅红色，HF 说明含量已超过比色管的可测量程，需进行以氢氧化钠为溶剂的离子色谱法实验，来进行进一步的检测标定；第四根 NO_x 比色管未变色，证明电池及隔膜完全燃烧时的毒性气体成分中不含 NO_x。

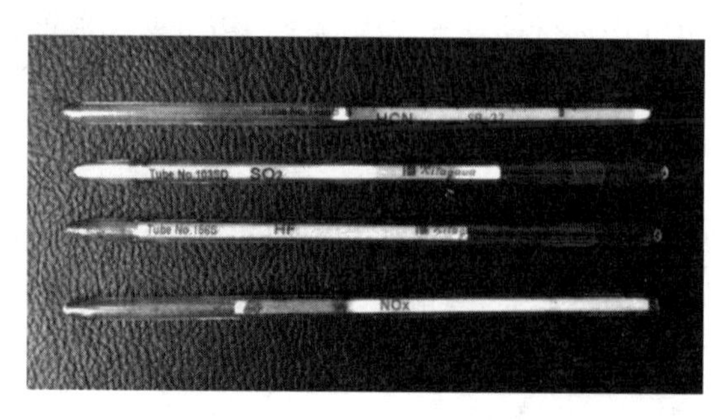

图 4-15　电池及隔膜经管式炉完全燃烧后收集的气体经比色管后的读数

因此，1g 锂离子电池的隔膜及电解液完全燃烧，释放的各毒气成分含有 CO、CO_2、HCN、SO_2、HF 这五种毒性气体，除 HF 的测量值超出量程范围外，其他气体浓度均在量程范围内，可通过比色管读数取平均值方法，进行含量确定。所以应进一步精确测量 1g 锂离子电池的隔膜及电解液完全燃烧时释放出的 HF 含量，以对锂离子电池的毒性分析进行整体且更为精准的判定。

4.2.5.3　锂离子电池烟气中氟离子含量测定

1. 实验方法

1）在容量瓶中加入 10mL NaOH，用一级水将其定容至 1L，配制成氢氧化钠溶液，将配好的氢氧化钠溶液倒入两个吸收瓶中，倒至吸收瓶的 1/2 处。

2）将两个吸收瓶与管式炉的进气管连接，待管式炉的炉丝加热至 600℃时，放样品并塞至管中间部位，盖上盖子同时按下秒表计时。

3）待样品燃烧 20min 后，停止收集气体，同时取走样品。

4）定容：将容量瓶用纯水冲洗 3 次，再进行纯水定容。将两个吸收瓶中的液体倒入已冲洗的容量瓶中，用纯水冲洗 3 次，以确保尽可能地洗出残余，再加纯水定容至 1L，摇匀。

5）用容量瓶中的液体稀释 20 倍后，润洗测量管后，装入待测液。注意最后欲得到 1g 隔膜及电解液完全燃烧所产生的 HF 含量应为测量结果的 20 倍。

6）在 25℃下，仪器平衡后开始测量，通过离子色谱测出的是 HF 含量。

2. 检测结果

由图 4-16 的检测结果可知，HF 含量为 1.347×10^{-6}，经 20 倍换算后，实验测得的 1g 隔膜及电解液完全燃烧产生的 HF 含量为 28.4mg/g。

综上所述，1g 锂离子电池的隔膜及电解液完全燃烧，释放的各毒气成分及含量最终结果见表 4-6。

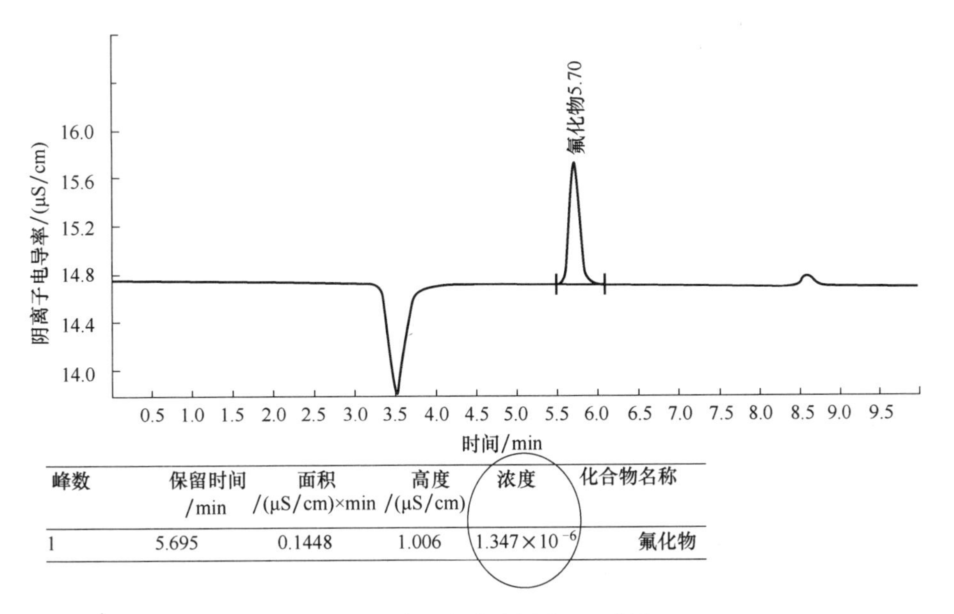

峰数	保留时间/min	面积/(μS/cm)×min	高度/(μS/cm)	浓度	化合物名称
1	5.695	0.1448	1.006	1.347×10^{-6}	氟化物

图 4-16　离子色谱法测试 HF 含量

表 4-6　锂离子电池的隔膜及电解液（1g）完全燃烧，释放的各毒气成分及含量

气体	实验 1	实验 2	测试均值	危险浓度 NF X 70-100
CO/(mg/g)	111.2	114.8	113.0	1750
CO_2/(mg/g)	672.1	769.6	720.9	90000
SO_2/(mg/g)	0.8	2.0	1.4	260
HF/(mg/g)	28.4	28.4	28.4	15
HCl/(mg/g)	0.0	0.0	0.0	150
HCN/(mg/g)	0.2	1.0	0.6	55
HBr/(mg/g)	0.0	0.0	0.0	170
NO_x/(mg/g)	0.0	0.0	0.0	90
ITC 值	198.2			

3. 实验结论

经上述实验及精确测量后，测得 1g 锂离子电池的隔膜及电解液完全燃烧，释放的各毒气成分含有 CO、CO_2、HCN、SO_2、HF 这五种毒性气体，除 HF 的测量值大于危险浓度以外，其他气体浓度均在安全范围内。并且可以看出在这些毒性气体成分中，由于 HF 的存在，使得 ITC 值变得很大，说明燃烧产生的气体毒性较大，并且超出其危险浓度近两倍。但在上节实验中，对锂离子进行整体燃烧测试时，并未检测出 HF 的存在，这可能与锂离子电池实际燃烧过程中，隔膜并未完全燃烧，释放出的 HF 含量较小有关，从而导致锂离子电池整体燃烧时未检测出 HF 的存在。

由此可知，在 1g 锂离子电池的隔膜及电解液完全燃烧时，会给人体的健康状况带来很大的危害。而在锂离子电池整体燃烧过程中，未检出 HF 的存在，但在实际燃烧过程中，隔膜及电解液或多或少发生燃烧现象，导致 HF 的产生，这必将会给人体造成伤害。

4.3 梯次利用电池储能系统

4.3.1 安全风险源

近年来，梯次利用电池储能系统的安全问题逐渐引起关注。梯次利用电池储能系统的安全性要求相对新建的锂离子电池储能系统更高，比如梯次利用电池在储能应用时，需要特别关注其实际容量、功率及其性能衰退特性，否则梯次利用电池储能系统的容量、功率设计与实际不匹配，就可能造成梯次利用电池的过充、过放现象而出现安全事故。因此，梯次利用电池储能系统的安全风险源，除了电池本体外，还有梯次利用电池系统因性能衰退造成的与实际应用需求不匹配的问题。

4.3.2 新旧电池材料热稳定性研究

高温作用下，电极材料自身会发生分解并与电解液反应，这些高温时发生的副反应是导致电池胀气，甚至发生热失控的根本原因。电池老化以后，不仅电极材料的形貌和结构会产生变化，热稳定性及副反应产物也会发生改变。所以，老化电池的安全性取决于内部电极材料以及各部分电池元件的热稳定性。

为了明确电池内部各部分元件发生热分解的顺序，以及整个热失控过程中内部材料所产生的变化，首先对新电池（100% CRR）各元件及内部主要物质发生的放热反应进行了分析，新电池内部各元件的 DSC 曲线如图 4-17 所示。

由图 4-17 可知，六氟磷酸锂（$LiPF_6$）在 78.9℃时率先发生反应，在加热过程中，$LiPF_6$ 与空气中的水分反应，生成 HF 气体，其反应式为

$$LiPF_6(s)+H_2O(g) \longrightarrow LiF(s)+OPF_3(g)+2HF(g) \tag{4-1}$$

而 OPF_3 和 HF 是导致正极材料和电解液分解以及气体产生的重要因素。由于正极活性物质在刮取过程中，附着了少量的 $LiPF_6$，在 64.4℃有一个小的吸热

峰，这与 $LiPF_6$ 的分解有直接关系。并且，正极活性物质在电解液与锂盐的作用下，在 178.2℃出现了一个小的吸热峰。

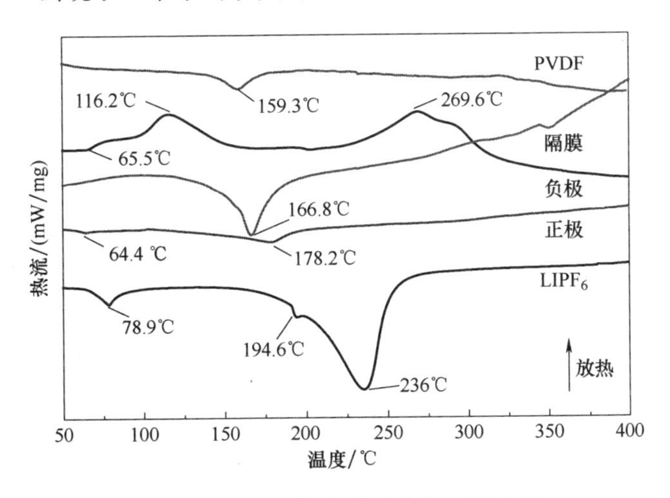

图 4-17 新电池内部各元件的 DSC 曲线

负极石墨在 65.5℃开始了 SEI 膜的分解，于 116.2℃达到峰值，并放出部分热量，随后当温度升高至 269.6℃时，石墨负极与电解液开始反应并持续分解。此外，当电池内部温度达到 159.3℃和 166.8℃时，黏结剂（PVDF）和 PE 隔膜相继发生分解变形和融化闭孔，分别导致活性物质从正负极上脱落，引起电池内阻的增加，甚至导致电池发生内短路，引发热失控。

为了进一步明确正负极活性物质在加热过程中发生的反应及产生的副反应产物，分别对正负极活性物质产生的气体进行了质谱分析，新电池正负极活性物质的 TG-DSC-MS 曲线如图 4-18 所示。

由图 4-18a 可知，正极活性物质在 200℃左右的吸热峰之前，随着温度的升高，一直有 CO 和 CH_4 气体的产生，这是依附在正极活性物质表面的电解液与活性物质相互作用发生的分解。加热至 650℃左右时，正极活性物质开始分解，析出的氧气与 CO 和 CH_4 以及其他烷烃类气体反应生成了 CO_2 和 H_2O。

根据图 4-18b 可知，负极石墨在 116.2℃左右发生了 SEI 膜的大范围分解，SEI 膜中的亚稳态物质（$(CH_2OCO_2Li)_2$）分解，并转化为稳定态的 Li_2CO_3，反应方程式为

$$(CH_2O\ CO_2Li)_2 \longrightarrow Li_2CO_3+C_2H_4+CO_2+0.5O_2 \tag{4-2}$$

$$2Li+(CH_2O\ CO_2Li)_2 \longrightarrow 2LiCO_3+C_2H_4 \tag{4-3}$$

当温度继续上升至 285℃左右时，嵌锂碳与附着在负极表面的电解液发生反应，并持续释放出烷烃类气体：

$$2Li+C_3H_4O_3(EC) \longrightarrow Li_2CO_3+C_2H_4 \tag{4-4}$$

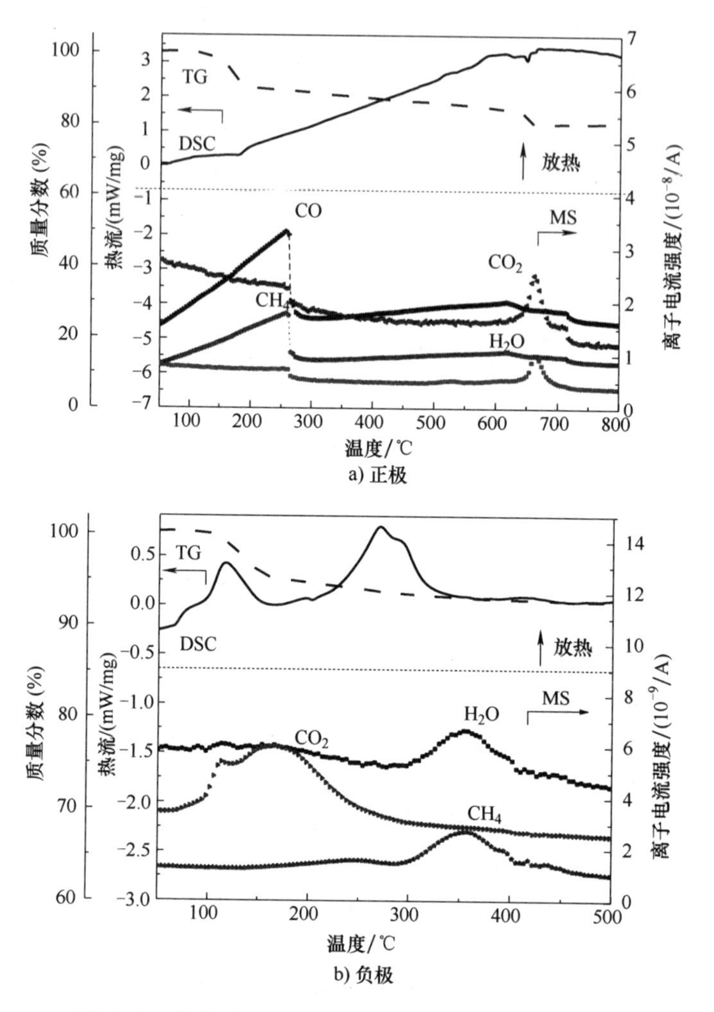

图 4-18　新电池正负极活性物质的 TG-DSC-MS 曲线

$$2Li+C_4H_6O_3(PC)\longrightarrow Li_2CO_3+C_3H_6 \tag{4-5}$$

$$2Li+C_3H_6O_3(DMC)\longrightarrow Li_2CO_3+C_2H_6 \tag{4-6}$$

当电池老化以后，其正、负极活性物质的稳定性将发生改变，热分解峰值也会出现变化，图 4-19 所示为不同容量保持率电池的正极活性物质的 TG-DSC 曲线。

由图 4-19 可知，正极活性物质在 50~800℃ 内共有 3 个吸热峰：第一个吸热峰由少量 $LiPF_6$ 的分解引起，此部分吸收热量较小，且活性物质的质量几乎没有损失；第二个吸热峰由正极活性物质与电解液之间的反应引起，此部分吸收的热量有所增加，活性物质失重明显；第三个吸热峰为正极活性物质的分解，伴随着

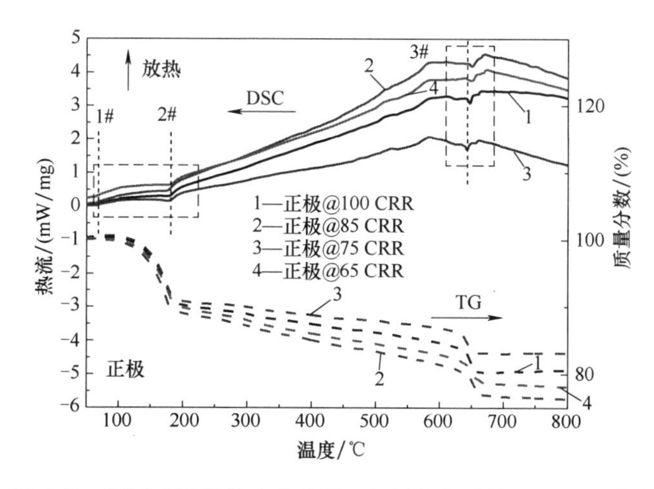

图 4-19　不同容量保持率电池的正极活性物质的 TG-DSC 曲线

氧气的析出，失重也较为明显。图 4-20 分别给出了这三个吸热峰所对应的分解温度，并结合活性物质所处的不同容量保持率进行了对比。

由图 4-20a 可知，第一个由锂盐引起的吸热峰随容量保持率的变化并不明显，各容量保持率的正极活性物质均在 65℃左右出现此吸热峰。而第二个吸热峰随着电池容量保持率的降低逐渐向前移动，由 179.2℃（100% CRR）提前至 176.8℃（75% CRR）。说明材料老化提前了正极活性物质与电解液的反应温度。需要指出的是，65% CRR 的电池与 75% CRR 的电池其峰值温度的差异与其自身材料组成和缺陷有关。而第三个吸热峰由正极活性物质的粒径及结构决定，此部分变化并不明显。不同容量保持率正极活性物质三个吸热峰的吸热量见表 4-7。

表 4-7　不同容量保持率正极活性物质三个吸热峰的吸热量

容量保持率	1#峰/℃	1#峰吸热量/(J/g)	2#峰/℃	2#峰吸热量/(J/g)	3#峰/℃	3#峰吸热量/(J/g)
100% CRR	64.4	1.78	179.2	14.27	646.9	7.853
85% CRR	65.0	1.66	175.7	15.85	642.6	6.992
75% CRR	65.0	1.59	176.8	16.32	650.8	8.574
65% CRR	63.4	1.49	180.2	16.55	650.0	8.651

由表 4-7 可知，由锂盐所带来的吸热量影响较小，在新电池（100% CRR）时，仅为 1.78J/g；2#峰所吸收的热量随着容量保持率的增加有所增加，由 14.27J/g 增加至 16.55J/g，活性物质的破裂加剧了电解液与其之间的反应，导致吸热量逐渐增加；3#峰吸热量增加的可能原因为：材料结构或组成的变化导致活性物质的分解吸收了更多的热量。

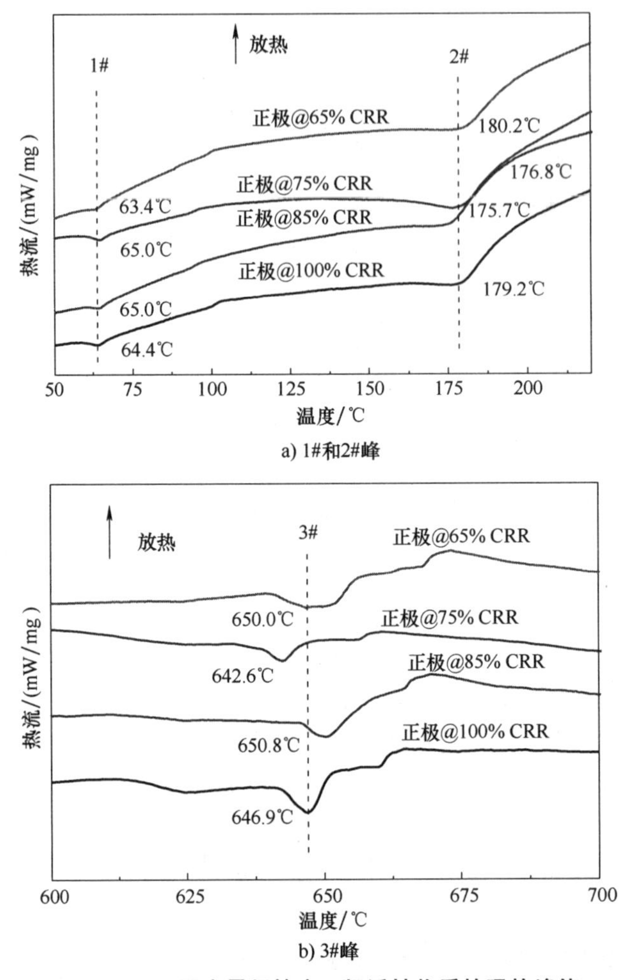

图 4-20　不同容量保持率正极活性物质的吸热峰值

相比于正极活性物质，负极的变化更为明显，容量保持率的增加对 SEI 膜的热稳定性产生了一定的影响，不同容量保持率负极活性物质的 TG-DSC 曲线如图 4-21 所示。

负极活性物质在 50~400℃ 主要存在两个放热峰：第一个放热峰主要由 SEI 膜的分解引起，SEI 的分解也带来了较大的失重；第二个放热峰并没有质量的损失，此放热反应主要来源于石墨嵌入锂以后在高温作用下引起的石墨结构的倒塌。不同容量保持率负极活性物质放热峰的变化情况如图 4-22 所示。

由图 4-22 可知，石墨负极随着循环次数的增加，SEI 膜不断破裂重建导致缺陷不断增加，其热分解起始温度也出现提前，由 100% CRR 时的 65. 5℃ 提前至 65% CRR 时的 61. 5℃。同时，由于 SEI 膜的增厚导致该峰峰值温度随容量保持

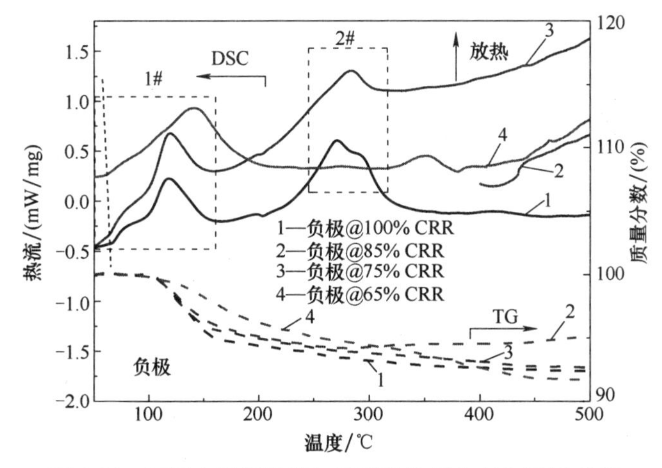

图 4-21　不同容量保持率负极活性物质的 TG-DSC 曲线

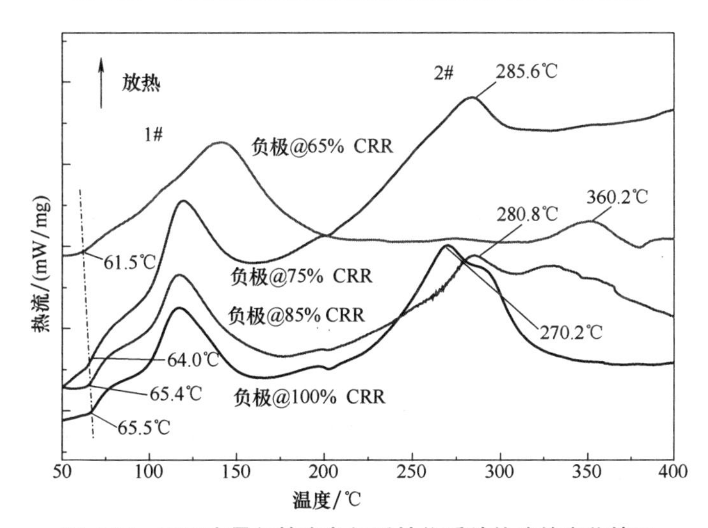

图 4-22　不同容量保持率负极活性物质放热峰的变化情况

率下降有所延后（见表 4-8）。而 2#放热峰由于电池容量保持率下降，石墨层状结构损毁严重，峰值温度出现了明显推迟。不同容量保持率负极活性物质两个放热峰的放热量见表 4-8。

表 4-8　不同容量保持率负极活性物质两个放热峰的放热量

容量保持率	1#峰起始温度/℃	1#峰/℃	1#峰放热量/(J/g)	2#峰/℃	2#峰放热量/(J/g)
100% CRR	65.5	117.1	51.68	270.2	233.6
85% CRR	65.4	117.3	52.12	280.8	214.7
75% CRR	64.0	118.6	61.96	285.6	133.0
65% CRR	61.5	145.2	82.53	360.2	22.31

由表 4-8 可知，电池老化（即容量保持率降低）以后，负极活性物质上的 SEI 膜不仅分解温度提前了，放热量也从 51.68J/g（100% CRR）提高至 82.53J/g（65% CRR）。SEI 膜的增厚使得石墨负极表面生成了更多亚稳态的 $(CH_2OCO_2Li)_2$，这些亚稳态物质的分解增加了此部分放出的热量；相对于 1# 峰，石墨结构的崩塌导致 2#峰放出了更多的热量，但是这部分热量却随着容量保持率的增加逐渐减少了，石墨的层状结构被破坏，引起了这部分放热量的减少。

对于电池内部各元件的热稳定性研究多集中于电池正负极活性物质，为了更全面地了解电池老化以后隔膜的热稳定性，我们对不同容量保持率下获取的隔膜也进行了热稳定性分析，不同容量保持率隔膜的 TG-DSC 曲线如图 4-23 所示。

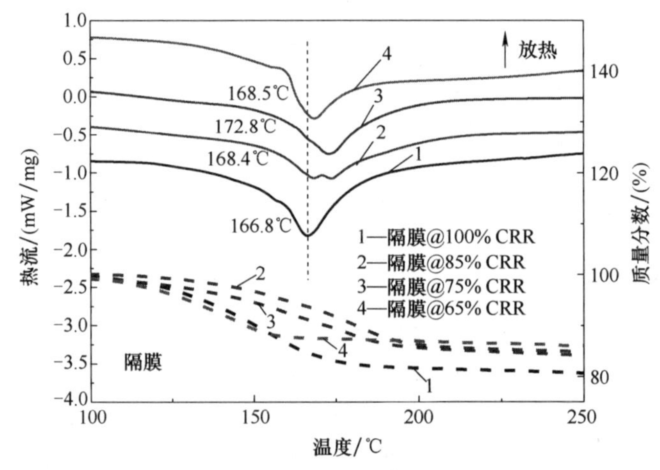

图 4-23　不同容量保持率隔膜的 TG-DSC 曲线

由图 4-23 可知，新电池（100% CRR）隔膜在 166.8℃融化，随着电池容量保持率的增加，隔膜融化温度逐渐推迟。当容量保持率为 65% CRR 时，隔膜融化温度已经推迟到 168.5℃，由于经过较长时间的循环和使用，老化电池的隔膜逐渐发生闭孔和热收缩，使得隔膜更为紧致，厚度也有所增加，这些因素都导致了隔膜的热分解温度的提高。隔膜一旦融化，将引发电池内部短路，进而带来整个电池的热失控。为了给热失控研究提供数据支撑和指导，我们也对其放热量进行了研究，不同容量保持率隔膜融化时的吸热量见表 4-9。

表 4-9　不同容量保持率隔膜融化时的吸热量

容量保持率	隔膜融化温度/℃	吸热量/(J/g)
100% CRR	166.8	109.4
85% CRR	168.4	109.5

（续）

容量保持率	隔膜融化温度/℃	吸热量/(J/g)
75% CRR	172.8	110.8
65% CRR	168.5	111.4

由表4-9可知，隔膜老化以后，随着收缩闭孔作用的加强，其热分解温度逐渐升高，放热量也逐步增加，由109.4J/g提升至111.4J/g。但是由于隔膜作为电池中单独的组分，并不参与电化学反应，其化学成分并未发生太大变化，由形变带来的影响使得吸热量的提升并不明显。

本节对新旧电池（100% CRR和65% CRR）的电极材料进行了XPS、SEM、TG-DSC、XRD、EDS等表征分析，结果表明，随着容量保持率降低，负极SEI膜增厚，阻抗增大，PVDF失效加重，负极活性材料与集流体的界面接触内阻增大，负极出现部分颗粒破碎现象，热稳定性降低，热失控阀值降低；正极$FePO_4$相含量增多，并且正极出现活性材料的部分溶解，造成还原氛围下负极铁元素析出，催化负极SEI膜的增厚；电池容量保持率降低，隔膜的孔隙变大，更易造成电池内部的微短路。此外，电池容量保持率降低，正、负极材料热稳定性逐渐下降，负极变化较为明显。

4.3.3 新旧电池热失控差异性研究

4.3.3.1 绝热加热热失控差异性研究

以25Ah梯次利用电池为研究对象，本部分主要分析电池热失控过程中三个主要的温度节点：电池自产热温度T_1、热失控爆发温度T_2、热失控最高温度T_3。加热开始时，负极表面的SEI膜缓慢分解，电解液与负极发生反应，电解液开始汽化，导致电池鼓胀。电池发生自放热反应（此时温度记为T_1），内部热量开始累积，电池表面温度缓慢上升。当热量积累到一定温度，电池内部的副反应速率瞬间增大，导致隔膜熔断，大规模内短路引发的电池热失控瞬间爆发，导致电池温度迅速升高，电池热失控爆发时的温度记为热失控爆发温度T_2。电池在热失控后，内部释放出的大量能量将电池表面的温度迅速推高，电池表面所能达到的最高温度记为T_3。

T_1及T_2温度点用以表征梯次利用电池热学促发热失控情况下的难易程度，而T_3温度则代表了梯次利用电池热失控以后所释放出的能量的多少。实验测试得到的四个容量保持率的梯次利用电池绝热加热热失控曲线如图4-24所示。

由图4-24可知，梯次利用电池随着容量保持率的增加，自加热温度T_1提前，表明衰退以后内部自放热初始反应温度提前，电池更容易发生自放热反应，热失控更容易发生；热失控爆发温度也随之提前，电池热失控爆发敏感程度增

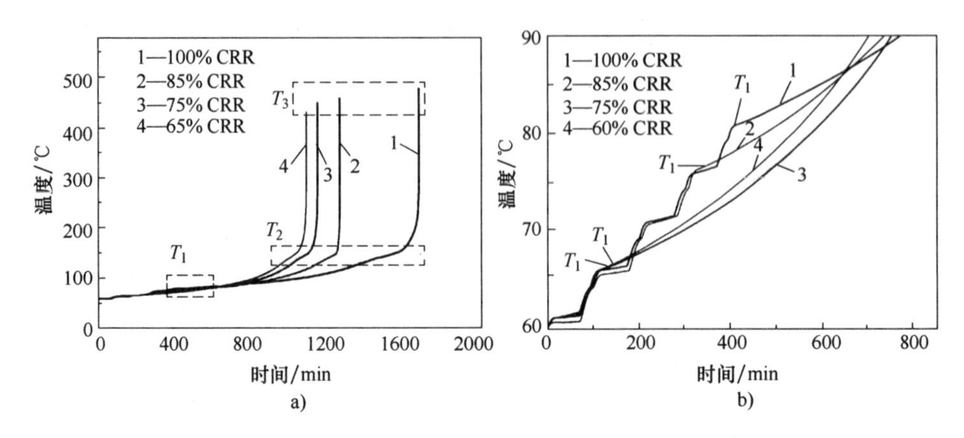

图 4-24　梯次利用电池绝热加热热失控曲线

加；但是随着容量的衰减，电池能量密度降低，所达到的热失控最高温度不断下降。

梯次利用电池热失控温度阈值见表 4-10。电池在 100% CRR 时，其自放热温度 T_1 为 88.26℃，随着容量保持率的增加，自放热温度不断减小，当容量保持率为 65%时，自放热温度降低至 67.96℃；热失控爆发温度也随着容量保持率的增加而不断减小，从 153.62℃一直降到 129.67℃；虽然容量保持率将电池的自放热温度及热失控爆发温度提前了，但衰退以后的电池随着容量保持率的增加其热失控后所达到的最高温度也在不断降低，100% CRR 时，电池热失控最高温度为 467.29℃，而衰退至 65% CRR 时，电池热失控最高温度仅为 432.71℃。

表 4-10　梯次利用电池热失控温度阈值

电池编号	容量保持率	T_1/℃	T_2/℃	T_3/℃	热失控速率/(℃/min)
1	100% CRR	88.26	153.62	467.29	0.28
2	85% CRR	78.53	142.79	451.32	0.36
3	75% CRR	68.42	137.25	445.46	0.39
4	65% CRR	67.96	129.67	432.71	0.39

4.3.3.2　加热热失控差异性研究

为了明晰新电池与老化后电池在加热激源因素下热失控差异性，分别将 25Ah 和 200Ah 新电池（100% CRR）与老化电池以相同的方式加热促发热失控。测量记录加热片的温度、烟气温度和电池电压，新旧电池加热热失控温度/电压-时间曲线如图 4-25 所示。

如图 4-25 所示，200W 加热 25Ah 新电池至 31min 时阀破与爆炸几乎同时发

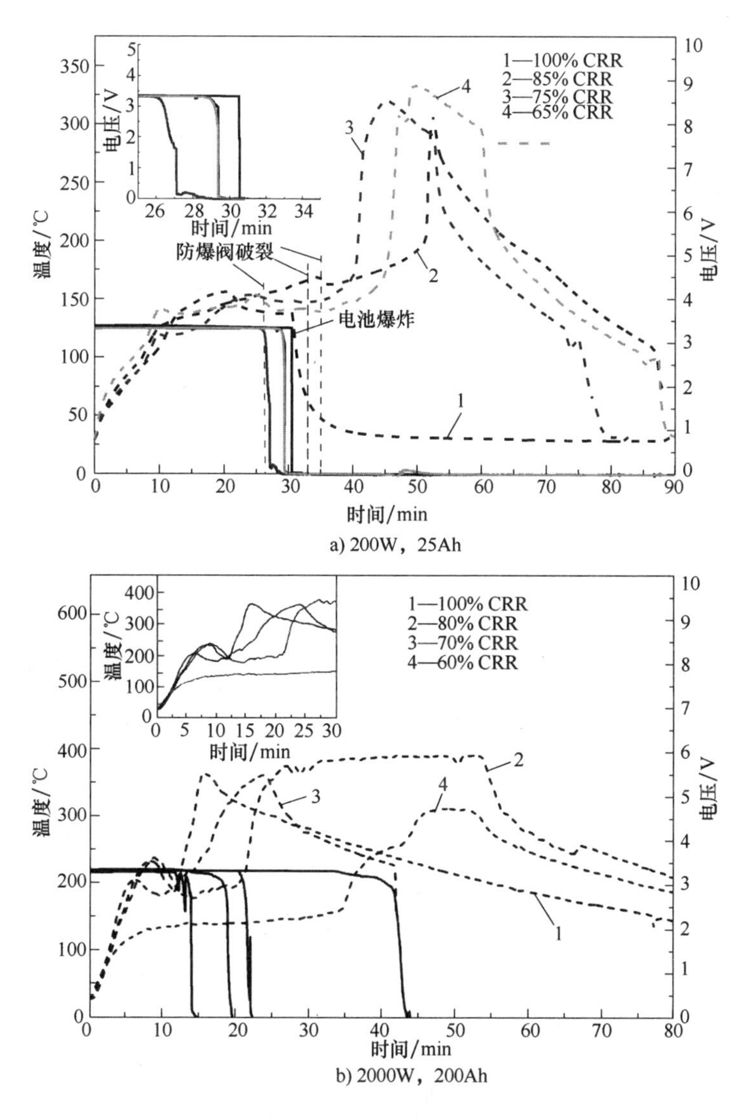

a) 200W，25Ah

b) 2000W，200Ah

图 4-25　新旧电池加热热失控温度/电压-时间曲线

生。爆炸瞬间的加热片温度为 138℃，爆炸冲击波压力为 98.91kPa，随后热电偶脱落，测量温度迅速下降，电池电压瞬间降为 0V。而对于旧电池，加热过程中首先内短路，随后释放大量热量，继而引发电池内部气压增大，防爆阀破裂、泄压，防止壳体爆炸。

2000W 加热 200Ah 新电池 10min 后防爆阀破裂，喷少量烟气，电压保持正常，为 3.33V；12min 时烟气量增大，电压略有下降，14min 后电压骤降为 0V，并在防爆阀口产生明火，火焰持续 16min，火焰温度达 645℃。

25Ah 和 200Ah 新旧电池加热热失控差异分别见表 4-11 和表 4-12。

表 4-11　25Ah 新旧电池加热热失控差异

电池容量保持率	热失控过程典型阶段
100% CRR	1）31min 电池内部短路 2）31min 爆炸
85% CRR	1）29min 电池内部短路 2）35min 防爆阀破裂 3）51min 剧烈喷放烟气
75% CRR	1）26min 电池内部短路 2）26min 防爆阀破裂 3）40.5min 喷放大量烟气
65% CRR	1）29min 电池内部短路 2）33.5min 防爆阀破裂 3）44min 喷放少量烟气

表 4-12　200Ah 新旧电池加热热失控差异

电池容量保持率	热受控过程典型阶段	电池厚度形变量 ΔS/mm
100% CRR	1）10min 防爆阀破裂 2）12min 大量冒烟 3）14min 内部短路，着火	53.51
85% CRR	1）15.5min 防爆阀破裂 2）21min 电池内部短路 3）26.5min 着火	46.28
75% CRR	1）11min 防爆阀破裂 2）11min 喷放大量烟气 3）18min 电池内部短路	44.20
65% CRR	1）27min 防爆阀破裂 2）34min 喷放大量烟气 3）44min 电池内部短路	40.20

新旧电池加热热失控特征阶段的时间分析图如图 4-26 所示。

由图 4-26 可知，相比于其他容量保持率的梯次利用电池，加热 75% CRR 的电池发生防爆阀破裂和内部短路的时间最短。

本节对新旧电池进行了热失控差异性研究，包括内阻测试、熵变系数测试、放电产热测试、绝热和开放环境的过热热失控试验，研究发现，老化电池的放电内阻明显增加，熵变系数受电池容量保持率和荷电状态影响明显，新电池老化后放电产热量呈先升高（75% CRR 达到最大值）后降低的趋势；随着电池衰退，热失控起始温度降低，电池热失控产热减少。

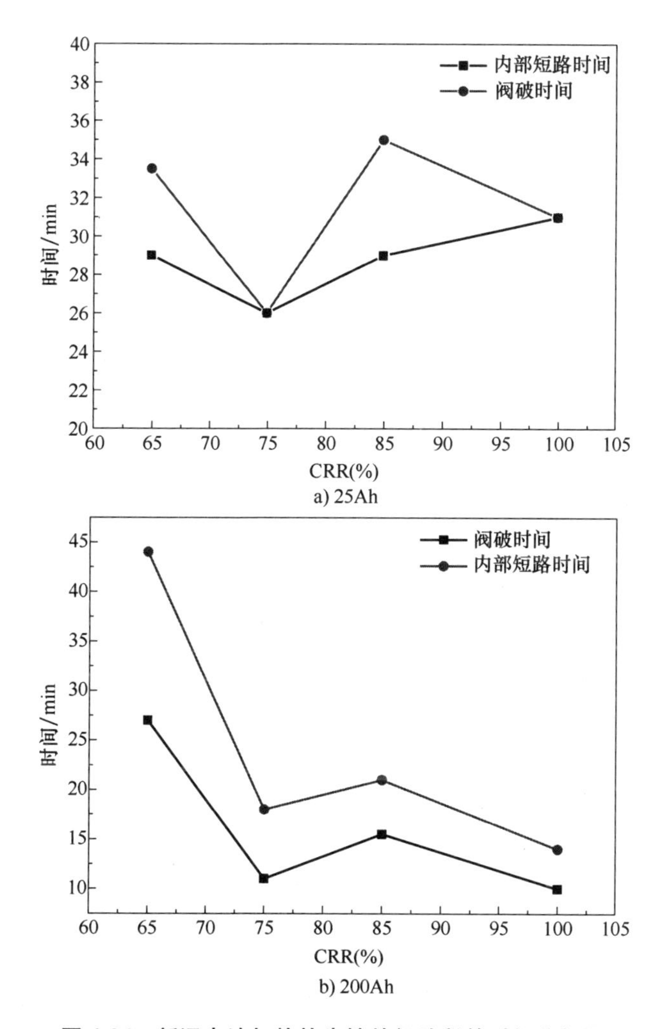

图 4-26　新旧电池加热热失控特征阶段的时间分析图

4.3.3.3　电池过充时间与容量保持率的关系

（1）小容量梯次利用电池（25Ah）

图 4-27～图 4-30 所示分别为 50A、25A、12.5A、7.5A 电流过充梯次利用电池的电压和时间的关系曲线。以 25A 电流过充 75%容量保持率的试验为例，从图 4-28 中可以看出，电池的充电阶段电压变化可以分为 3 个阶段：缓慢增长期、快速上升期和骤降期，缓慢增长期占据了电池充电的大部分时间，而快速上升期和骤降期时间占比很小。对比不同容量保持率、不同过充倍率的电池过充过程中的电压变化，均可划分为以上 3 个阶段。现在主要分析电压表现异常的个别现象。在 50A-65% CRR-25Ah 电池电压在接近 35V 持续了将近 2min，是由于过充

过程电压达到了最高的35V。当电压达到35V后，充电状态由恒流充电转为恒压充电，此时充电电压不变。但由试验可知，充电电流逐渐减小，说明此时电池的内阻还在不断增大。当内阻增大到一定程度后，突然出现内短路，电压迅速降低，此时充电电流又变为50A，亦说明电池内阻急剧减小，发生内短路。

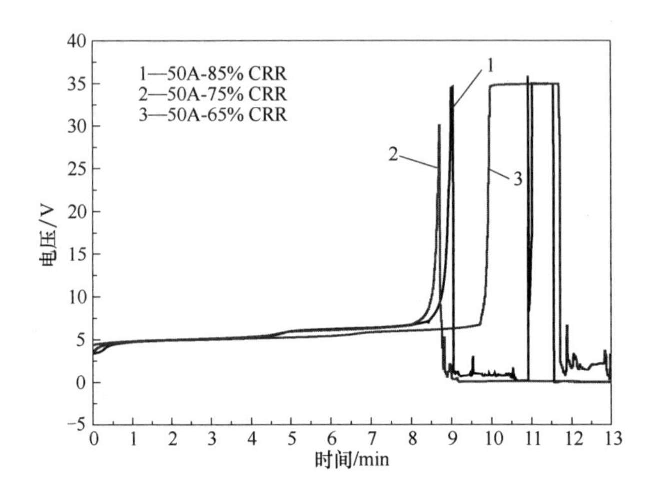

图 4-27　50A 电流过充梯次利用电池的电压和时间的关系曲线

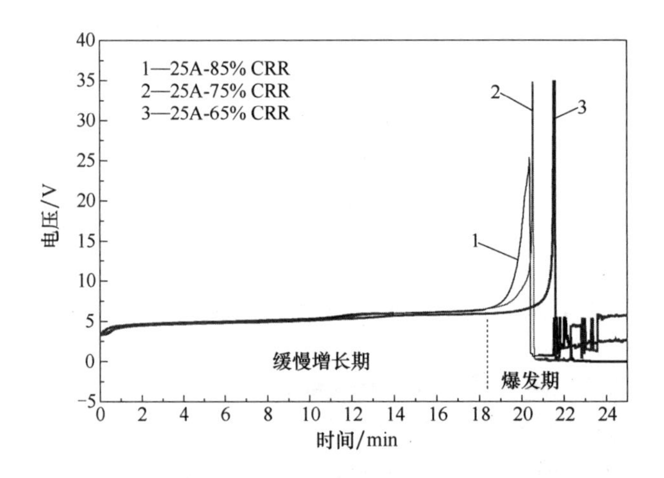

图 4-28　25A 电流过充梯次利用电池的电压和时间的关系曲线

对比过充过程中的最高电压，只有在25Ah电池12.5A电流过充过程中，不同容量保持率的电池最高电压随容量保持率的增加而增大，其中85%、75%、65%过充时，其最高电压分别为20.3V、9.6V、5.8V。但对于其他过充倍率，均没有明显规律。如25Ah电池在50A电流过充时，85%、75%、65%的最高电压分别为35.0V、30.0V、34.9V。过充过程中的最高电压均已列入表4-13。

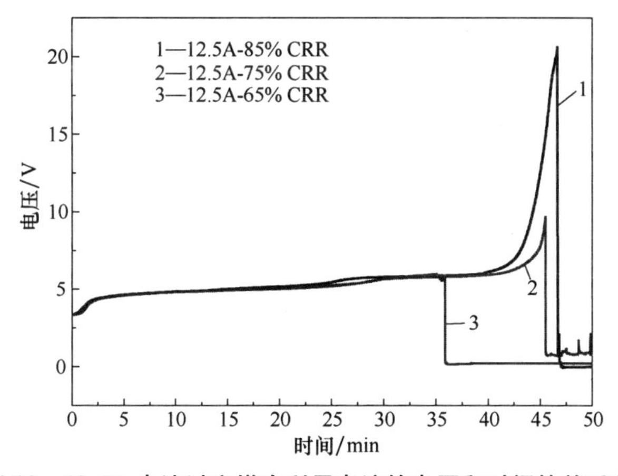

图 4-29　12.5A 电流过充梯次利用电池的电压和时间的关系曲线

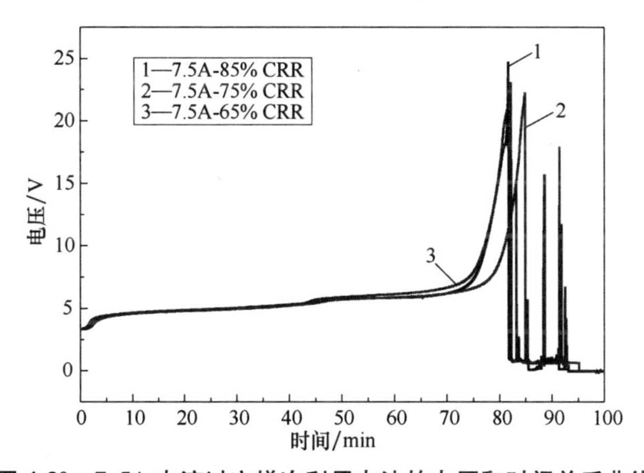

图 4-30　7.5A 电流过充梯次利用电池的电压和时间关系曲线

表 4-13　不同过充倍率、不同容量保持率的电池过充试验结果

电池状态	防爆阀破裂时间/min	热失控开始时间/min	间隔时间/min	最高电压/V
50A-85% CRR	8	10	2	35.0
50A-75% CRR	7.5	8.2	0.7	30.0
50A-65% CRR	9.7	11.7	2	34.9
25A-85% CRR	18	21.5	3.5	25.0
25A-75% CRR	20.5	20.5	0	34.7
25A-65% CRR	21.5	27.6	6.1	34.8
12.5A-85% CRR	40	47.5	7.5	20.3
12.5A-75% CRR	—	—	—	9.6
12.5A-65% CRR	37.9	—	—	5.8
7.5A-85% CRR	65.2	—	—	24.7

（续）

电池状态	防爆阀破裂时间/min	热失控开始时间/min	间隔时间/min	最高电压/V
7.5A-75% CRR	67.8	—	—	22.2
7.5A-65% CRR	66.7	91.7	25	23.0

注：1. 热失控开始时间为电池开始快速喷烟的时间，其为估算值。

2. 间隔时间指防爆阀破裂至热失控开始时。

由表4-13可知，过充过程中电池电压所能达到的最大值与电池容量保持率没有确定的关系，有些波动较大，认为电池衰退后性质变得不稳定；防爆阀破裂所需的过充时间基本不受电池容量保持率的影响，其基本处于一定的范围内。比如：在50A电流过充时，电池防爆阀破裂的时间为8~10min。但随着电池过充倍率的增加，防爆阀破裂所需的过充时间快速缩短。电池热失控开始时间随过充倍率增加，而快速缩短。电池热失控开始时间在75% CRR时最短，同样电池热失控和爆炸的时间间隔也在75% CRR时最小，说明随着电池容量保持率的降低，电池的安全性出现先降低后升高的情形。

（2）大容量梯次利用电池（200Ah）

试验条件是在环境温度（25℃）下，以100A电流对不同容量保持率的200Ah电池进行恒流充电，直至发生热失控。图4-31所示为不同容量保持率、100A电流过充200Ah电池充电时间和充电电压的关系曲线。以100A电流过充100%的200Ah电池为例，从图4-31中可以看出，电池的充电阶段电压变化可以分为2个阶段：缓慢增长期和爆发期。缓慢增长期占据了电池充电的大部分时间，而爆发期时间占比很小。对比不同容量保持率电池过充过程中的电压变化，均可划分为以上2个阶段，与25Ah过充类似。现在主要分析图4-31中电压表现

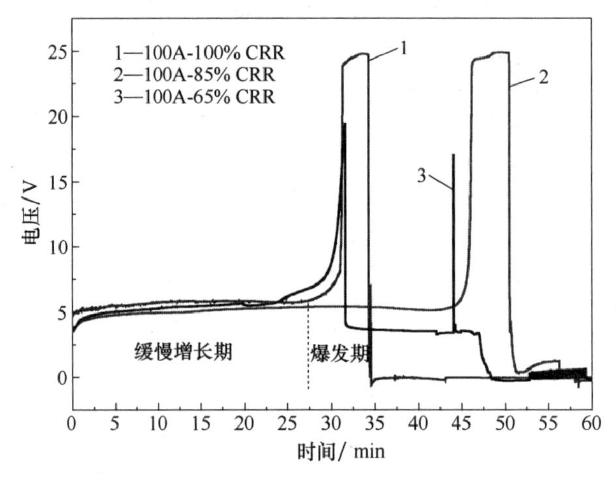

图4-31　不同容量保持率、100A电流过充200Ah电池充电时间和充电电压的关系曲线

异常的个别现象。对于 100A-65% CRR 电压曲线，第一个压峰的下降是由于充电机停止充电所致，第二个压峰的出现是充电机短暂充电所致。

对比过充过程中的最高电压，100%、85%、65%电池过充中的最高电压分别为 25.0V、25.0V、19.4V，其中 25.0V 为充电过程中的最高电压，65%电池电压较低是因为过程中突然停止充电所致。故可认为过充过程中的最高电压与电池容量保持率没有明显的关系。其试验测试结果均已列入表 4-14。

表 4-14　100A 电流过充不同容量保持率的 200Ah 电池的参数

电池状态	过充时间/min	防爆阀破裂时间/min	热失控开始时间/min	间隔时间/min	最高电压/V
100A-100% CRR	34	14	27	13	25.0
100A-85% CRR	56	37	51	14	25.0
100A-65% CRR	32	25	47	22	19.4

注：100A-65% CRR 由于过早停止充电，其与其余两组数据的热失控开始时间、最高电压不具可比性。

由表 4-14 可知，过充过程中电池电压所能达到的最大值与电池容量保持率没有确定的关系，但可以发现新电池的防爆阀破裂时间与热失控开始时间均远小于旧电池，并且只有新电池发生了爆炸，说明新电池在过充条件下具有更大的危险性。

4.3.3.4　过充条件下电池表面温度与容量保持率的关系

1. 过充条件下 25Ah 电池表面温度与容量保持率的关系

（1）不同容量保持率、不同过充倍率条件下电池表面温度变化曲线比较

图 4-32～图 4-35 所示分别为不同容量保持率的 25Ah 电池在 50A、25A、12.5A 和 7.5A 电流过充条件下电池表面温度和时间的关系。电池的升温阶段可以分为三个部分：热稳定、热增长和热失控（图 4-33 中对 25A-75% CRR 进行了标注），热失控的外在表现是爆炸、燃烧或大量喷烟。试验结果显示，12.5A-75% CRR、12.5A-65% CRR、7.5A-85% CRR、7.5A-75% CRR 的 25Ah 电池没有发生热失控，其余均发生热失控（认为既没爆炸也没喷出大量烟雾的电池没有发生热失控），其中 50A-85% CRR、25A-85% CRR 的 25Ah 电池发生了剧烈的爆炸。由以上分析可知，过充倍率越高，电池更易发生热失控，电池容量保持率越高，越易发生严重的爆炸，其主要原因是电池越健康其内部活性物质越多，电池热失控发生后电池内部反应越剧烈。如图 4-32 所示，50A 电流过充过程中不同容量保持率的电池达到的最高温度相差挺大；而电池 25A 电流过充过程中达到的最高温度相差不大；12.5A 电流过充倍率中只有 85% CRR 发生热失控，故温度最高；7.5A 电流过充倍率中只有 65% CRR 发生热失控，其温度最高；从中并不能找出过充时电池温度与容量保持率的明确关系。

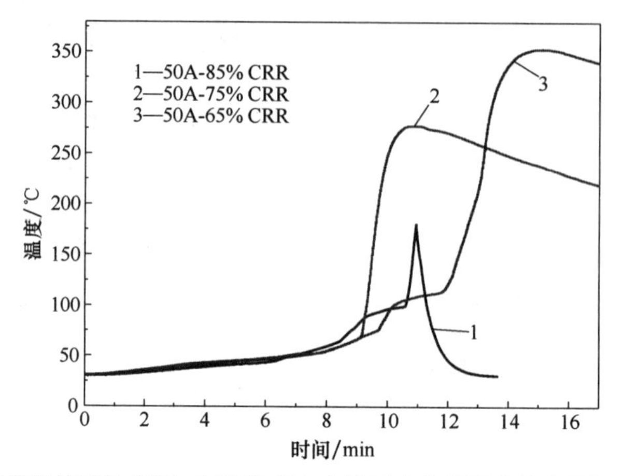

图 4-32　不同容量保持率的 25Ah 电池在 50A 电流过充条件下电池表面温度和时间的关系

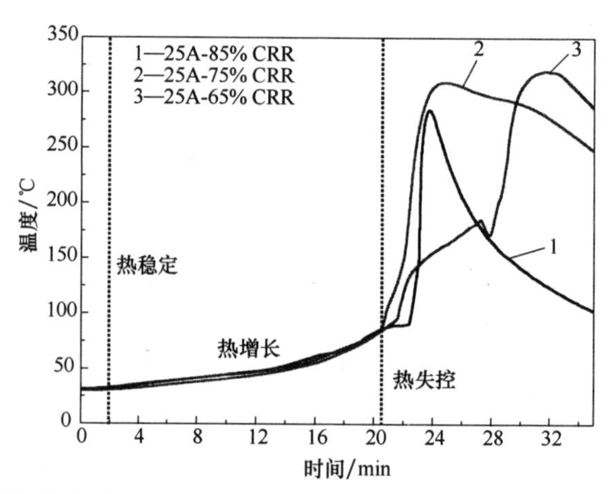

图 4-33　不同容量保持率的 25Ah 电池在 25A 电流过充条件下电池表面温度和时间的关系

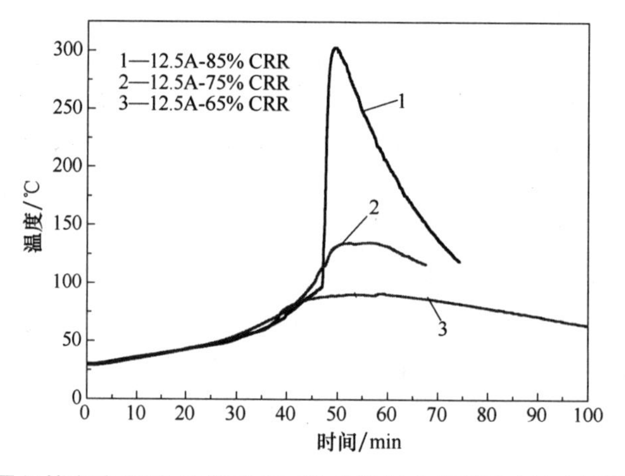

图 4-34　不同容量保持率的 25Ah 电池在 12. 5A 电流过充条件下电池表面温度和时间的关系

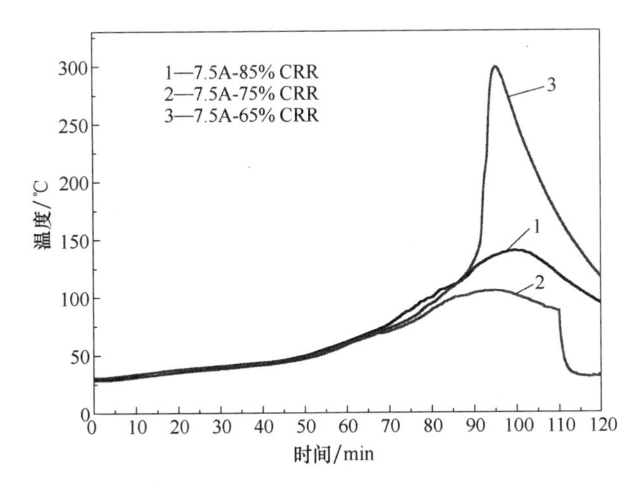

图 4-35　不同容量保持率的 25Ah 电池在 7.5A 电流过充条件下电池表面温度和时间的关系

（2）过充条件下电池表面温度及温度变化速率曲线

以 25A 电流过充为例，分析过充过程中不同阶段的温度变化，如图 4-36 所示为 25A 电流过充条件下容量保持率为 85%、75%、65%的电池表面温度及温度速率曲线。根据不同容量保持率的电池表面温度变化速率特征，将锂离子电池表面温度变化划分为三个阶段：第一阶段为“热稳定阶段”，温升速率小于 6℃/min；第二阶段为“热增长阶段”，温度变化速率在 6～15℃/min 之间；第三阶段为“热失控阶段”，此阶段电池经历了防爆阀破裂、喷烟或爆炸过程（防爆阀破裂可能在第二阶段发生，可能与第二和第三阶段同时开始，爆炸只有部分电池会发生），温度升高速率快速增加。

热稳定阶段。第一阶段温度变化速率在 0～6℃/min 之间，此阶段电池的内部产热量相对较小，其热量来源主要是电池的欧姆热，该阶段电池产生的热量基本和电池散失的热量相持平，电池出现很小的热积累，电池的表面温度升高速率较小。

热增长阶段。第二阶段温度变化速率在 6～15℃/min 之间。容量保持率为 85%、75%、65% 的电池在该阶段的截止时间分别为 22. 1min、20. 4min、21. 2min，温度分别达到 87. 95℃、80. 8℃、91. 5℃。电池产热来自于电池不可逆反应热和可逆反应热。不可逆反应热主要是由于欧姆内阻和极化产热造成的，可逆反应热主要来自于锂离子电池电化学反应，其大小与物质的熵变直接相关。该阶段电池产生的热量超过了电池散失的热量，电池体出现热积累，导致电池表面温度持续升高。

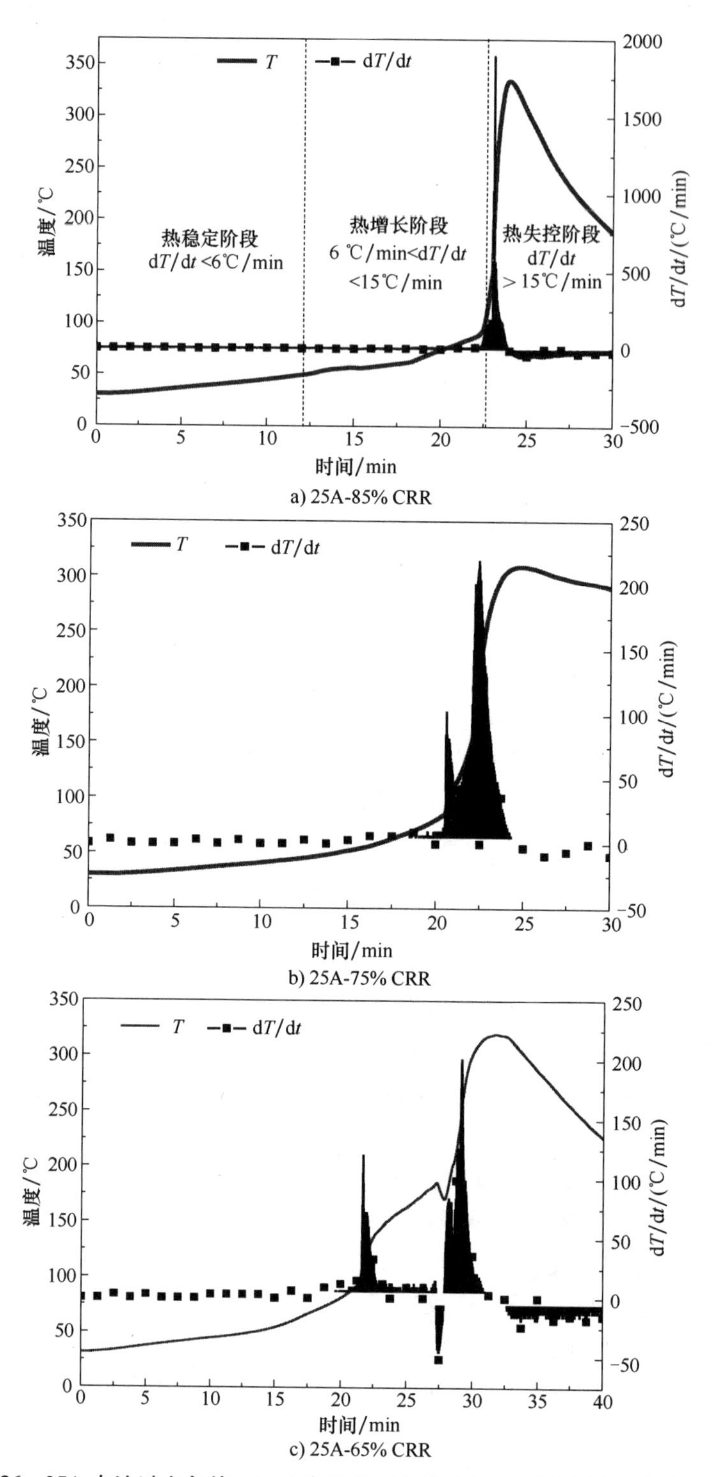

图 4-36　25A 电流过充条件下不同容量保持率的电池表面温度及温度速率曲线

热失控阶段。第三阶段温度变化速率较大，在较短的时间内电池发生喷烟或爆炸，温度迅速上升。在持续充电状态下，处于高能状态的电池正极材料很不稳定，容易分解释放出氧气，并与电解液发生剧烈反应，使得电池温度增加，而电池温度的增加反作用于化学物质的反应，引起更广泛的连锁反应，从而导致电池发生持续喷烟甚至爆炸。同时，电池负极由于过量锂的插入，其活性增加，在短时间内和正极发生短路现象并释放出大量的热量。

图 4-37 所示为 50A、12.5A、7.5A 电流过充不同容量保持率电池表面温度及温度速率曲线。当电池过充发生热失控时，同 50A 电流一样，其锂离子电池表面温度变化划分仍为三个阶段，而对于 12.5A-75% CRR、12.5A-65% CRR、7.5A-85% CRR、7.5A-75% CRR 这四个过充情况电池均没发生热失控，不存在第三阶段。50A-85% CRR、50A-75% CRR、50A-65% CRR、12.5A-85% CRR、12.5A-75% CRR、12.5A-65% CRR、7.5A-85% CRR、7.5A-75% CRR、7.5A-65% CRR 电池过充的第二阶段对应的结束时间（即热失控开始时间）分别为 8.4min、7.9min、9.69min、46.9min、“-”“-”“-”“-”、90.8min（“-”代表没发生热失控；此处热失控时间与前文中以喷烟为依据判断的热失控时间相差不大）；该阶段达到的最高温度分别为 64.2℃、53.5℃、75.85℃、96.65℃、“-”“-”“-”“-”、137.8℃。当电池发生热失控时，电池表面最高温度随过充倍率的增加而减小；而随着容量保持率的变化却出现了先增长后下降的趋势，其排序为 75% CRR<85% CRR<65% CRR。

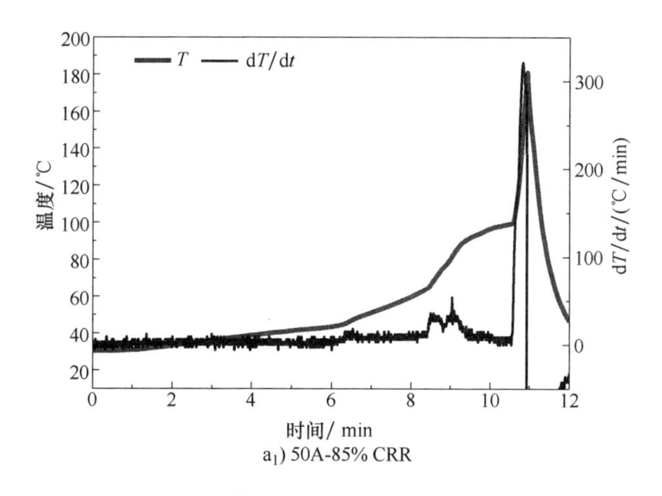

a1) 50A-85% CRR

图 4-37　50A、12.5A、7.5A 电流过充不同容量保持率电池表面温度及温度速率曲线

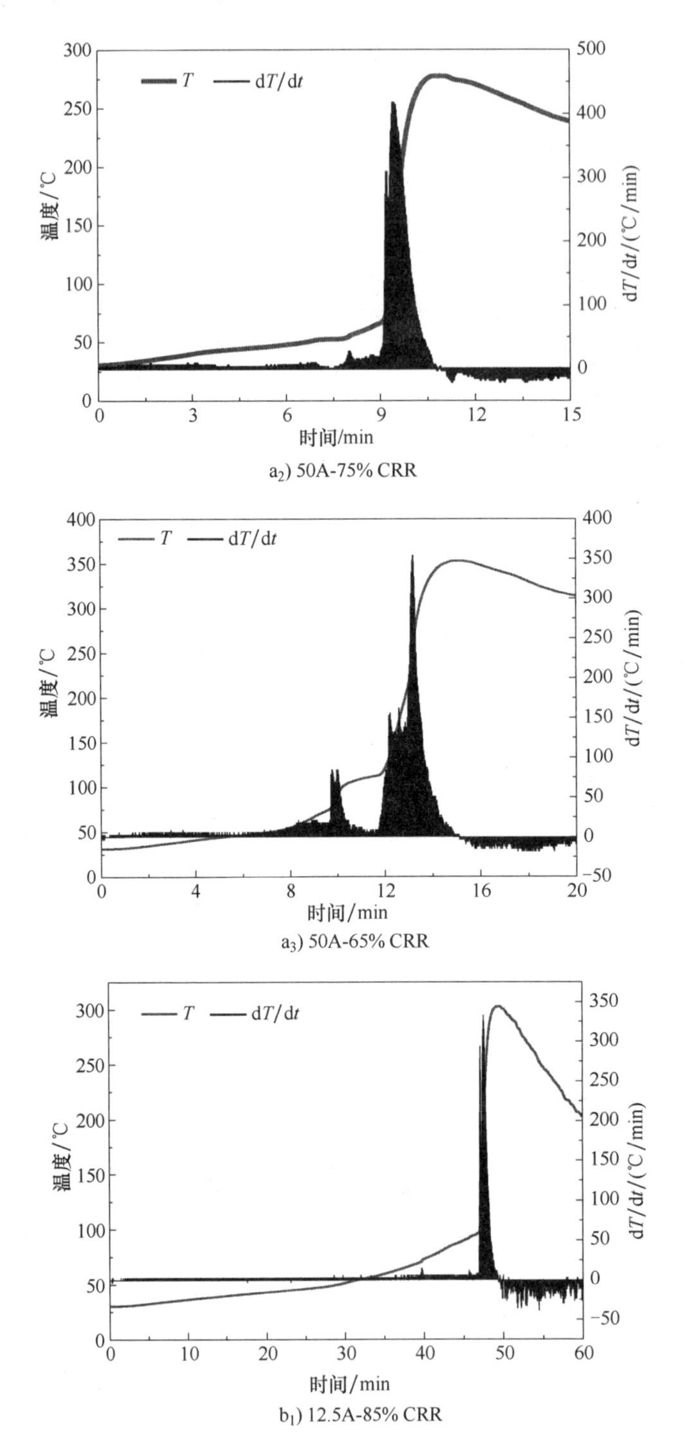

图 4-37　50A、12.5A、7.5A 电流过充不同容量保持率电池表面温度及温度速率曲线（续）

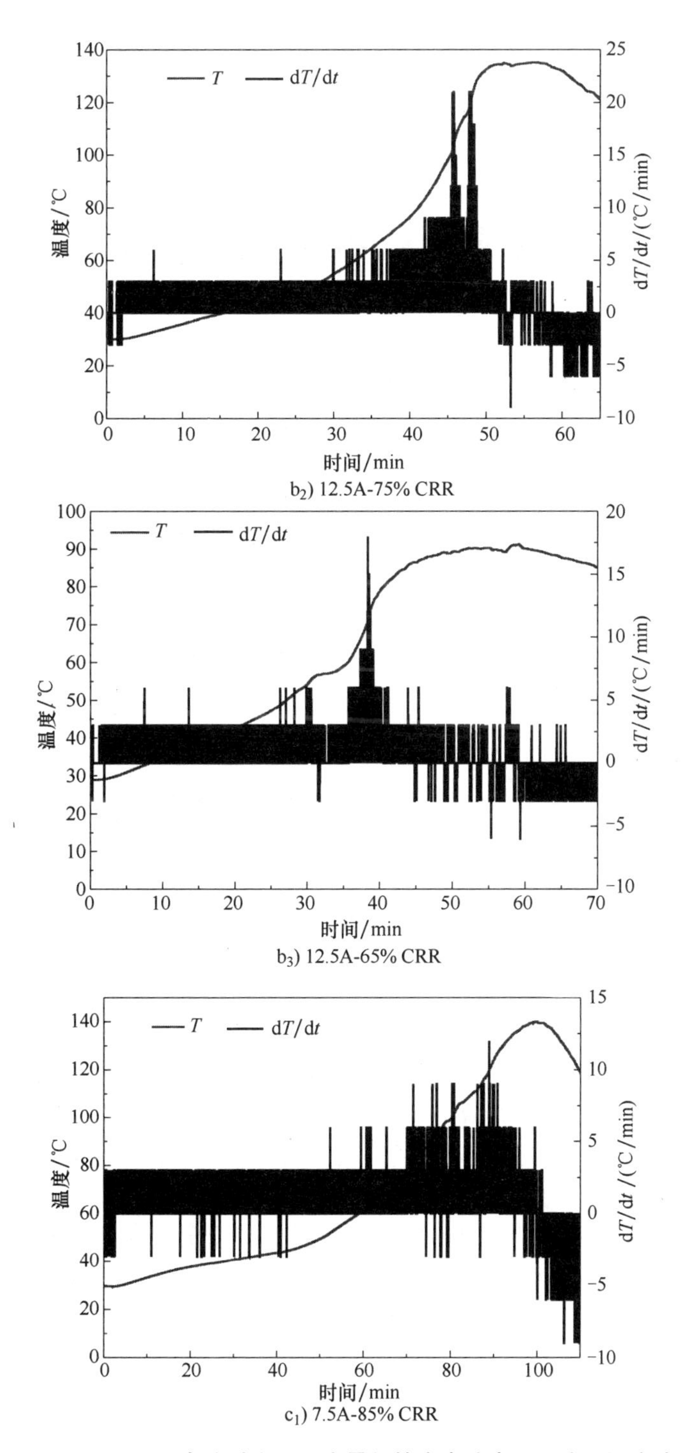

图 4-37　50A、12.5A、7.5A 电流过充不同容量保持率电池表面温度及温度速率曲线（续）

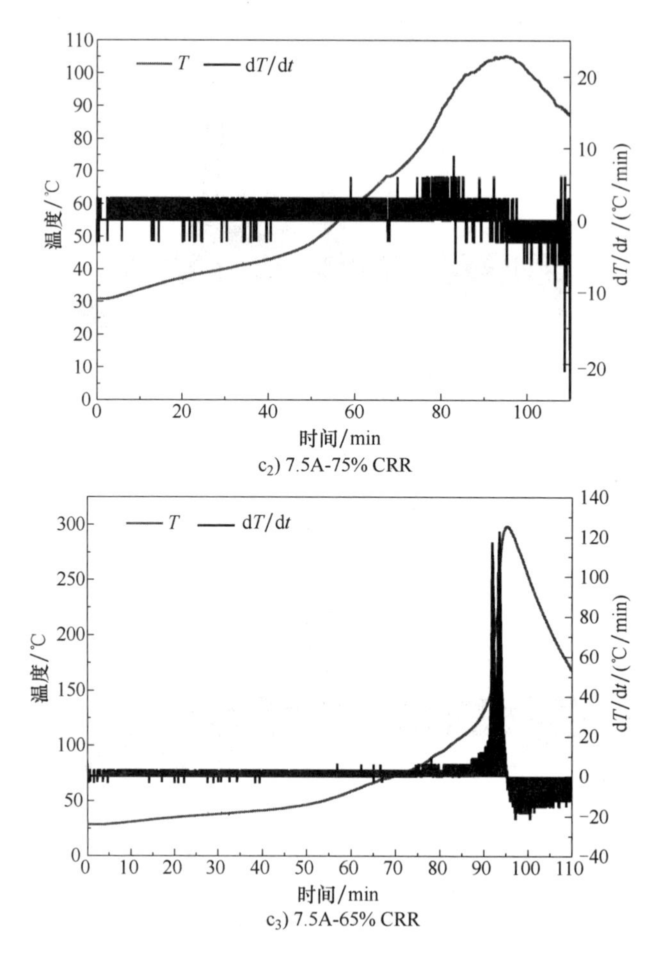

图 4-37　50A、12.5A、7.5A 电流过充不同容量保持率电池表面温度及温度速率曲线（续）

（3）25Ah 电池表面热红外分析

电池热失控后会产生高温，其包括高温电池体、高温烟气、高温火焰。在过充试验中，用高温胶带黏贴在电池表面的热电偶由于电池的膨胀、胶带在高温下黏结性减弱等因素，总会有一些热电偶完全脱离电池表面，或与电池表面存在缝隙，均会导致测温不准确，而为了明确电池表面各部分的温度分布以及烟气的温度，以便更好地认识电池内部发生的反应，我们使用红外热像仪时刻监测电池表面的温度和烟气的温度。

1）辐射率的标定。红外热像仪具有很多优点，在实验过程中不与被测物体接触，可以直观地表达出被测物体的温度场，并且以视频、图像的形式直观表达出被测目标各部分之间的温度差异。然而红外热像仪很容易受到周围环境的影响，在所有的影响因素中，物体辐射率对温度测量最为重要。因此，确定电池体辐射率和烟气辐射率是红外精确测温的重点。为了确保所测物体的辐射率最接近真实辐射率，以热电偶为基准温度，对红外进行动态温度标定，确定辐射率。使用热电偶与红外热像仪同时对电池表面相同区域进行温度测量，调试红外热像仪的辐射率，使之与热电偶的温度数据吻合，从而确定电池的辐射率。

实验过程中，电池体表面温度和热失控后的温度是测试的重点，而电池体表面与烟气的辐射率不同，所以在使用红外热像仪测温过程中，测试的温度区域分为电池体表面温度区以及烟气温度区，即如图 4-38 中 Ar1 和 Ar2 所示。参数设置：从目标发射进入红外热像仪的辐射叫作反射表像温度，该温度设置为 20℃；大气温度表示空气冷热程度的物理量，根据实际温度确定；透射率是透过后的光通量与入射光通量之比，一般空气的透射率为 0.98%，红外热像仪距离被测物体 250cm。

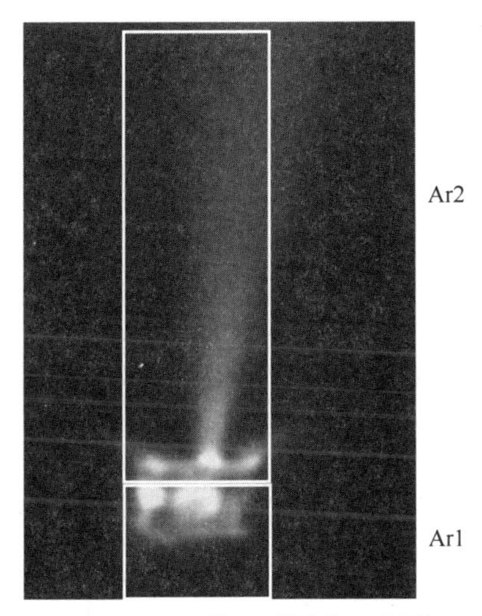

图 4-38　红外区域划分示意图

图 4-39 所示为电池体的红外温度曲线与热电偶温度曲线对比图。经过大量的实验经验，将电池体表面辐射率待定为 0.50、0.60、0.70、0.80 和 0.90。热电偶温度为电池体实际温度，使用热电偶温度标定电池体的辐射率大小，使表面辐射率得到的温度与热电偶温度最接近。从图 4-39 可以看出，在热失控开始前，电池的温度变化不大。在热失控开始后，电池温度快速上升，不同辐射率下，温度曲线开始发生较大的变化，随着辐射率的增大，温度曲线向下移动。从图 4-39 中温度变化整体趋势上看，辐射率为 0.70 时与热电偶的温度曲线最为接近，且所达到的最高温也最接近。

图 4-40 所示为电池烟气的红外温度曲线与热电偶温度曲线对比图。0.3、0.4 和 0.5 温度曲线是待标定辐射率为 0.3、0.4 和 0.5 的烟气温度随时间的变化曲线，热电偶温度为烟气实际温度。使用热电偶温度标定烟气辐射率大小。从图 4-40 中可以看出，热电偶的温度曲线与辐射率温度曲线变化不相同，这是由于红外热像仪是区域测温，而热电偶是由于单点测温造成的。图 4-40 中只有在温度快速上升阶段才能反应辐射率的大小，因为在温度接近平稳阶段，电池没有喷烟，不能体现烟气的辐射率。故对比选择烟气辐射率主要观察烟气的最高温度，当烟气辐射率为 0.4 时，红外所测烟气最高温度与热电偶所测值最接近，所

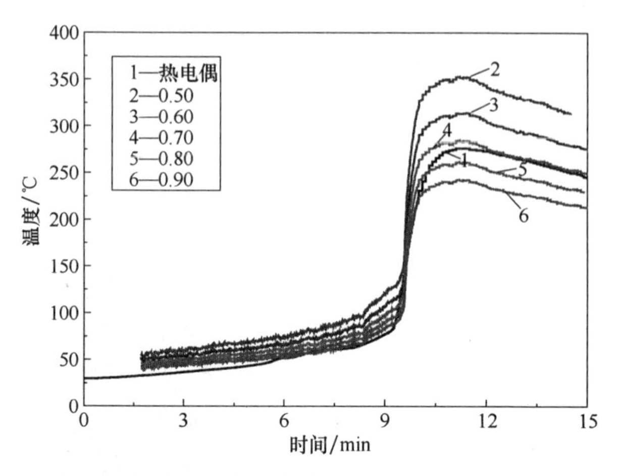

图 4-39 电池体的红外温度曲线与热电偶温度曲线对比图

以实验过程中，将电池的烟气辐射率标定为 0.4。

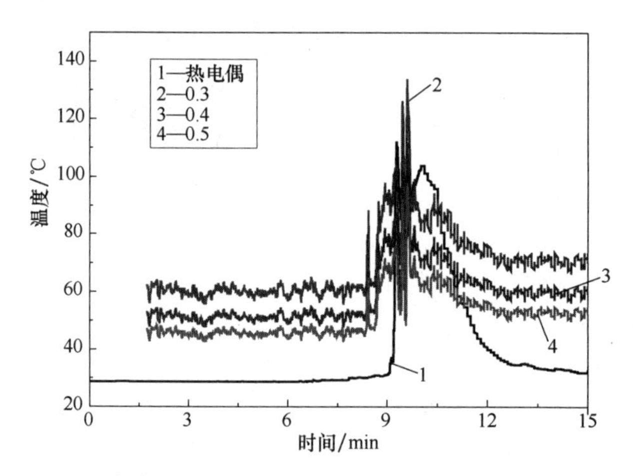

图 4-40 电池烟气的红外温度曲线与热电偶温度曲线对比图

2）这里以 50A 电流过充容量保持率 85%的 25Ah 电池为例，明确电池表面的温度分布。如图 4-41a 所示，Sp1 ~ Sp11 为记录的温度点，其中 Sp1 上方为负极，Sp3 上方为正极，Sp10 位于防爆阀口附近，Sp11 位于防爆阀口上方约 10cm 处。

为了比较电池表面各点的温度，这里选择了过充过程中的 4 个时刻的红外图像。分别为充电 5min 时、开始喷烟时、快速喷烟时、临近爆炸时（见图 4-41）。这 4 个时刻的每个温度均列于表 4-15 中。

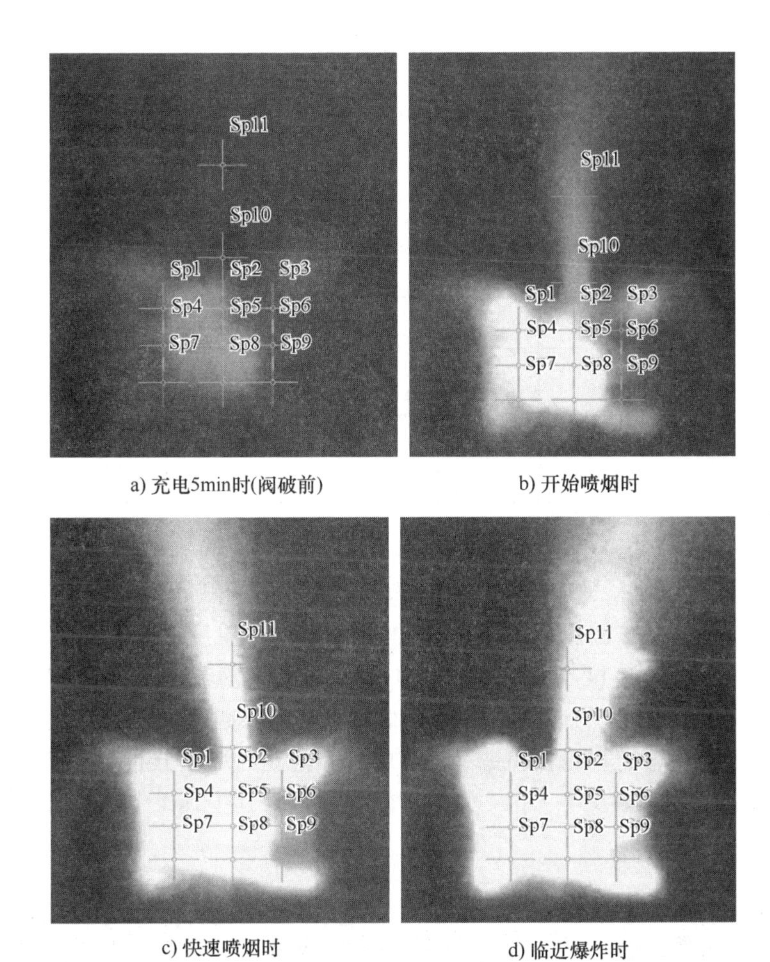

a) 充电5min时(阀破前)　　b) 开始喷烟时

c) 快速喷烟时　　d) 临近爆炸时

图 4-41　红外图像采取电池表面的温度点及时间点

表 4-15　电池表面各位置温度

温度 位置	温度（充电 5min）/℃	温度（开始喷烟）/℃	温度（快速喷烟）/℃	温度（临近爆炸）/℃
电池表面最高温度	57.3	94.9	123.4	174.8
Sp1	47.2	74.9	92.8	118.0
Sp2	54.3	72.7	94.2	122.9
Sp3	40.7	49.4	63.3	77.9
Sp4	49.6	81.9	100.5	117.1

（续）

位置＼温度	温度（充电 5min）/℃	温度（开始喷烟）/℃	温度（快速喷烟）/℃	温度（临近爆炸）/℃
Sp5	56.8	92.8	120.4	142.7
Sp6	42.3	54.3	65.9	83.8
Sp7	42.6	65.4	75.1	88.9
Sp8	51.2	81.7	102.5	123.0
Sp9	41.2	49.9	58.5	70.0
Sp10	38.1	82.0	122.0	140.3
Sp11	37.2	73.8	102.9	96.7

从红外图像可知，电池接近中心的一片区域一直为高温区域，且由表 4-15 可知 Sp5 的温度最高。随着过充的进行，电池负极一侧的温度增长快于正极一侧。对比表 4-15 中的数据，可以得知：负极一侧的温度高于正极一侧的温度。按时间顺序，最高温度与最低温度的差值分别为 16.1℃、43.4℃、61.9℃、72.7℃，说明随着过充的进行，电池表面的温差越来越大。

3）25A 电流过充容量保持率 75%的 25Ah 电池的温度分布。

如图 4-42a 所示，Sp1～Sp11 为记录的温度点，其中 Sp1 上方为负极，Sp3 上方为正极。

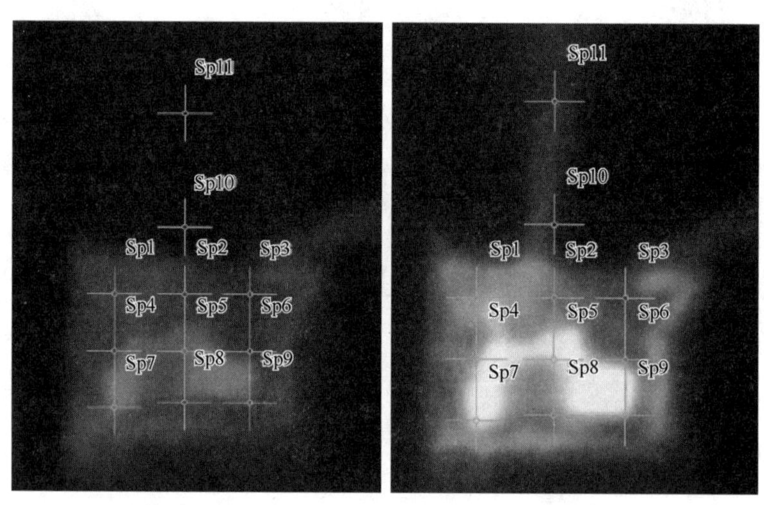

a) 喷烟前（阀破前） b) 喷烟开始时

图 4-42 红外图像采取电池表面的温度点及时间点

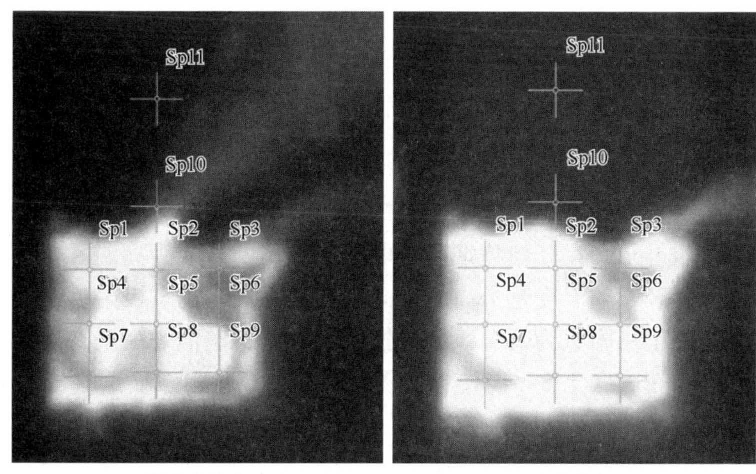

c) 剧烈喷烟时　　d) 喷烟结束后

图 4-42　红外图像采取电池表面的温度点及时间点（续）

为了比较电池表面各点的温度，并且验证 2C-85%过充时得到的结论，这里选择了过充过程中的 4 个时刻的红外图像。分别为喷烟前、喷烟开始时、剧烈喷烟时、喷烟结束后（见图 4-42）。这 4 个时刻的每个温度均列于表 4-16 中。

表 4-16　电池表面各位置温度

温度 位置	温度（喷烟前）/℃	温度（喷烟开始）/℃	温度（剧烈喷烟）/℃	温度（喷烟结束）/℃
电池表面最高温度	121.9	225.9	296.1	358.5
Sp1	80.7	137.8	185.0	225.5
Sp2	69.3	116.4	169.8	214.2
Sp3	58.7	88.7	121.0	144.8
Sp4	87.4	147.4	174.3	210.6
Sp5	107.4	168.5	199.5	266.3
Sp6	69.1	117.3	145.6	184.1
Sp7	115.4	177.8	149.5	160.9
Sp8	81.9	123.7	161.9	190.1
Sp9	82.1	141.0	191.0	223.9

（续）

位置＼温度	温度（喷烟前）/℃	温度（喷烟开始）/℃	温度（剧烈喷烟）/℃	温度（喷烟结束）/℃
Sp10	39.8	85.3	146.2	53.2
Sp11	38.4	93.6	76.1	45.9

从红外图像可知，在开始喷烟后，电池右下角明显成为高温区，当然除了这个区域外，中心区域的温度是最高的。此实验依旧展现出负极附近的温度高于正极附近的温度，正极附近为低温区域。按时间顺序，电池表面最高温度与最低温度的差值分别为 56.7℃、89.1℃、78.5℃、121.8℃，剧烈喷烟时电池表面的温差小于开始喷烟时的温差主要是因为所取温度点有限，不能完全展示真实温度差；很明显，剧烈喷烟时的电池表面最高温度为 296.1℃，远高于 Sp5 的温度。故仍可认为电池表面的温差随着过充时间的增加而不断增大。

2. 过充条件下大容量电池表面温度与容量保持率的关系

（1）不同容量保持率的 200Ah 电池表面温度

图 4-43 所示为不同容量保持率的 200Ah 电池在 100A 电流过充条件下电池表面的温度和时间的关系。电池的升温阶段可以分为三个部分：热稳定、热增长和热失控，热失控的外在表现是爆炸、燃烧或大量喷烟，说明内部进行着剧烈的反应。试验结果显示，100A-100% CRR 电池发生爆炸，100A-85% CRR、100A-65% CRR 电池均大量喷烟。对比三者最高温度，分别为 131.7℃、310.4℃、250.4℃，100A-100% CRR 的电池最高温度明显低于其余两个，且其热失控开始时间远小于其余两个。说明大容量电池的新电池更易发生严重热失控。

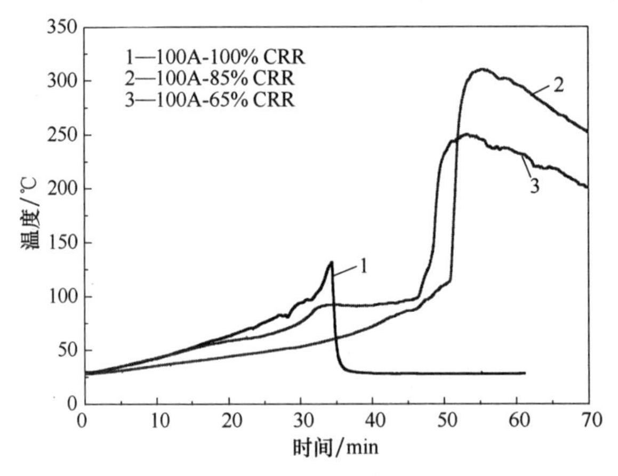

图 4-43　不同容量保持率的 200Ah 电池在 100A 电流过充条件下电池表面的温度和时间的关系

图 4-44 所示为 200Ah 电池在 100A 电流过充条件下不同容量保持率的电池表面温度及温度速率曲线。根据不同容量保持率的电池表面温度变化速率特征，其和 25Ah 电池过充的温度变化特征类似，也分为三个阶段：第一阶段是“热稳定阶段”，温度变化速率在 0 ~6℃/min 之间；第二阶段为“热增长阶段”，温度变化速率在 6~15℃/min 之间。100% CRR、85% CRR、65% CRR 电池该阶段结束的时间分别为 28. 2min、50. 8min、46. 4min，温度分别达到 80. 5℃、110. 25℃、99. 4℃；第三阶段为“热失控阶段”。

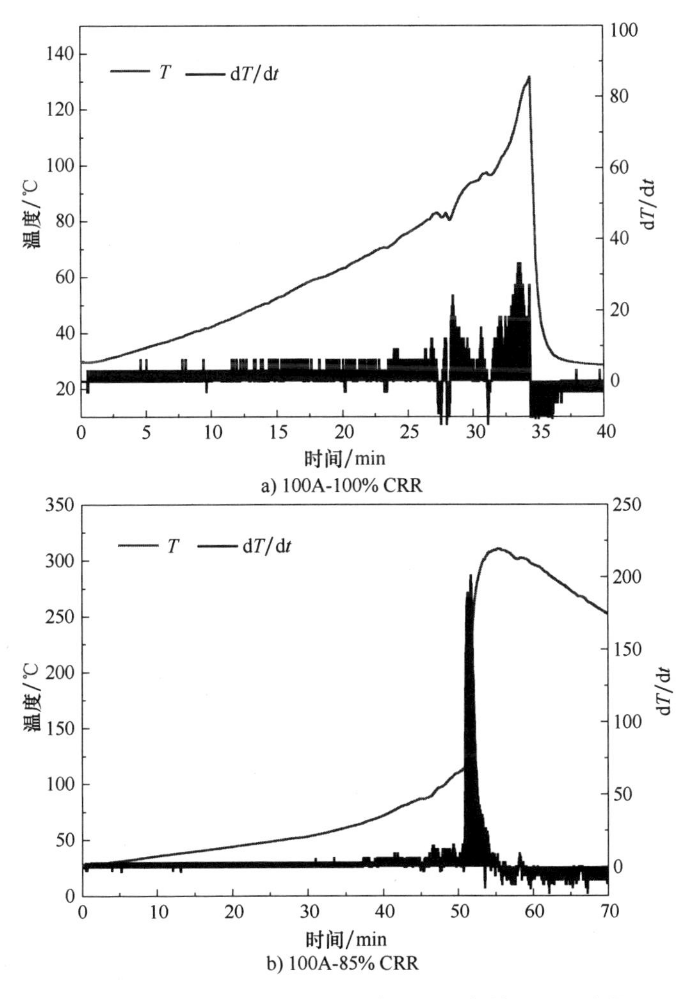

图 4-44　200Ah 电池在 100A 电流过充条件下不同容量保持率的电池表面温度及温度速率曲线

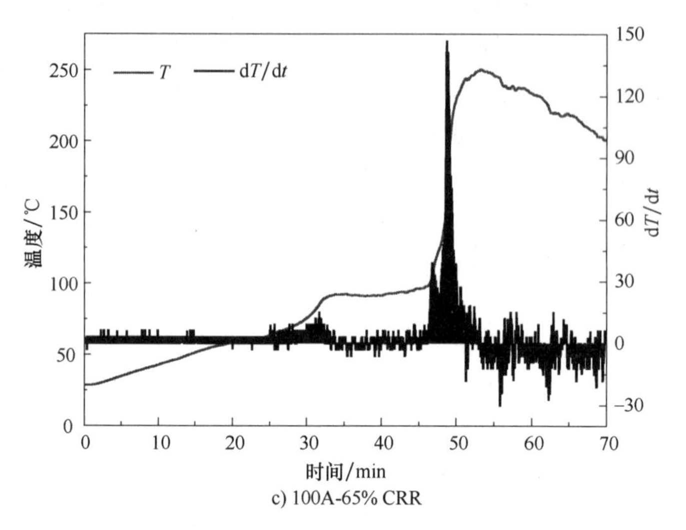

c) 100A-65% CRR

图 4-44　200Ah 电池在 100A 电流过充条件下不同容量保持率的电池表面温度及温度速率曲线（续）

（2）200Ah 电池热红外分析

图 4-45 所示为红外图像采取的 100A 电流过充 85% CRR 的 200Ah 电池表面的温度点及时间点，Sp1～Sp5 为记录的温度点，其中 Sp1 左边为负极，Sp5 右边为正极。

为了比较电池表面各点的温度，这里选择了过充过程中的 4 个时刻的红外图像。分别为充电 10min 时、防爆阀破后、喷烟较小时、喷烟较大时（见图 4-45）。这 4 个时刻的每个温度均列于表 4-17 中。

表 4-17　电池表面各位置温度

位置＼温度	温度（充电 10min）/℃	温度（防爆阀破）/℃	温度（喷烟较小）/℃	温度（喷烟较大）/℃
电池表面最高温度	53.2	90.6	103.4	219.7
Sp1	44.8	74.9	84.4	187.8
Sp2	45.9	71.6	81.1	174.7
Sp3	45.6	76.8	87.0	203.2
Sp4	44.0	73.3	82.9	185.6
Sp5	44.5	77.0	88.2	169.5

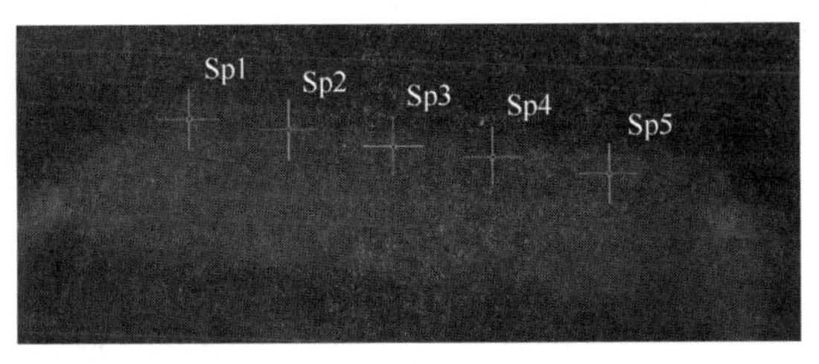

a) 充电10min时

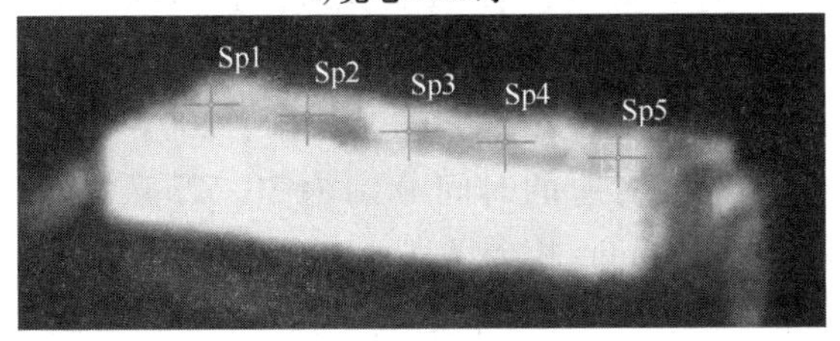

b) 防爆阀破后

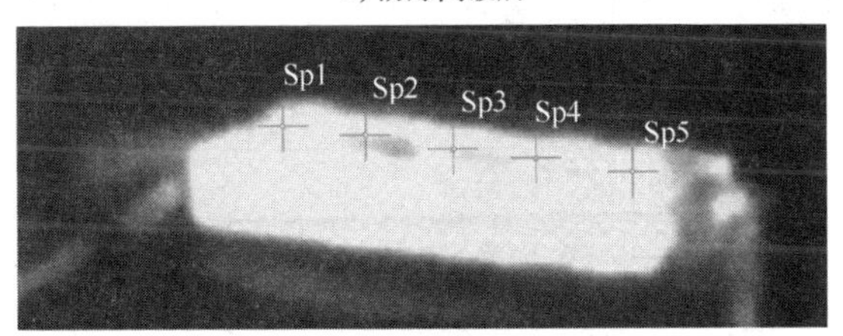

c) 喷烟较小时

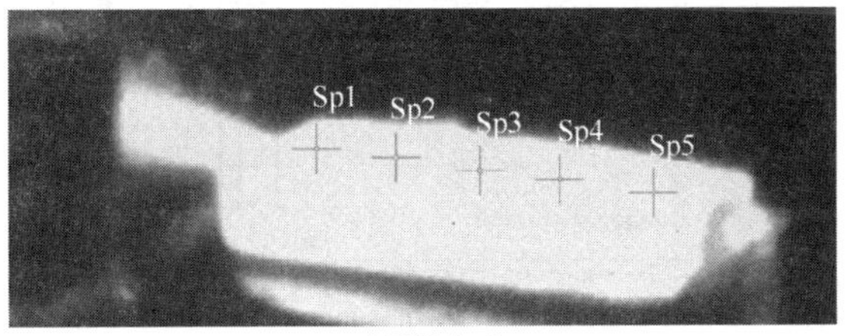

d) 喷烟较大时

图 4-45　红外图像采取的 100A 电流过充 85% CRR 的 200Ah 电池表面的温度点及时间点

由表 4-17 可知，电池中心的温度一直较高。200Ah 电池正负极在电池两侧，结构的不同使其与 25Ah 电池表面温度分布有不同的现象。200Ah 电池表面的温度经历了各部位基本相等—正极方向略高一些—(正负极基本相等)—负极方向较高的过程。最后阶段负极温度较高的原因是电池内部反应产生的大量高温烟气从负极方向的防爆阀口排出，故温度较高。按时间顺序，最高温度与最低温度的差值分别为 1.9℃、5.4℃、7.1℃、33.7℃，随着过充的进行，电池表面温差不断增大，但变化幅度小于 25Ah 电池。在电池喷烟较大时，电池表面最高温度达到 219.7℃。

4.3.3.5 电池加热时间与容量保持率的关系

（1）25Ah 电池加热时间与容量保持率的关系

图 4-46 所示为不同功率加热下 25Ah 梯次利用电池电压和时间的关系曲线。以 200W 加热为例，从图 4-46a 中可以看出，在加热条件下，不同容量保持率的电池电压变化规律一致，均是在加热初期电压基本维持不变，加热到一定时间点后电压陡降至 0V 附近。为了比较各容量保持率电池电压快速下降时的时间点，这里选择电压为 3.0V 时对应的时间点做比较。100W-100% CRR、100W-85% CRR、100W-75% CRR、100W-65% CRR 电池对应的时间分别为 70.35min、68.8min、52.23min、78.12min；200W-100% CRR、200W-85% CRR、200W-75% CRR、200W-65% CRR 电池对应的时间分别为 30.52min、29.3min、27.38min、29.16min（29.3min 与 29.16min 相差 8.4s，可认为近似相等）。故除了新电池外，旧电池电压快速下降的时间从小到大依次为 75% CRR<85% CRR≤65% CRR，此可认为是电池发生内短路的时间排序，当然，发生内短路越早，说明电池失效越快。

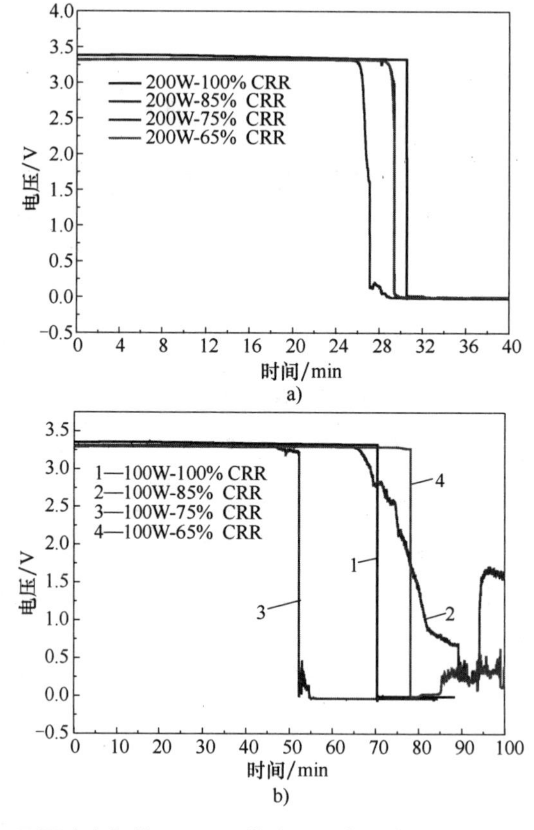

图 4-46 不同功率加热下 25Ah 梯次利用电池电压和时间的关系曲线

值得注意的是，在 25Ah 电池加热实验中，无论是 100 W 加热，还是 200 W 加热，新电池（100% CRR）均发生了爆炸并出现燃烧现象，而衰退后的电池均无爆炸、无燃烧；说明新电池在加热条件下更易发生剧烈的热失控反应，具有更大的危险性。

（2）大容量电池加热时间与容量保持率的关系

图 4-47 所示为 2000W 加热 200Ah 梯次利用电池电压和时间的关系曲线。从图 4-47 中可以看出，在加热条件下，不同容量保持率的电池电压变化规律一致，均是在加热初期电压基本维持不变，加热到一定时间点后电压降至 0 V 附近。为了比较各容量保持率电池电压快速下降时的时间点，这里选择电压为 2.0V 时对应的时间点做比较。2000W-100% CRR、2000W-85% CRR、2000W-75% CRR、2000W-65% CRR 电池对应的时间分别为 13.9min、21.54min、18.9min、42.32min；故除了新电池外，旧电池加热过程中发生内短路的时间（电压快速下降的时间）从小到大依次为 75% CRR<85% CRR<65% CRR，与 25Ah 电池现象一致。

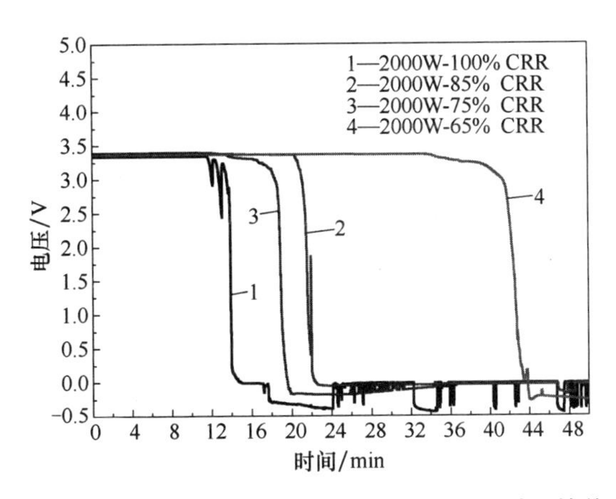

图 4-47　2000W 加热 200Ah 梯次利用电池电压和时间的关系曲线

4.3.3.6　加热条件下电池温度与容量保持率的关系

（1）加热条件下 25Ah 电池温度与容量保持率的关系

图 4-48 所示为不同功率加热 25Ah 梯次利用电池表面温度和加热时间的关系曲线。由图 4-48a 可知，旧电池表面所贴热电偶温度变化可分为三个阶段：热增长、热平衡、热失控（图 4-48a 中以 65% CRR 为例进行标注）。因为电池直接接触的是加热片，所以认为热增长、热平衡主要与加热片有关，热失控主要与电池内部反应有关。在热失控阶段，温度急剧上升，外在表现是电池快速喷出大量烟气，说明电池内部发生剧烈反应，此时电池已发生热失控。由图 4-48a 可知，85% CRR 电池达到热失控时间最长，65% CRR 次之，75% CRR 最短，并且三者

热失控所达到的最高温度相差不大。对于更小功率的加热，如图 4-48b 所示，旧电池均没有出现大量喷烟的现象（85% CRR、75% CRR 的电池喷出少量的烟雾，65% CRR 的电池防爆阀无破裂），认为其在停止加热前均没有引发电池的热失控，唯独新电池发生爆炸并燃烧。综上认为新电池具有更大安全风险；加热功率越大，电池越容易引发热失控；旧电池的容量保持率对热失控所达到的最高温度没有规律性的影响。

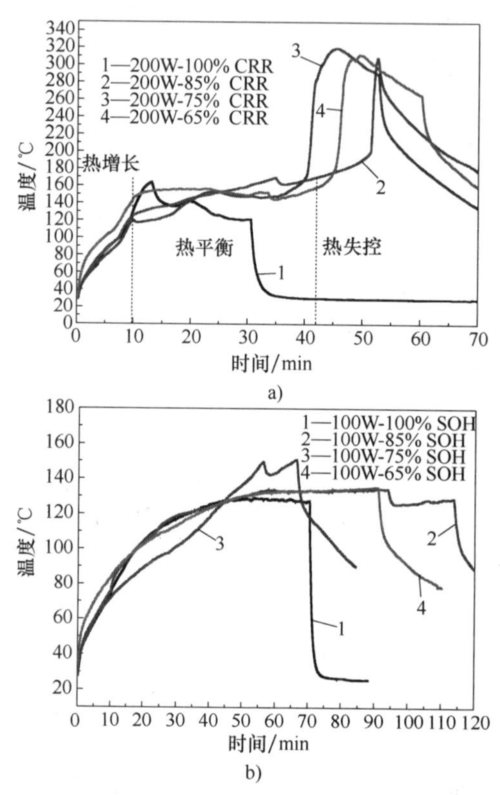

图 4-48　不同功率加热 25Ah 梯次利用电池表面温度和加热时间的关系曲线

（2）加热条件下大容量电池温度与容量保持率的关系

图 4-49 所示为 2000W 加热 200Ah 梯次利用电池表面温度和加热时间的关系曲线。由图 4-49 可知，在电池初始加热阶段，热电偶所测温度随加热片温度上升而快速升高，不同容量保持率电池均达到了 350℃以上，均高于 25Ah 电池加热时表面的最高温度。当温度迅速升高后，辐射散热速率也大大增加，而加热片具有设定的功率，当供热速率达到顶值后，由于散热速率增大，电池温度有所下降，这一阶段加热片为热源；但随着加热的进行，电池内部产热开始逐渐增多，尤其发生热失控后，产热急剧增加，此时热电偶所测温度一方面包含加热片的供

热，另一方面包含电池热失控所提供的热，并向环境散热；从中并不能得出加热条件下，电池温度与容量保持率的明确关系。

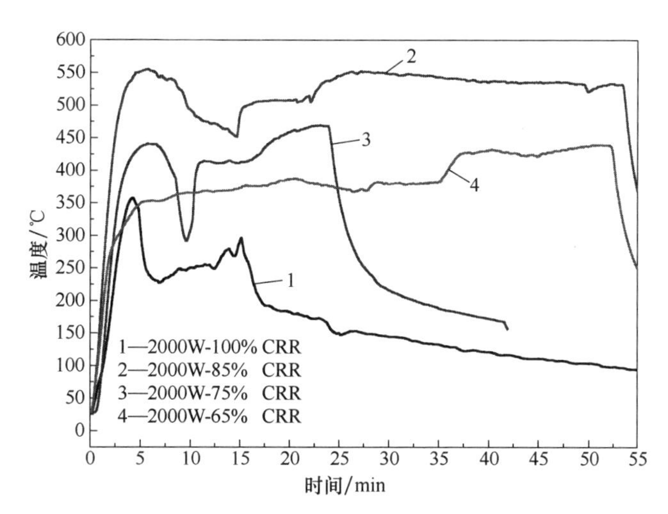

图 4-49　2000W 加热 200Ah 梯次利用电池表面温度和加热时间的关系曲线

本节通过过充和加热试验手段研究了梯次利用电池破坏性与电池容量保持率的相关性，研究结果表明：容量保持率高（≥85% CRR）的电池过充与加热时极易发生燃烧或爆炸；容量保持率降低（≤75% CRR），电池热失控后仅喷放烟气。过充热失控的时间与容量保持率呈负相关性。过充过程中电池表面温度分布不均匀，正极附近温度最低，中心温度较高，且随着过充的进行，电池表面最高温度与最低温度差距越来越大。

4.3.4　梯次利用电池燃烧爆炸过程分析

4.3.4.1　过充条件触发电池燃烧爆炸

由于不同容量保持率电池不同过充倍率试验过程及结果具有差异性，故这里选取具有代表性的过充实验过程进行分析，以研究锂离子电池热失控过程的发生、发展模式。

图 4-50 所示为 25Ah-85%电池在 50A 电流过充下电压及表面温度随时间的变化曲线。过充一直持续到电池爆炸，约 11min。图 4-50 中所示的温度为电池表面温度变化曲线，为了便于分析过充热失控发生、发展过程，图 4-50 中标注了电池过充过程中的各个特征阶段。

如图 4-50 所示，在充电机充电 8min 时，伴随着响声，电池防爆阀发生破裂，并快速喷出烟气，随后电池电压开始增长变快，温度升高速率变大；防爆阀发生破裂后 2min 左右，电池开始冒出烟气，1min 后电池电压迅速升至 35V，其

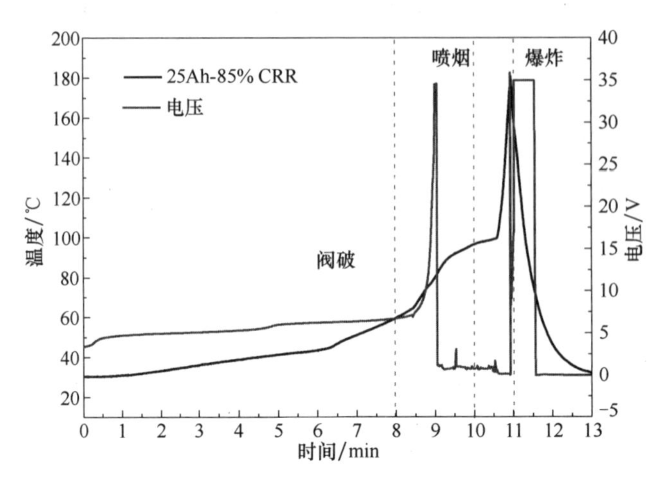

图 4-50 25Ah-85%电池在 50A 电流过充下电压及表面温度随时间的变化曲线

主要原因是电池内部隔膜皱缩，电阻增大；电池即刻发生爆炸，热电偶脱落，温度迅速下降。

通过以上分析，我们发现在过充过程中，电池发生燃烧爆炸的过程主要是：防爆阀破裂—烟气喷射—爆炸这 3 个阶段。由于过充过程中，电池内部温度不断升高，电解液开始蒸发，壳体内部压力增加，防爆阀破裂，电池内部喷射出气体；随着电解液的蒸发以及隔膜褶皱，电压出现骤升；而随着烟气的喷射，以及空气中的氧气进入，电池内部发生电极材料剧烈分解释热反应，大量气体不能迅速排出，内部压力增大，引发爆炸。

由图 4-51 所示的 25Ah-85% CRR 电池在 50A 电流过充热失控的典型瞬间可知，电池的爆炸先后经历了防爆阀破裂—剧烈喷烟—爆炸这 3 个主要阶段，反应现象经历了明显—剧烈—衰减—熄灭过程，整个过程历时 8min。

4.3.4.2 加热条件下触发的电池燃烧爆炸

图 4-52 所示为 200Ah-85% CRR 电池在 2000W 加热片加热条件下电压及表面温度随时间的变化曲线。加热时间一直持续到电池热失控着火之后，约 54min。图 4-52 中所示的温度为 1 号热电偶的温度变化曲线，为了便于分析过充热失控发展过程，图 4-52 中标注了电池过充过程中的各个变化阶段。

如图 4-52 所示，在加热片加热 4.5min 后达到最高温度约 550℃，因为热电偶紧贴在加热片上，故初始阶段的快速升温为加热片的温升，受电池影响很小，加热片有一定的功率，达到最高温度后，散热增加使温度下降至接近产散热相对平衡的位置。加热 15min 后，伴随一声响，电池防爆阀破裂，并持续冒烟；阀破后约 5.5min，电池冒烟速率明显变大，并继续增大，电池发生热失控，烟气弥漫，电池表面温度也开始快速增长，电池电压在喷烟阶段反复升降，内部发生复

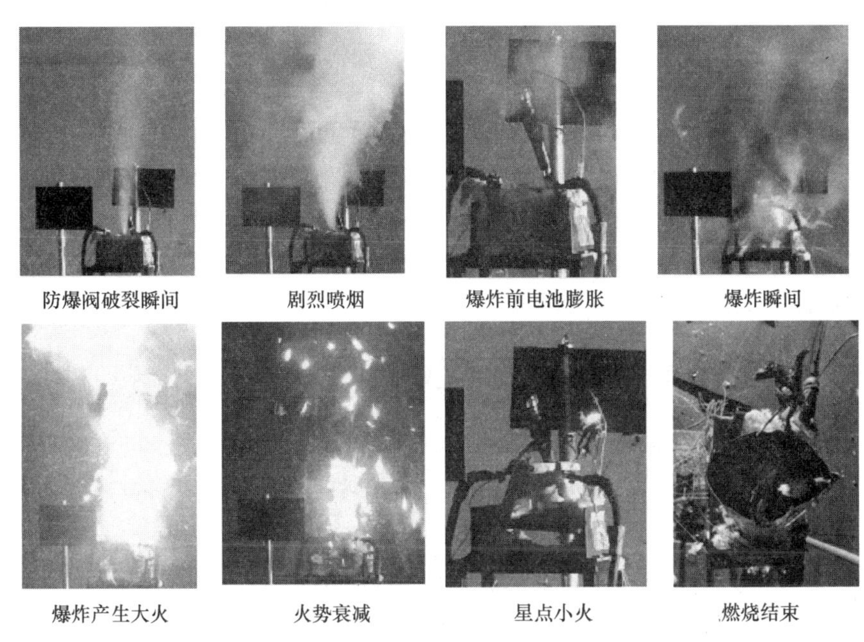

图 4-51　25Ah-85% CRR 电池在 50A 电流过充热失控的典型瞬间

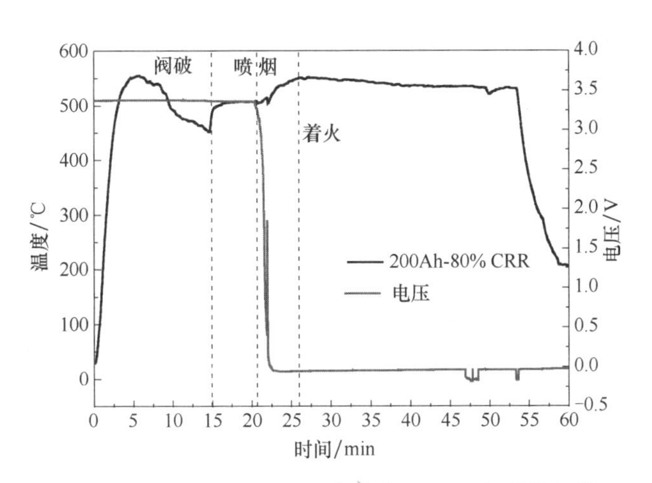

图 4-52　200Ah-85% CRR 电池在 2000W 加热片加热条件下电压及表面温度随时间的变化曲线

杂的反应，内阻反复升降，随后电池发生内短路，电压降为 0V，在加热 26min 后电池着火。

通过以上分析，我们发现在过充过程中，电池发生燃烧爆炸的过程主要是：防爆阀破裂—烟气喷射—燃烧。在加热过程中，电池内部温度不断升高，电解液开始蒸发，壳体内部压力增加，防爆阀破裂，电池内部喷射出气体，电池内部剧烈反应导致电池发生内短路，电压骤降，反应更加剧烈，达到一定温度后导致着火。

由图 4-53 所示的 200Ah-85% CRR 电池在 2000W 功率加热条件下热失控的典型瞬间可知，电池的热失控爆炸先后经历了防爆阀破裂—剧烈喷烟—燃烧这 3 个主要阶段，反应现象经历了明显—剧烈—衰减—消亡过程，剧烈喷烟持续约 6min，燃烧过程持续 30min 以上。图 4-54 所示为加热条件下电池组电压及表面温度与时间的关系曲线。

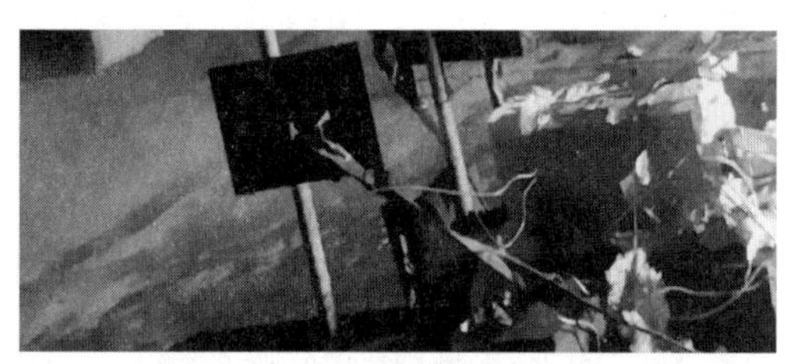

a) 防爆阀破裂瞬间

b) 剧烈喷烟

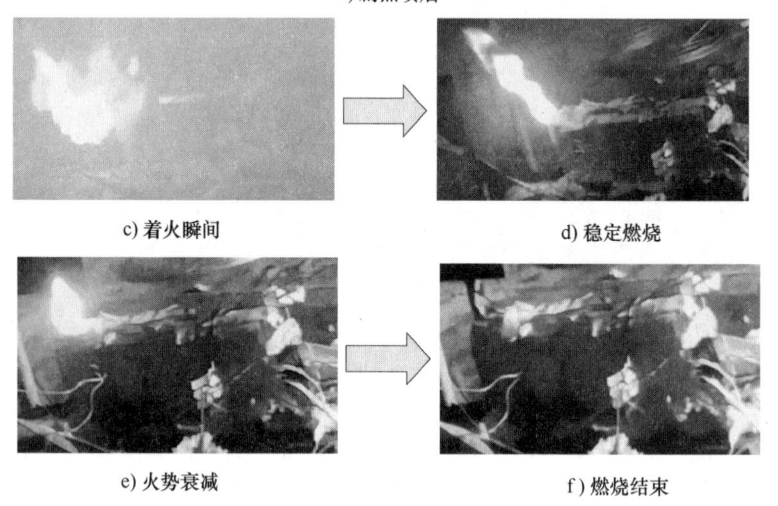

c) 着火瞬间　d) 稳定燃烧

e) 火势衰减　f) 燃烧结束

图 4-53　200Ah-85% CRR 电池在 2000W 功率加热条件下热失控的典型瞬间

电池组加热试验采用三并一串连接方式，共 4 片加热片放于每块电池两侧，同时加热 3 块电池，现场图如图 4-55a 所示，3 块电池从左至右编号依次为 1、2、3。根据图 4-54 可知，加热时间持续 4min。图 4-54 中展示了加热片温度与 2 号电池防爆阀口上方温度随时间的变化曲线。如图 4-54 所示，加热 2.7min 后，电池组边缘的塑料边框首先起火，电池箱内温度上升加快，紧接着出现两声响，两个电池的防爆阀破裂；加热 4.5min 时，伴随一声响，2 号电池上方出现大火，电池箱内温度快速上升至约 250℃。在整个过程中，电压变化在 0.04V 以内，说明至少有一个电池没有发生热失控。图 4-55 所示为电池组热失控过程。

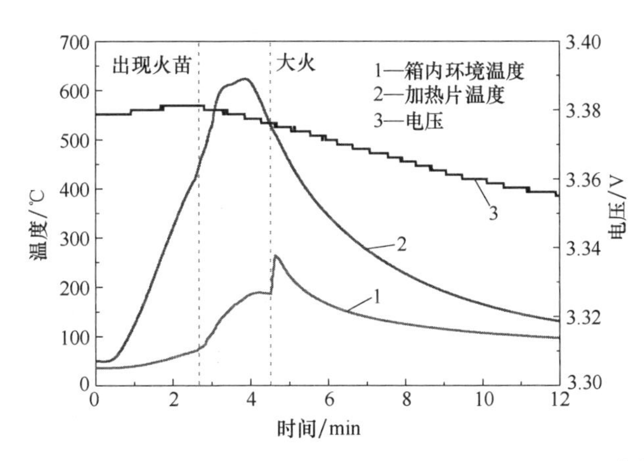

图 4-54　加热条件下电池组电压及表面温度与时间的关系曲线

在电池组加热过程中，随着温度越来越高，电池边缘的塑料边框首先产生烟气并着火燃烧，如图 4-55a 和 b 所示，随后火势增大，如图 4-55c 所示；在加热片与火焰的加热下，电池温度快速上升，当电池达到一定温度，内部电解液气化产生高压，当压力达到防爆阀设定压力以上时，防爆阀被冲开，接连两个防爆阀破裂；随着电池温度继续升高，电池喷出的烟气被引燃，产生大火，如图 4-55d 所示，另一防爆阀可能在此期间破裂，之后火势逐渐降低并熄灭。

本节试验研究了梯次利用电池极端安全事故的发生、发展模式，电池发生燃烧爆炸的过程主要是：防爆阀破裂—烟气喷射—燃烧爆炸这 3 个阶段。在过充过程中，电池温度不断升高，电解液开始蒸发，壳体内部压力增加，防爆阀破裂，电池喷射出气体，电池内部剧烈反应导致电池发生内短路，电压骤降，反应更加剧烈，然后发生燃烧爆炸。

梯次利用电池在过充或加热过程中，首先发生的是防爆阀破裂，如果继续过充或加热，电池内部温度不断升高，达到一定程度后，电池发生热失控，电池内部发生剧烈反应，释放大量热量，同时产生大量烟气，电池的温度也以更快的速度上升，高温提供了点火源，烟气中携带可燃的固体颗粒和电解质中挥发的可燃

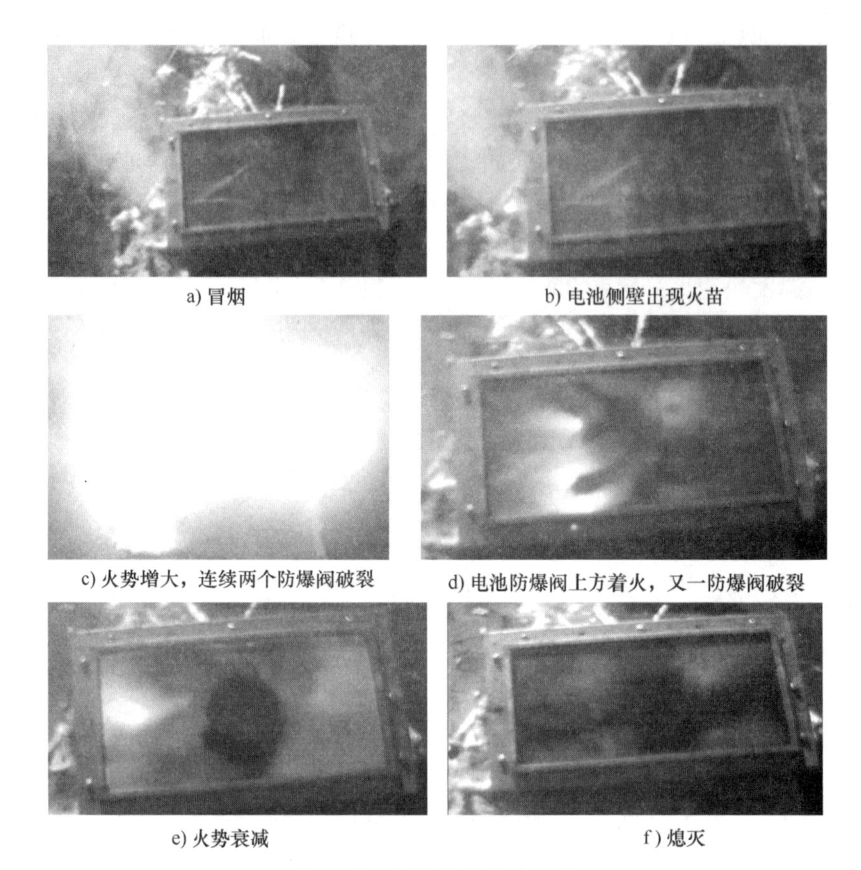

a) 冒烟　b) 电池侧壁出现火苗

c) 火势增大，连续两个防爆阀破裂　d) 电池防爆阀上方着火，又一防爆阀破裂

e) 火势衰减　f) 熄灭

图 4-55　电池组热失控过程

有机溶剂提供了可燃物，如果电池所在空间有足量的氧气，电池就可能由喷烟转为燃烧，周围的可燃物在火焰的直接加热或热辐射加热下，温度不断上升，当温度达到其着火点后，就会被引燃，燃烧就会蔓延。同理，若周围的电池在不断加热下，喷出可燃烟气，就可能被直接引燃，使电池燃烧不断蔓延。

梯次利用电池在过充或加热过程中发生热失控后，电池内部反应不可控，释放大量的热量，使自身的温度不断升高，在热传导的作用下，高温电池不断向周围较低温度的电池传递热量，使其温度也不断升高，达到一定温度后，电池内部电解质溶液成分就会发生气化，电池内部压力不断升高，同时也可能会引发电池内部许多反应，使其也发生热失控。

4.3.5　梯次利用电池破坏性与容量保持率的相关性

在梯次利用电池的过充与加热试验中，大部分电池发生热失控，其表现形式是大量喷烟、爆炸或燃烧，过程中均伴随着刺激性气味以及持续的高温。喷烟产生大量有毒有害气体或固体颗粒，爆炸产生高的压力对周围环境做破坏功，燃烧可能引起大范围火灾，造成很大的破坏性。

4.3.5.1　爆炸冲击波分析

1）在 25Ah 电池过充试验中，一些电池发生爆炸，其主要集中发生在新电池或容量保持率相对较高的电池中，如：50A、25A 电流过充容量保持率为 85% 的 25Ah 电池。为了更全面分析电池衰退后的危害性，对电池爆炸后产生的压力进行了测试。

图 4-56 所示为过充 25Ah-85% CRR 电池爆炸压力和时间的关系曲线。从图中可以看出，每个曲线都有一个较高的峰（凹的），此峰即由爆炸产生，85%的电池在 50A、25A 过充倍率爆炸时的压力峰值（绝对值）分别为 489. 60kPa、191. 10kPa，其压力持续时间约有 2s。

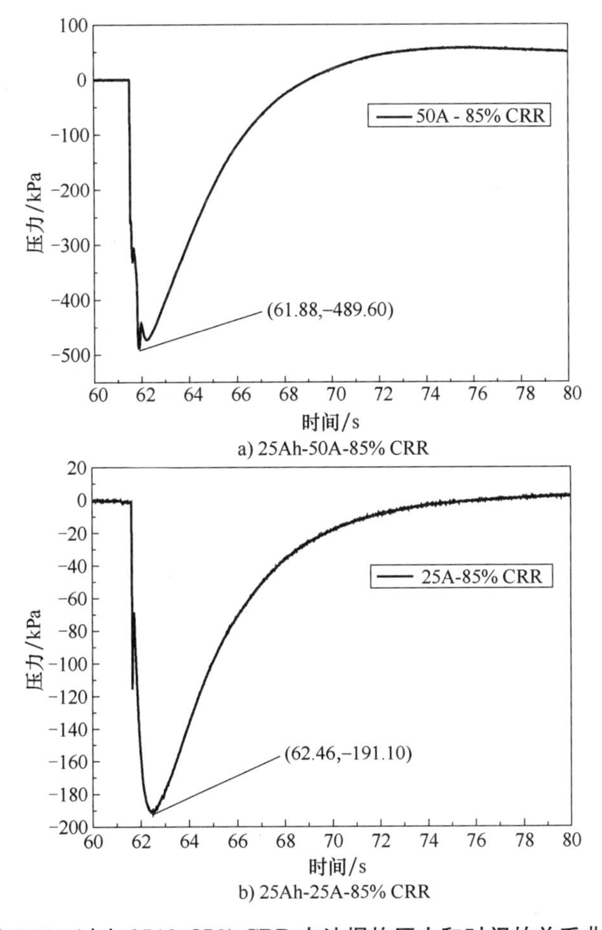

图 4-56　过充 25Ah-85% CRR 电池爆炸压力和时间的关系曲线

2）200Ah 电池在 100A 电流过充试验中，容量保持率为 100%的电池发生爆炸，其余容量保持率的均没爆炸，也说明过充爆炸主要集中发生在新电池或容量保持率高的电池中，为了更全面分析大容量电池衰退后的危害性，对电池爆炸后产生的压力进行了测试。图 4-57 所示为 100A 电流过充 200Ah-100% CRR 电池的爆炸压力和时间的关系。从图 4-57 中可以看出，该爆炸压力曲线也有一个较高的峰（凹的），此峰即由爆炸产生，爆炸压力的最大值（绝对值）达到 370.53kPa，其压力持续时间在 10s 以上。

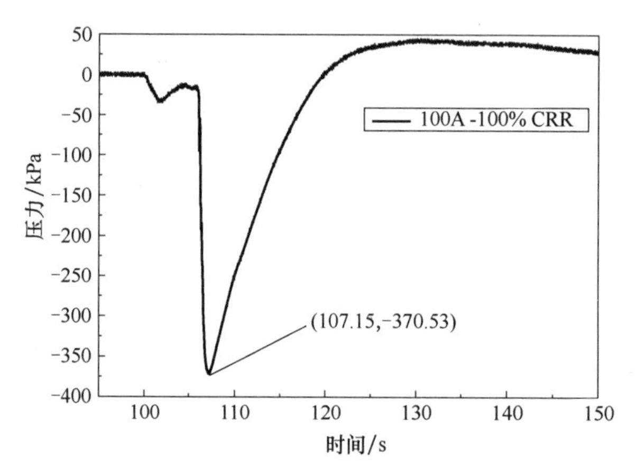

图 4-57　100A 电流过充 200Ah-100% CRR 电池的爆炸压力和时间的关系

3）在 25Ah 电池加热试验中，2 片 100W 加热片加热 100% CRR 的电池发生爆炸，并出现短暂燃烧现象。其余加热结果为喷烟或者没有发生热失控。为了更全面分析电池衰退后的危害性，对加热时电池爆炸后产生的压力进行了测试。图 4-58所示为 200W 加热 25Ah-100% CRR 电池的爆炸压力曲线，插图为压力峰值部分的放大图。从图 4-58 中可以看出，该爆炸曲线有两个较高的峰（凹的），其最高峰为爆炸产生，峰值（绝对值）为 98.91kPa，远小于过充爆炸产生的压力，由放大图可看出，其持续时间约为 0.1s，也远小于过充爆炸压力的持续时间。第二个较小的峰值可能是由于爆炸后电池出现爆燃所致。

4）图 4-59～图 4-62 所示为电池热失控爆炸后的电池照片及现场照片。由图 4-59～图 4-62 可知，爆炸后电池上部完全裂开，电池侧部壳体也可能被撕裂，电芯暴露或完全飞出，散落在周围，爆炸产生的压力波对周围环境做破坏功，由加热爆炸后的现场照片可见，压力传感器的铁支架被爆炸后的压力波冲击倒地。

4.3.5.2　燃烧产烟分析

1）试验中，大部分电池的热失控表现为持续喷烟，短者持续 1～2min，长着持续数十分钟，烟气弥漫在空气中，如不及时排出，将有很大的危险性。

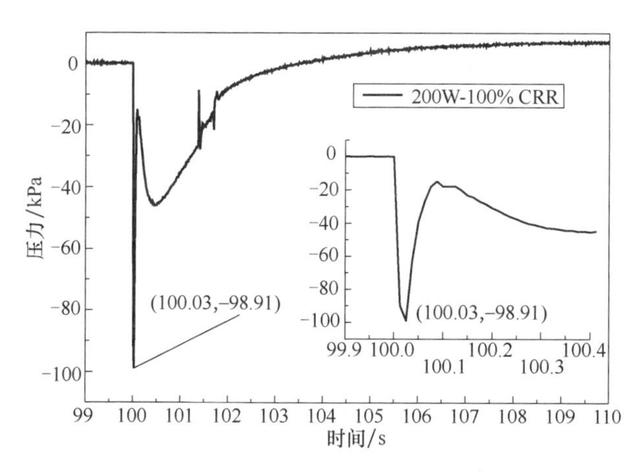

图 4-58　200W 加热 25Ah-100% CRR 电池的爆炸压力曲线

图 4-59　25Ah-85% CRR-50A-爆炸后的电池照片及现场照片

图 4-63～图 4-67 所示为电池热失控时的喷烟照片及试验后的照片，由图 4-63～图 4-67 可知，电池热失控后产烟量很大，甚至充满整个爆炸洞，电池在试验结束时也发生明显的膨胀。

图 4-68 所示为 50A 电流过充容量保持率为 85%的 25Ah 电池不同时刻的烟气图像，两者时间相差 4s，图 4-68a 中烟气高 110mm，图 4-68b 中烟气高 604mm，可估算电池的烟气喷射速度为 123mm/s。

2）烟密度。从图 4-69 可以看出，在锂离子电池整体燃烧测试烟气毒性实验中，电池经辐射照度为 25kW/m^2，有引燃火焰的模式辐照后，表面发生剧烈燃烧，且电池铝塑膜外包装、石墨、正负极、隔膜、电解液均发生燃烧现象。

图 4-60　25Ah-85% CRR-25A-爆炸后的电池照片及现场照片

图 4-61　25Ah-100% CRR-200W-爆炸后的电池照片及现场照片

图 4-62　200Ah-100% CRR-100A-爆炸后的电池照片及现场照片

由图 4-70 可以看出，锂离子电池燃烧时产烟较大。由 4-71 可知，电池整体燃烧大约 200s 时，开始产烟，并随着燃烧时间的推移，烟密度迅速增加至最大值，再缓慢减小。这与开始时，铝膜外包装燃烧产烟较小，至后来电池各个部分先后燃烧，到最终燃烧组分逐渐减少的过程有关。

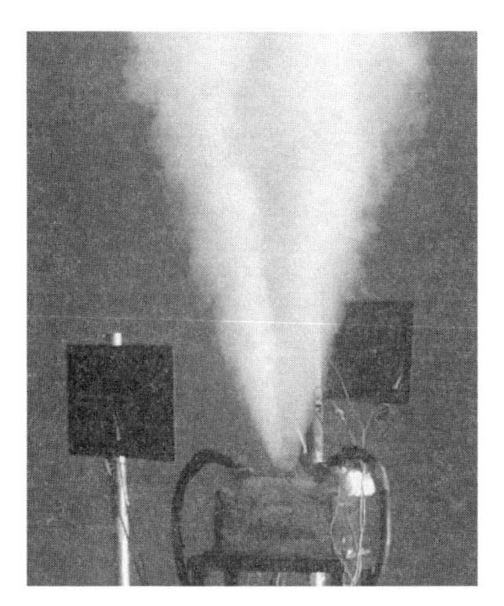

图 4-63 25Ah-75% CRR-50A-热失控时的喷烟照片

图 4-64 25Ah-75% CRR-50A-试验后的照片

图 4-65 25Ah-85% CRR-200W-热失控时的喷烟照片

图 4-66 25Ah-85% CRR-200W-试验后的照片

图 4-67 200Ah-85% CRR-100A-热失控时的喷烟照片

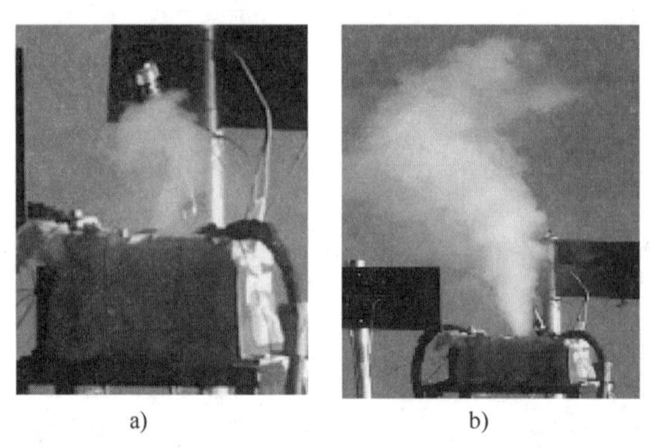

图 4-68　50A 电流过充容量保持率为 85%的 25Ah 电池不同时刻的烟气图像

图 4-69　85%容量保持率电池整体燃烧实验前后对比图

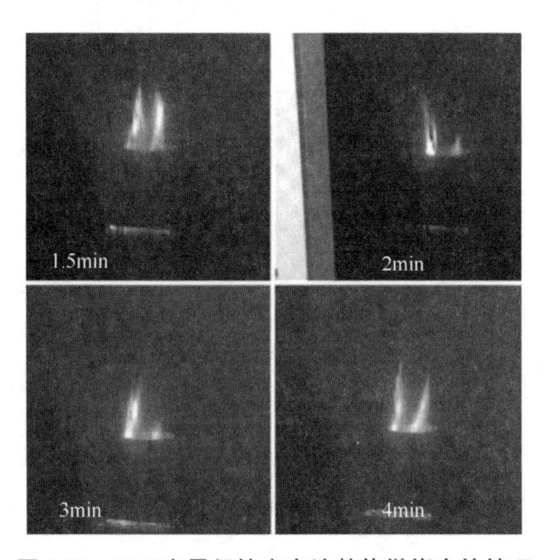

图 4-70　85%容量保持率电池整体燃烧火焰情况

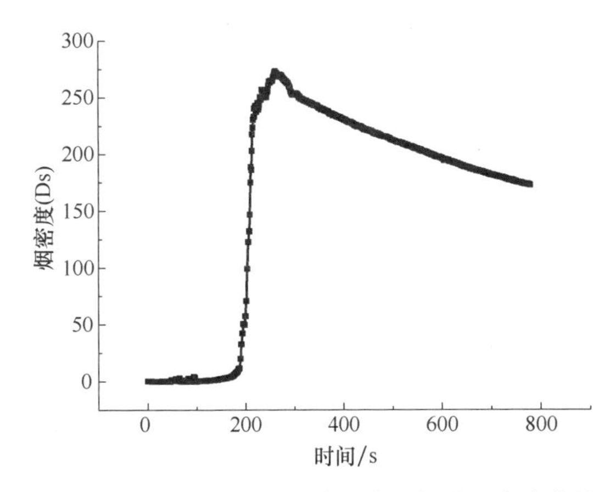

图 4-71 梯次利用电池整体燃烧测得的烟密度曲线

4.3.5.3 燃烧释热分析

试验中，部分电池的热失控表现为燃烧。图 4-72 和图 4-73 所示为电池热失控时的燃烧中及燃烧后的照片和爆炸产生的火球照片，由图 4-72 和图 4-73 可知，电池热失控后燃烧火焰很大，200Ah 电池燃烧时间长达十几分钟，具有很大的破坏力。

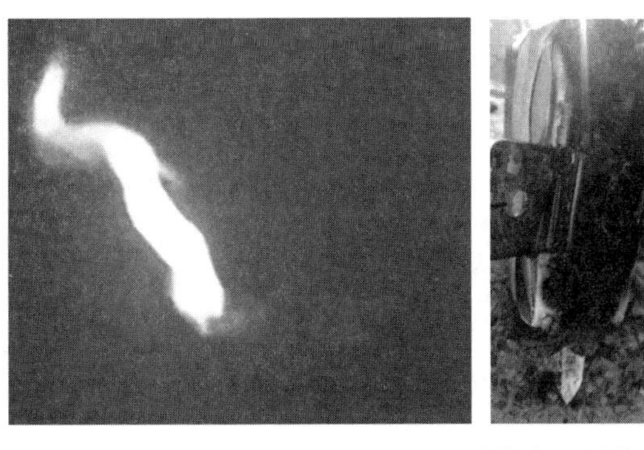

图 4-72 200Ah-100% CRR-2000W-燃烧中及燃烧后的照片

图 4-74 所示为 50A 电流过充容量保持率为 85%电池爆炸瞬间产生的火焰照片。对比电池本身大小，可以发现火焰面积很大，经估算，火焰面积达到 0.238m^2；图 4-75 所示为红外热成像温度绘制的最高温度曲线，由图 4-75 可知，最高温度达到 1243℃，其为电池燃烧时火焰的最高温度。据此可知，电池燃烧可能产生巨大的火焰以及高温，具有强烈的安全隐患。此外，电池在热失控发生后，可能喷出 CO、CO_2、CH_4、C_2H_6、H_2 等有毒或可燃气体，增大了电池安全事故的破坏性。锥形量热仪测得的不同容量保持率电池组件燃烧参数测试值见表 4-18。

图 4-73　25Ah-85% CRR-50A-爆炸产生的火球照片

图 4-74　50A 电流过充容量保持率为 85%电池爆炸瞬间产生的火焰照片

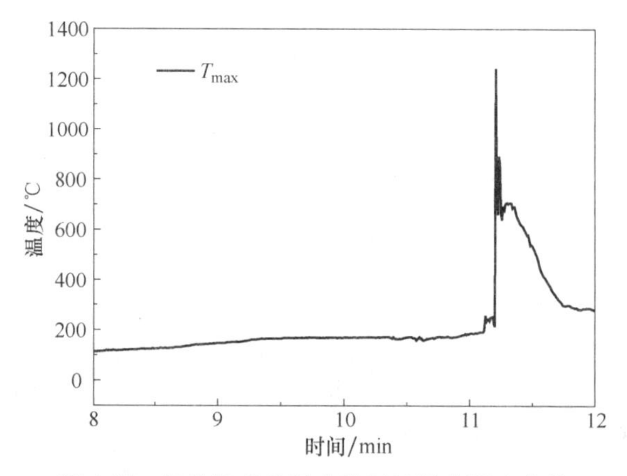

图 4-75　红外热成像温度绘制的最高温度曲线

表 4-18　锥形量热仪测得的不同容量保持率电池组件燃烧参数测试值

样品		峰值热释放速率 /(kW/m²)	有效燃烧热 /(MJ/kg)		归一化 /kJ
容量保持率=100%	正极	9.15	76.68	11.70	6560
	负极	26.69		53.19	
	隔膜	40.84		10.42	
容量保持率=85%	正极	6.31	75.49	6.79	3636
	负极	34.13		27.74	
	隔膜	35.05		11.11	
容量保持率=75%	正极	4.24	69.69	9.78	2829
	负极	30.37		11.61	
	隔膜	35.08		12.9	

（续）

样品		峰值热释放速率/(kW/m^2)	有效燃烧热/(MJ/kg)		归一化/kJ
容量保持率=65%	正极	5.7	55.07	5.94	3027
	负极	26.11		23.27	
	隔膜	23.26		5.78	

4.4　总结

本章梳理了近年来我国电力储能发展呈现出的若干变化（储能规模扩大、储能类型多元化、储能应用领域多样化）对储能电站在设计层面可能产生的安全性影响，探讨了现有标准 GB 51048—2014《电化学储能电站设计规范》在这些方面的已有规定内容，并提出对该标准建议修订补充的内容，其中储能电站的防火设计和储能系统消防措施是储能电站设计中需要关注的重点方向，也是储能电站设计规范中应重点加强的主要内容。

第5章 电力储能系统安全专利分析

5

5.1 引言

近些年随着知识产权在国际经济竞争中的作用日益上升，制定和实施相应的知识产权战略已经成为越来越多的国家在知识产权争夺中的必然趋势。我国正逐步形成以保护国家技术安全、促进自主创新能力以及限制跨国公司的知识产权滥用的知识产权战略机制。

以锂离子电池为代表的电化学储能在“双碳”目标实现中将起到重要的支撑作用，然而近年来的国内外电化学储能电站火灾事故暴露出电化学储能在安全方面的诸多问题，为了保障规模化电化学储能工程应用的安全，降低火灾事故风险，避免人员伤亡，需要重点发展储能安全防护技术，对于我国储能相关企业应注意相关技术的专利保护，构筑具有独立知识产权的核心专利保护群。

本章将对1992—2020年的相关技术专利进行检索，从以提高电池安全为目标的电池部件、电池状态监控和电池外部防护等技术领域来进行综合分析。一方面这些专利大多数涉及电池本体的制造生产，而本书主要涉及电力储能系统的应用安全，所以在本书中对于电池本体有关的专利仅限于适度关注。另一方面，根据对国内外已经发生的锂离子电池安全事故的相关调研和我国相关单位已经开展的研究工作来看，电池安全问题的解决仅依靠电池生产企业的技术改良是远远不够的，必须结合电池应用方的安全管理和安全防护技术体系才能实现电池安全问题的可测、可控、可防。

本章通过关键检索词汇的专利检索分析，明晰国内外相关专利的申请、授权现状，把握相关技术发展脉络，有助于我国科研单位、企事业单位通过技术攻关填补知识产权空白点，提升我国在此领域内的自主创新发展能力，获得该领域内的专利竞争优势。

5.2 专利检索策略

5.2.1 专利检索数据库

以欧洲专利局世界范围专利数据库、美国专利商标局专利数据库和中国国家知识产权局专利数据库作为数据采集源，分别采集相关专利样本。

欧洲专利局世界范围专利数据库是基于 PCT 最低文献量范围所建立的数据库。PCT 最低文献量分为专利文献和非专利文献：对于非专利文献由国际局公布文献清单；专利文献是指 1920 年以来，美国、英国、法国、德国、瑞士、欧洲专利局和世界知识产权组织出版的专利说明书，以及日本和俄罗斯的英文专利文献，以上国家和地区简称七国两组织。目前，欧洲专利局已经扩展了世界范围专利数据库范围，大大超过 PCT 申请检索最低文献量的要求。截至 2011 年 3 月，世界范围专利数据库收录的专利文献来自 90 多个国家或地区，文献量已达到 7000 万件，收录最早的德国文献始于 1877 年。

美国专利商标局专利数据库由美国专利商标局建立，包括授权专利数据库和公开专利数据库，其中授权专利数据库包括 1976 年至今的所有已授权美国专利的全文信息和 1790—1976 年所有已授权美国专利的图像信息，文献数量约为 600 万件。公开专利数据库包括从 2001 年 3 月 15 日开始出版的美国专利公开的信息，文献数量约为 200 万件。

中国国家知识产权局专利数据库收录了 1985 年以来的三种中国专利文献：发明专利、实用新型专利和外观设计专利文献，以及最新中国专利公报，文献量约为 600 万件。

5.2.2 专利技术分类及检索策略

5.2.2.1 专利技术分类

电池安全防护技术涉及电池部件、电池状态监控和电池外部防护等技术领域。其中，电池部件专利包括涉及电池本体的陶瓷隔膜、正温度系数（PTC）元件、盖板、端帽、防爆阀及其他部件；电池状态监控专利包括电池的电压/电流监控、温度监控、漏液及气体监控、压力及形变监控，以及监控系统及装置等；电池外部防护专利包括防爆、防火（防热失控）、保护电路控制及其他，以及安全检测技术与装置等外部防护技术。锂离子电池安全防护技术分类见表 5-1。

表 5-1 锂离子电池安全防护技术分类

技术主题	一级分类	二级分类
电池安全防护技术	电池部件	陶瓷隔膜
		正温度系数（PTC）元件
		盖板、端帽、防爆阀及其他
	电池状态监控	监控系统及装置
		电压/电流监控
		漏液及气体监控
		温度监控
		压力及形变监控
	电池外部防护	防爆
		防火（防热失控）
		保护电路控制及其他
		安全检测技术与装置

5.2.2.2 检索策略

电池安全防护检索策略见表 5-2。

表 5-2 电池安全防护检索策略

分类	关键词
陶瓷隔膜	锂离子电池、lithium+ batter+、防止、防护、保护、安全、protect+、secur+、saf+ 陶瓷隔膜、ceram+、Separator? 、Membrane?、Diaphragm? 正温度系数、positiv+、temperat+、coefficient
正温度系数元件	
其他	
电压/电流监控	锂离子电池、lithium+ batter+、防止、防护、保护、安全、protect+、secur+、saf+ 检测、监控、感测、detect+、monitor+ 形变、deformat+、气体、gas、泄漏、leakage
漏液及气体监控	
温度监控	
压力及形变监控	
安全防护	锂离子电池、lithium+ batter+、防止、防护、保护、安全、protect+、secur+、saf+ 防火、防爆、防燃烧、防炸、anti、prevent+、fire、combust+、burn、explod??

5.2.2.3 检索结果

本次检索的专利数量按照一级分类经过初检和筛选后，专利检索结果见表 5-3。

表 5-3　专利检索结果

专利	中国专利（件）	国外专利（件）
初检	1331	2345
筛选后	786	1052

注：此表数据中不含电解液和添加剂的专利数据。涉及安全的电池材料初检结果中属于电解液及添加剂的专利数量远远超出其他技术专利数量，且电池材料不属于本章重点关注对象，所以在此表中电池材料的相关数据仅包括陶瓷隔膜、正温度系数、盖板/端帽/防爆阀及其他等三个技术方向。

5.3 全球专利申请情况分析

5.3.1 申请量分析

根据检索到的专利，按照申请日期进行整理和统计，得到锂离子电池安全防护技术全球历年时序分布（见图 5-1）。从图 5-1 中可知，相关技术每年的专利申请量波动较大，然而以 5 年为时间尺度相对能够清晰地反映出专利申请的趋势。

锂离子电池安全防护技术专利申请量从 1992 年至今共申请专利 1052 件。图 5-1 中分别以申请时间为横坐标进行了展示。可以看出，2012—2013 年的专利量最多。从变化趋势来看，锂离子电池安全防护技术的发展可分为两个阶段。

第一阶段（萌芽期）：1992—2005 年，这一时期与锂离子电池安全防护有关的技术发展步伐缓慢，体现在专利申请上，并不是每年都有申请相关专利，且年申请的专利数量较少；然后从申请年的变化情况来看，这一阶段国际上的专利申请者对锂离子电池安全防护技术的研究处于起步摸索的阶段，并未形成有规模的专利群。

第二阶段（发展期）：2006—2020 年，这一时期的锂离子电池安全防护技术较上一时期有了进一步的发展，申请量在 2005 年、2009 年、2012—2013 年、2017—2019 年分别出现了小高峰，总体趋势看申请量是在逐步增加，这表明在这一阶段国际上的专利申请者开始逐渐取得相关技术的进步，逐渐形成了较为稳定的知识产权保护需求。

5.3.2 国家/地区分布

图 5-2 所示为锂离子电池安全防护技术专利申请的公开国家/地区分布情况。从图 5-2 中可以看出，中国的锂离子电池安全防护技术方面申请的专利数量处于绝对多数，占专利总量的 50%；排在第二、三、四位的分别是美国、欧洲地区、

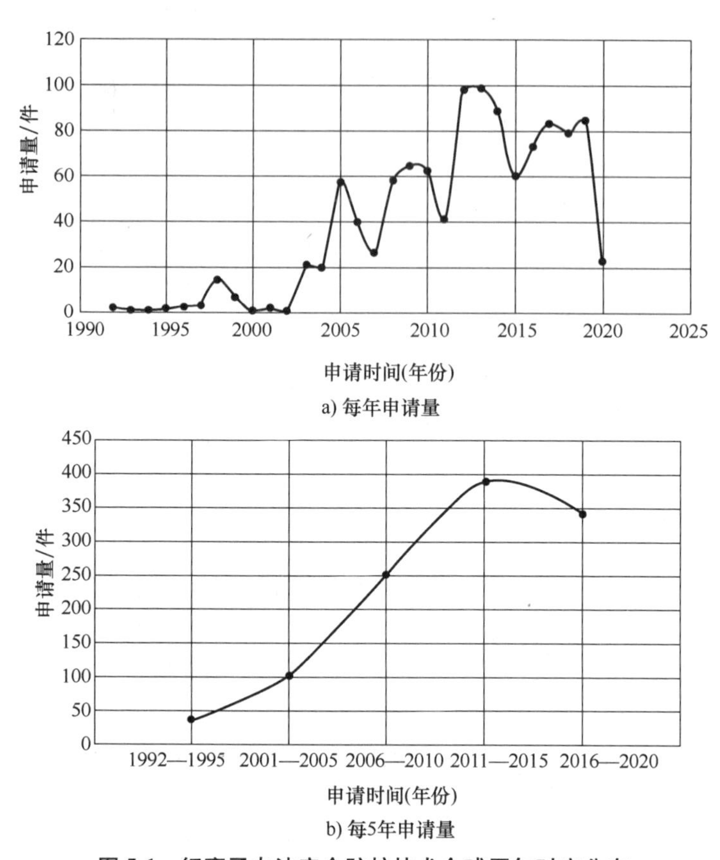

图 5-1 锂离子电池安全防护技术全球历年时序分布

日本，分别占专利总量的 22%、13%、12%。以上分布表明，锂离子电池安全防护技术关注的市场主要集中在中国、美国和欧洲地区。

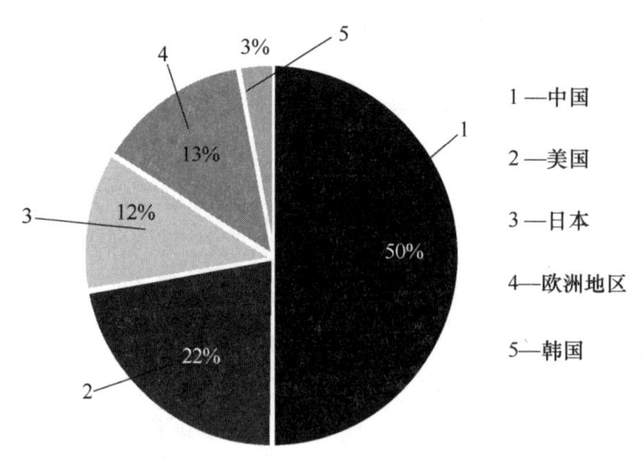

图 5-2 锂离子电池安全防护技术专利申请的公开国家/地区分布情况

通过专利检索分析发现，中国和美国的专利数量均较其作为所属国时有一定增加，表明在中国和美国的专利部署者除本国专利权人外，还有部分境外专利权人，但从专利权人所占的比重来看，中国主要的专利部署者仍为本国专利权人，而美国的境外专利权人专利部署数量远比本国专利权人多。相反，韩国和日本的专利申请数量均较其作为所属国时大幅减少，表明韩国和日本除在本国进行专利布局外，在亚洲、美洲、欧洲等经济较为发达的国家/地区均提前进行了专利布局，甚至在中国台湾地区也进行了大量的专利申请。

结合专利申请所属国的分析可以看出，从全球范围内来看，锂离子电池安全防护技术的研究集中在少数国家/地区手中，属于研究较为集中的技术领域，而专利申请地也主要集中在亚洲地区，在美洲和欧洲的大多数专利申请的专利权人主要集中在韩国和日本。

图 5-3~图 5-5 所示分别为锂离子电池部件、电池状态监控、电池外部防护专利公开国家/地区分布情况。从图 5-3~图 5-5 中可知，相关专利申请主要集中在中国、美国，其次是欧洲、日本、韩国。

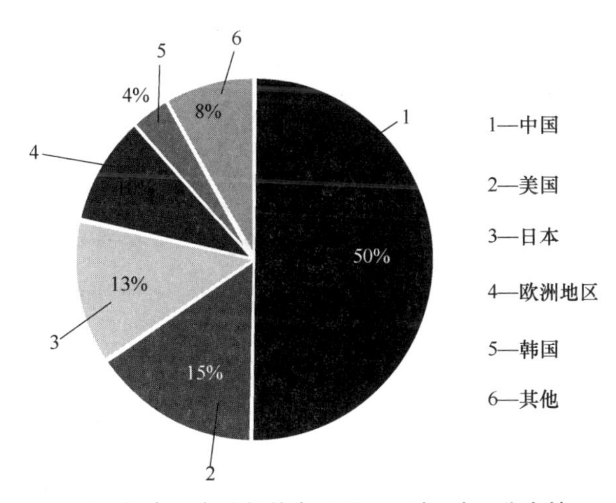

图 5-3 锂离子电池部件专利公开国家/地区分布情况

图 5-6 所示为电池防护专利申请人所属国家/地区分布情况。从图 5-6 中可知，专利申请人所属国家/地区主要集中在美国、中国、日本，其次是韩国和欧洲地区。从图 5-5 和图 5-6 的分布情况对比来看，中国是最主要的专利申请目标市场，而美国是最主要的专利申请国家，整体来看，美国和日本更重视在境外国家和地区的专利布局。

5.3.3 技术分类分布

根据对专利数据的技术分类，得到了如图 5-7 所示的锂离子电池安全防护技

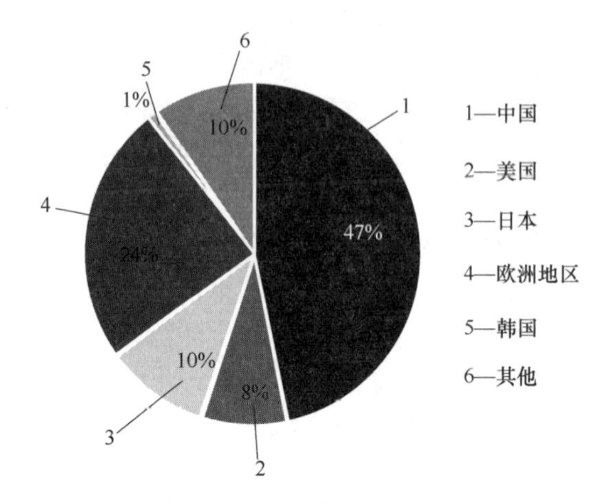

图 5-4　锂离子电池状态监控专利公开国家/地区分布情况

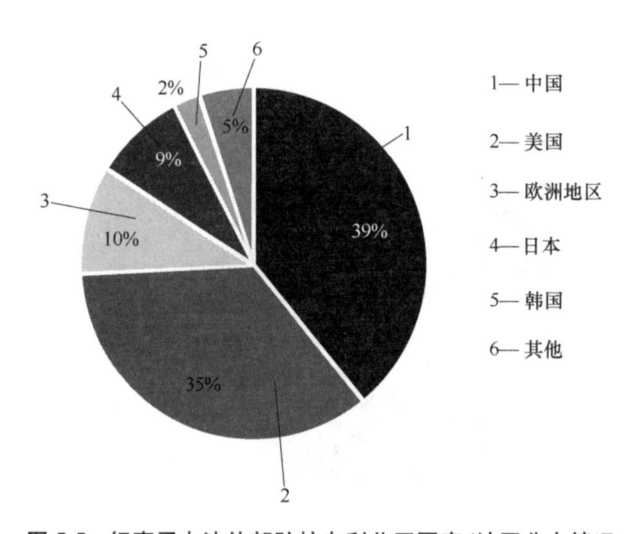

图 5-5　锂离子电池外部防护专利公开国家/地区分布情况

术分类分布结果。从图 5-7 中可以看出，以提高电池安全性的电池部件方面的防护技术是全球范围内在该技术领域研究最多的技术分支，其次为外部防护为主的电池防护技术，状态监控的比例相对较少。

在图 5-7 的基础上，进一步分析了电池材料、状态监控和电池防护这三个技术分类中专利数量的每 5 年变化情况（见图 5-8）。可以看出，在 2000 年以前，状态监控的专利申请和公开数量均为零，电池材料和电池防护方面虽有相关专利公开，但其历年申请量也较少，处于萌芽状态。从 2000 年至今，三个技术分类的专利数量总体呈上升趋势，电池材料、状态监控和电池防护三个技术分类在

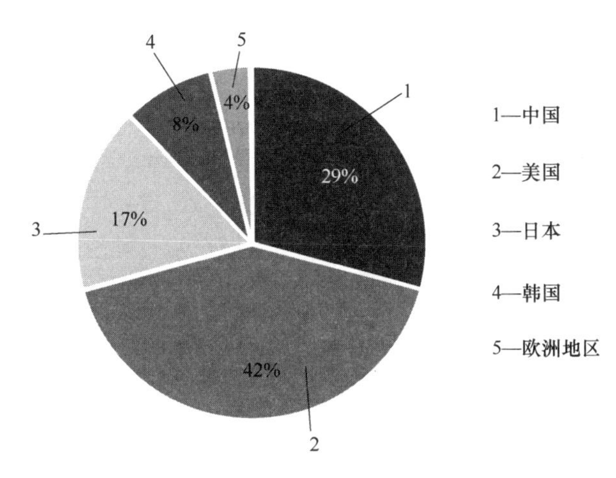

图 5-6　电池防护专利申请人所属国家/地区分布情况

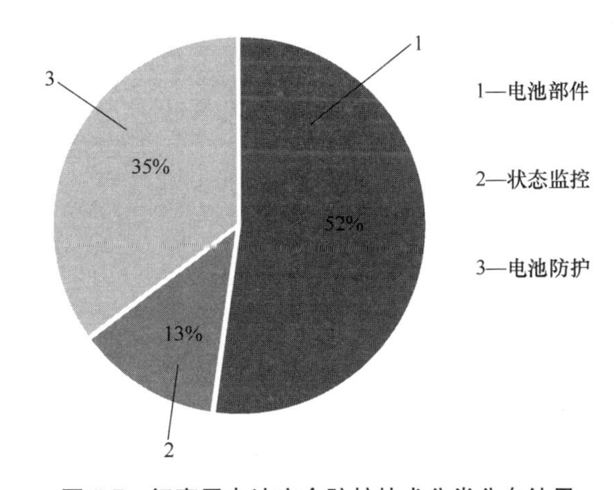

图 5-7　锂离子电池安全防护技术分类分布结果

2011—2015 年的专利申请量均出现了一次申请小高峰。

5.3.4　小结

本节以全球范围内锂离子电池安全防护技术领域的专利为基础，分别从专利历年申请量及变化趋势、国家/地区分布、技术分布等方面进行了分析。从历年变化的情况来看，锂离子电池安全防护技术领域的专利申请起始于 1992 年，整体发展经历了两个阶段，经过 1992—2005 年的萌芽阶段后，目前处于快速发展时期。从国家/地区分布情况来看，中国的锂离子电池安全防护技术方面申请的专利数量处于绝对多数，占专利总量的 50%，因此中国是目前最主要的目标市

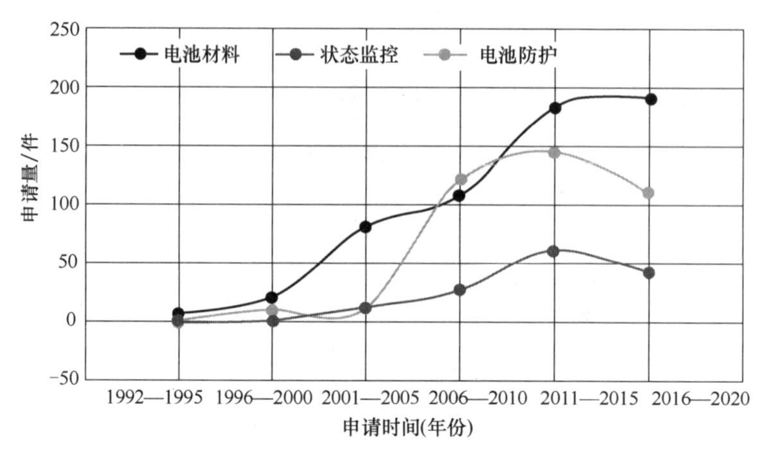

图 5-8　状态监控技术年度申请量分布

场；其次是美国、欧洲地区、日本。从技术分类分布情况来看，对人工标引的技术分组进行分析，以提高电池安全性的电池部件方面的防护技术是全球范围内在该技术领域专利申请最多的技术分支，其次为外部防护为主的电池防护技术，状态监控的比例相对较少。

5.4　中国专利申请情况分析

5.4.1　申请量分析

根据检索到的专利，按照申请日期进行整理和统计，得到我国锂离子电池安全防护技术历年时序分布（见图 5-9）。从图 5-9 中可知，相关技术每年的专利申请量波动与全球专利申请的波动相比较小，以 5 年为时间尺度能够更加清晰地反映出专利申请的趋势。

从图 5-9 中可以看出，专利申请量呈逐年上升趋势，在 2016—2019 年达到高峰，2020 年相对下降，这其中有部分是因为专利从申请至公开有 18 个月的滞后期影响导致。

在中国的锂离子电池安全防护技术领域的专利申请大体始于 2000 年，至今大体经历了两个阶段，2010 年之前为技术起始进入阶段，这一阶段专利申请量不多，每年申请量的增长较为缓慢。2010 年以后为第二阶段，这一阶段专利数量保持快速上升趋势，从整体发展趋势来看，预计未来仍将保持这一趋势。

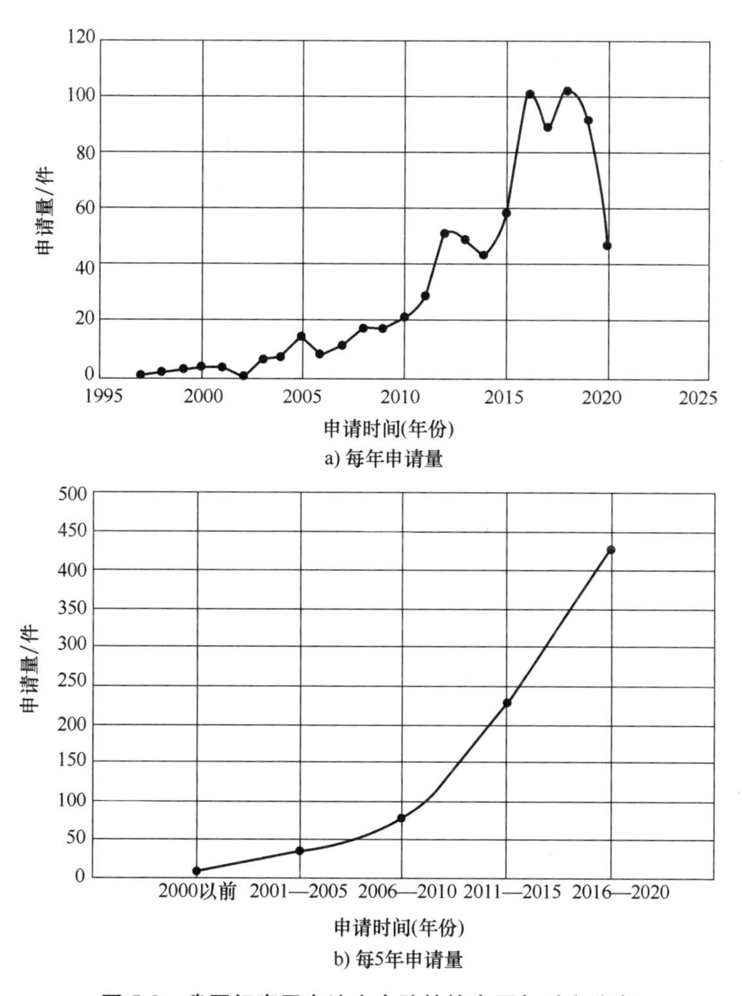

图 5-9　我国锂离子电池安全防护技术历年时序分布

5.4.2　技术分类分布

根据对专利数据的技术分组，得到了如图 5-10 所示的结果。从图 5-10 中可以看出，我国锂离子电池安全防护技术领域的研究重点与全球范围保持一致，即以提高电池安全为出发点的电池部件的专利申请量相对最多，其次为电池外部防护，状态监控相对最少。

在图 5-10 分析的基础上，进一步分析了电池防护、电池材料和状态监控这三个技术分类中专利数量的历年变化情况（见图 5-11）。从图 5-11 中可以看出，在 2000 年以前，状态监控的专利数量为零，只有电池防护和电池材料有相关专利公布，而其历年申请量也较少，处于萌芽状态。从 2000—2010 年，专利申请

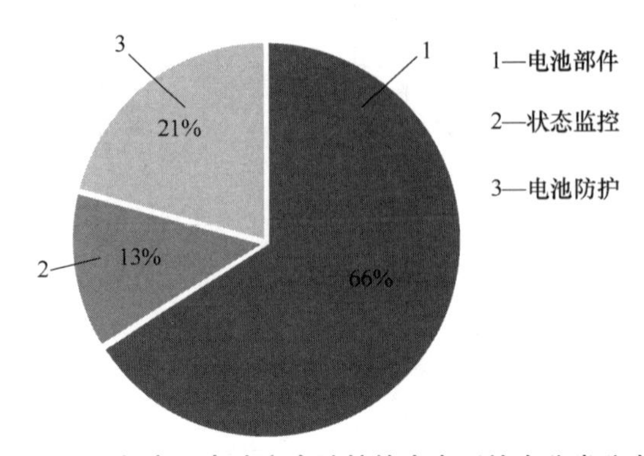

图 5-10　锂离子电池安全防护技术专利技术分类分布

数量有所增加，进入缓慢发展时期。从 2011 年至今，专利申请数量增加显著。

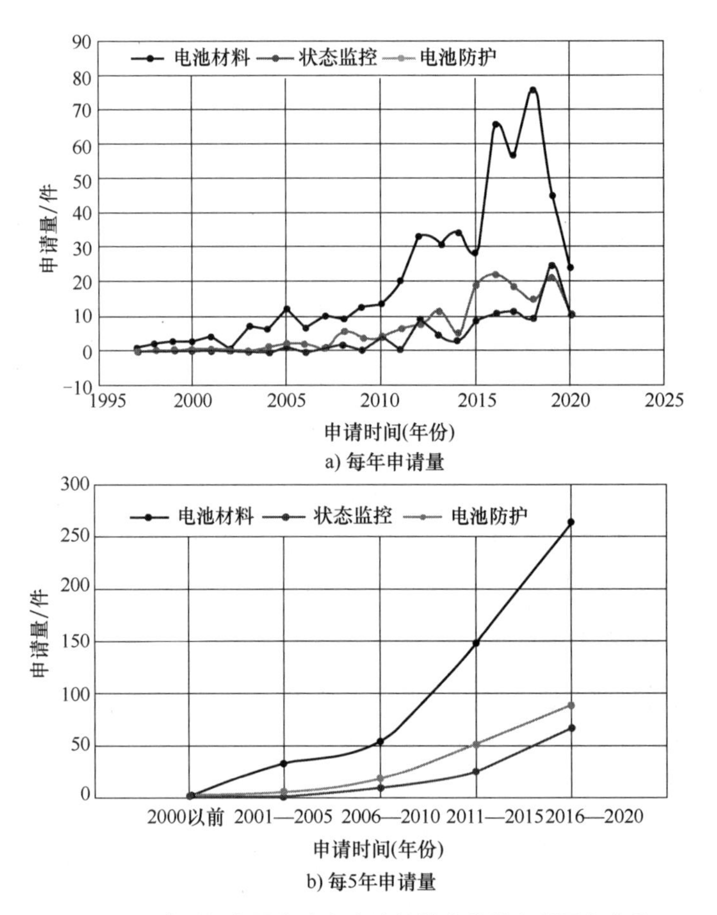

a) 每年申请量

b) 每5年申请量

图 5-11　我国锂离子电池安全防护技术分类专利历年变化

5.4.3　专利申请类型

通过对检索到的我国锂离子电池安全防护申请的专利进行专利类型的统计分析，得出发明申请、发明授权和实用新型所占的比重（见图 5-12）。从图 5-12 中可以看出，我国市场申请的关于锂离子电池安全防护技术的发明专利申请数量虽然很多，但授权相对比例较低，专利质量及创新程度仍有待提升。

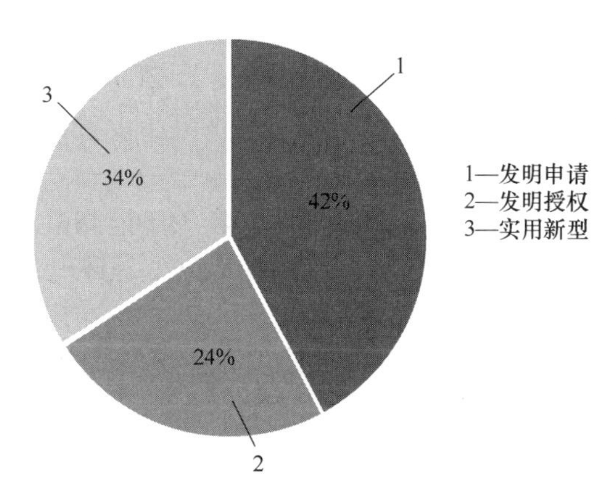

图 5-12　我国锂离子电池安全防护技术专利布局分析

5.4.4　小结

本节以我国范围内申请的锂离子电池安全防护技术领域的专利为基础，分别从专利历年申请量及变化趋势、技术分布、专利申请类型等方面进行了分析。从历年变化的情况来看，锂离子电池安全防护技术领域的专利申请起始于 1992 年，整体发展经历了两个阶段，经过 1992—2010 年的萌芽阶段后，目前处于快速发展时期。从技术分类分布情况来看，以提高电池安全性的电池部件方面的防护技术是我国在该技术领域专利申请最多的技术分支，其次为外部防护为主的电池防护技术，状态监控的比例相对较少。

5.5　重点专利分析

5.5.1　电解液泄漏检测技术

电网储能对电池的寿命要求一般高于电动汽车用动力电池的寿命要求，因为电动汽车要求动力电池容量衰减率仅为 20%，而电网储能对电池容量衰减率要求更为宽泛，甚至旧动力电池可以梯次利用到电网系统中，所以电网储能对电池的使用时限在电池全寿命周期中的比重相对于电动汽车要更大。在这种背景下，软包装锂离子电池全寿命周期的中后期可能出现的密封性问题将成为电网储能应用中可能面临的一项安全隐患。

锂离子电池有软包电池和壳装电池两种类型，软包电池一般使用铝塑膜作为包装材料，铝塑膜在170~200℃软化的瞬间封装电池芯，然后注入电解液。软包电池随着使用时间的累积，其铝塑膜的密封性会逐渐降低，另外由于电池在搬运、成组过程中铝塑膜有可能会因为受到挤压、摩擦而破损，这样就出现了电池的漏液问题，漏液会降低电池组绝缘等级、腐蚀电子设备，甚至会引发系统高压击穿电池箱体，从而造成安全事故。

日本NEC TOKIN公司在2009年公开了一项关于监测电池电解液泄漏的发明专利，专利公开号为JP2009094037A。此专利提出了一种电池模块，其技术特征在于集成了检测电池温度和漏电流的转换控制电路。电解液发生泄漏时，在泄漏的电池部位因电解液有导电性会出现漏电流，通过漏电流的检测可以判断电池是否漏液。该专利提供的电池组保护电路包括电池电压监测电路、监控温度的热敏电阻和漏电流检测电路，其中漏电流检测电路是由漏电流检测用电极和晶体管组成的。

此项专利将电解液泄漏的检测技术集成到电池保护电路中，对于电池组的安全状态监控具有重要的实用价值。电池成组集成后，电池本体密集堆放在电池箱内，其是否破损漏液无法直接检测，以保护电路的方式实现这种检测并集成到电池管理系统中，将显著提升电池管理单元对于电池安全隐患的监测水平，扩展电池管理系统的安全管理能力，降低潜在的安全风险。

对于电解液泄漏的检测技术，我国也有相应的专利申请，但是与日本专利相比，有两点不同：一是技术核心点不同，日本专利（JP2009094037A）是以检测漏电流的方式来反映电池是否漏液，我国的专利多数是以检测电解液泄漏后挥发出的特征气相产物来反映电池是否漏液，比如专利CN201320138428.3、CN201220293183.7、CN201010215452.3等；二是技术定位不同，经过检索分析发现，我国的电解液泄漏检测方面的专利，绝大多数是针对电池产品的质量控制上，而不是电池成组之后在使用过程中的电池状态。

与日本专利比较类似的国内专利是CN201210404656.0，技术核心点是在电池箱中的适当位置安装电化学式气体传感器检测电解液是否泄漏，其信号检测和控制集成在电池管理系统中，其优点是响应灵敏、检测精度高，缺点是电化学传感器使用年限仅为1~3年，无法满足电网储能用电池的长寿命要求。

对于电池箱内电池泄漏电解液的在线检测技术是一项反映储能电池长期使用可靠性的实用化技术，但目前此项技术尚未引起国内的关注，国际上也是仅限于个别企业。鉴于其具有重要的应用价值，因此建议在这方面开展技术攻关，掌握核心知识产权，提高大规模电池储能集成与应用技术水平。

5.5.2　电池防爆技术专利

用于电网的电池储能系统的规模在百 kWh 这个等级，而电动汽车一般不到 100kWh，电网储能系统的能量等级和电压等级都高于电动汽车动力电池系统，而锂离子电池能量密度高，且所用电解液沸点低、易燃，一旦电池出现热失控，电池的能量会迅速转变为热能和化学能，如果能量泄放不及时，很有可能发生爆炸、轰燃，且由于大量电池密集放置，很容易出现连锁爆炸这种极端安全事故，后果严重。

锂离子电池的防爆技术，主要分为内部防爆和外部防爆两个方面。通过国内外专利检索发现，绝大多数与电池防爆相关的专利均属于电池内部防爆，电池的内部防爆技术是电池生产企业为提高电池本征安全性所开发的。这些专利的申请者是国内外的各大电池生产企业，其专利核心点主要是在电池内部或壳体表面添加防爆阀、防爆片及组合盖板等部件，当电池内部压力达到设定值时，这些部件就会破裂，提前释放电池内部压力，防止电池爆炸。比如韩国株式会社 LG 化学早在 2001 年就公开了这方面的专利（KR20010061298A），我国则是在 2005 年以后开始大量出现这类专利。

对于电池外部防爆的专利，通过专利检索发现，国际上主要是日本 NGK 公司和美国特斯拉汽车公司申请了这方面的专利，NGK 公司是关于钠硫电池储能系统，特斯拉汽车公司是关于电动汽车用动力电池系统，这两个公司均属于本次专利布局分析报告中关注的重点申请人，其专利保护点对于电池储能系统的安全防护具有一定的参考价值。

经专利检索，国内与电池外部防爆技术相关的专利已具有一定的数量，但是专利保护点非常分散，比如专利 CN200710075777.4 采用隔离架和防爆垫片，专利 CN02289229.X 采用上、下塑胶外壳嵌接电池黏固以及预埋防爆气孔，专利 CN201120323564.0 采用封闭腔体加惰性介质隔离空气等。其中，深圳比克电池有限公司的专利（CN200710075777.4）在防爆方面相对更有代表性，该专利发明实施例的隔离架及垫片结构示意如图 5-13 所示。

深圳比克电池有限公司的专利（CN200710075777.4）采取包装盒内加隔离架和防爆垫片的方式防止电池连锁爆炸，电池被隔离架分隔成不同的隔离区，当某个隔离区内的电池发生爆炸时，爆炸产物被隔离架阻挡，在隔离架上方放置可覆盖锂离子电池的、受力立即脱离隔离区的防爆垫片，使电池爆炸后的爆炸产物被锁定在各自的隔离区内，或/和落于防爆垫片上表面，从而避免引起相邻锂离子电池的连锁爆炸。

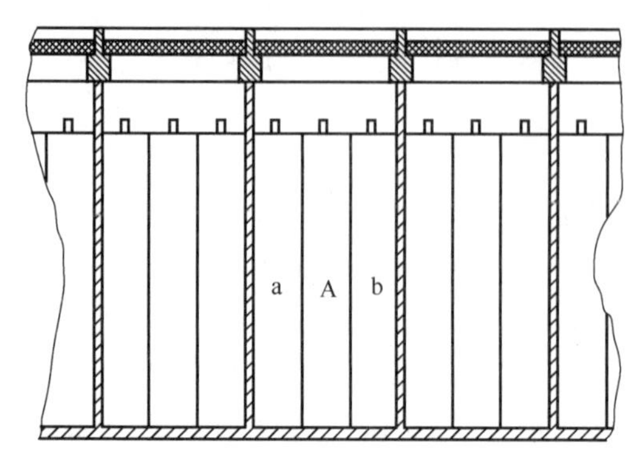

图 5-13　发明实施例的隔离架及垫片结构示意

该专利的优点在于充分考虑了电池密集堆放的情况，并且针对电池发生连锁爆炸的现象进行了防护处理，且这种处理不影响电池的成组集成以及电池管理系统的布线，附加成本低，对电网储能用大容量锂离子电池的成组集成中的防护技术方案具有一定的借鉴意义。但是该专利也有其局限性，不能完全适用于大容量储能电池，因为大容量高能量密度的储能电池一旦发生爆炸，其爆炸强度要远高于该专利实施例中的 0.75Ah 和 1Ah 的电池，储能电池爆炸产物散落范围更大，且防爆垫片也需要重新考虑，该专利实施例中的防爆垫片采用厚度为 1~2mm、可耐 300~400℃高温的 ABS 防爆垫片，储能电池爆炸产生的冲击波压力是 2mm 厚的 ABS 垫片无法完全抵消的，爆炸产生的高温气液混合物的温度经锂离子电池安全防护课题组实际测试发现高达 800~900℃，所以大容量储能电池的爆炸威力要高于小容量电池，在这种情况下，就应根据大容量储能电池爆炸的特点来设计相应的防爆技术方案。

但是对于电池的用户，尤其是进行大规模工程应用的电池终端用户，仅仅依靠电池生产企业的安全防护措施是远远不够的，还需要与储能系统相匹配的外部防护技术，以降低安全风险，防止出现极端安全事故。而通过专利检索发现，与大容量储能电池外部防爆有关的专利较少，因此建议在这方面进行重点专利布局，并掌握核心专利技术。

5.5.3　电池防火技术专利

锂离子电池是一种高能体系，一旦热失控，如果不能及时进行能量泄放，会有发生爆炸的风险。电池爆炸是一种极端、剧烈的现象，除了爆炸外，电池热失控引发的火灾也是电池安全防护中需要重点关注的对象，相比爆炸而言，电池的燃烧及蔓延造成的危害性更多、持续时间更长，比如电池隔膜、电解液的不完全燃烧会产生大量的 CO、不饱和烃类物质以及氟化物，对人体和环境有一定的危害，电池燃烧引起的火势扩大蔓延，可能会造成建筑物火灾等。所以，虽然电池的爆炸和燃烧往往是伴随发生的，但是由于产生的危害和防护措施有较大的区别，所以将分别进行阐述。

对于电池的防火技术专利，经检索、分析国内外资料后，大致可归为 3 个专利技术保护点：集成在电池箱内的温感烟感技术、电池燃烧的扑灭技术及实施方案、防止电池热连锁反应造成火势蔓延的阻燃技术。

韩国株式会社 LG 化学公开的专利——具有安全装置的中型或大型电池组（CN200610172484. 3）是目前检索到的首次针对锂离子电池组级别的防护技术，其核心在于将全氟化酮作为灭火介质，将全氟化酮储存在密封状态下的预定容器中布置在电池组内，当电池组温度升高时，密封容器由于全氟化酮蒸发所引起的蒸气压升高而被破坏，从而喷射出蒸发的全氟化酮进行灭火。

全氟化酮是近年来新出现的一种高效灭火剂，全名为全氟-2-甲基-3-戊酮，分子式为 CF3CF2C(O)CF(CF3)2。全氟化酮的结构式及 3 维模型如图 5-14 所示。

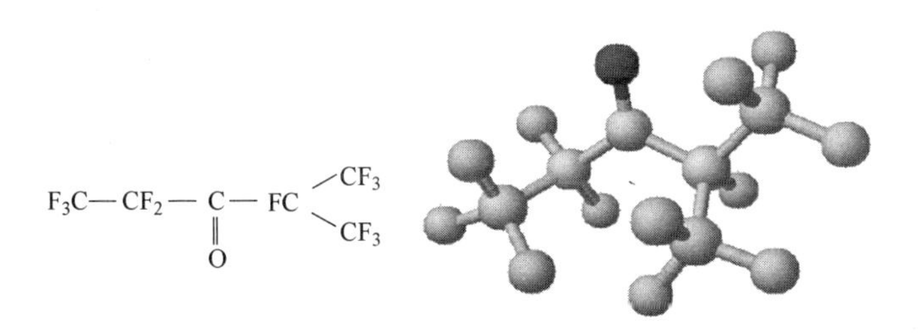

图 5-14　全氟化酮的结构式及 3 维模型

全氟化酮在常温常压下为无色透明液体，沸点为 49℃，密度为 1. 6g/mL。作为一种卤代烃，它具有低沸点、高挥发性、低毒、不燃的特点，在大气中遗留时间短（5 天）。全氟-2-甲基-3-戊酮可作为灭火剂，具有灭火效率高、灭火浓度低、不导电、易挥发、不留痕迹残渣等优点，可用于保护价值昂贵的装置和物品存放。

通常，电池组的工作温度最高不超过 50~60℃，在 150℃以上温度时电池组极有可能着火。全氟化酮在大气压力（1atm㊀）下的沸点约为 50℃。因此，全氟化酮在电池组正常工作温度范围内保持为液相，其蒸发温度与电池组临界温度相重合，通过蒸气压自动破裂容器喷出，不需要附加的温度检测单元和控制单元。另外，全氟化酮不对电池组的组件造成影响，电池组的组件不被全氟化酮氧化。

韩国株式会社 LG 化学公开的此项专利，不仅使用了全氟化酮作为电池的灭火介质，而且还提出了含此种介质的容器结构及在电池组中的装配方案，确保了

㊀ 1atm = 101325Pa。——编辑注

灭火剂容器的密封性和及时发挥灭火作用的可靠性。图 5-15 所示为装有灭火安全装置的电池组结构示意图。

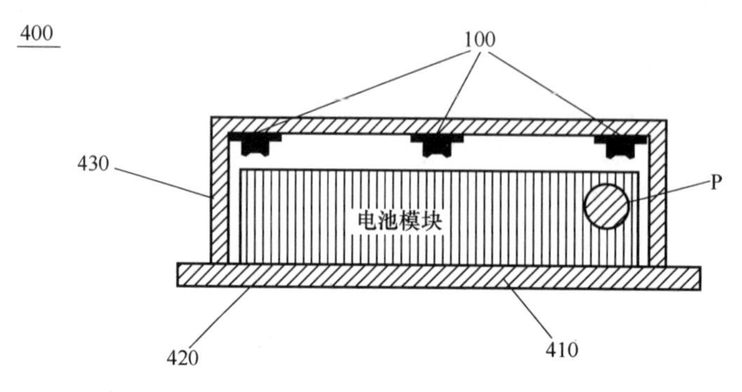

图 5-15 装有灭火安全装置的电池组结构示意图

中型或大型电池组（见图 5-15 中 400）包括具有多个彼此连接的电池模块（见图 5-15 中 410），在其上设置电池模块的下底板（见图 5-15 中 420），和用于覆盖电池模块的外壳。在电池组中，提供了用于装配冷却流动沟道和其他组件的空白空间。在该空白空间内装配多个灭火安全装置（见图 5-15 中 100）。当电池模块在特定区域急剧过热或着火时，电池模块的温度因此升高到临界温度，灭火剂从壳体喷出然后分散到电池模块内，实施灭火操作。

储能电池的防火技术，不单纯限于具体的灭火介质，而是根据电池模块、电池组甚至电池储能系统的整体结构、散热结构和电池箱体内动力线和传输线的排布特点，设计能够在电池热失控发生时可以立即响应的灭火联动系统，防止电池组内热连锁反应的发生，其可靠性、及时性、经济性是储能电池防火技术的技术关键点。

5.5.4 小结

本节主要以重点专题为出发点，分析内容包含三个方面，在电池安全状态监控方面，以 JP2009094037A 为核心专利分析了电池电解液泄漏检测技术；在电池防爆技术方面，以 CN200710075777.4 为核心专利分析了电池及电池组的防爆技术方案；在电池防火技术方面，以 CN200610172484.3 为核心专利分析了中型或大型电池组级别的防火方法。

5.6 重点申请人分析

从全世界范围来看，一方面电动汽车动力电池的安全防护技术目前已经取得较大进展，在这方面美国特斯拉电动汽车动力电池的安全防护技术特点相对较为突出，有一定的代表性，因此专利检索时重点关注该公司的相关专利申请、授权情况；另一方面，用于电网储能的梯次利用电池安全防护技术正处于快速发展阶段，在这方面日本 NGK 公司的钠硫电池储能系统由于 2011 年燃烧事故导致 2012 年全年处于停产阶段，之后 NGK 公司重点研究钠硫电池储能系统的安全防护技术，在 2012 年 10 月恢复生产并于 2013 年销售额达到 50 亿日元，NGK 公司在钠硫电池储能系统的安全防护技术方面申请的专利也应是关注的重点对象。就国内来说，通过专利检索发现东莞新能源科技有限公司（含东莞新能源电子科技有限公司）在电池安全防护方面申请的专利数量相对较多，因此以东莞新能源科技有限公司作为国内重点申请人进行分析。

5.6.1　美国特斯拉汽车公司

5.6.1.1　公司概况

特斯拉汽车公司是美国一家产销电动汽车的公司，成立于 2003 年，总部设在美国加利福尼亚州的硅谷地带。特斯拉汽车公司生产的电动汽车在质量、安全和性能方面均达到行业较高水平，特斯拉汽车公司生产的几大车型包含 Tesla Roadster、Tesla Model S、双电机全轮驱动 Model S、Tesla Model X。

特斯拉汽车公司使用大多数便携式计算机等数码产品所用的 18650 型镍钴铝体系锂离子电池，这种电池虽然技术成熟、功率高、能量密度大且一致性较高，但问题是安全系数较低、热特性较差、成本也相对较高。由于 18650 型电池容量小，所以特斯拉汽车的动力电池系统使用的电池数量巨大，比如 Model S 使用了 7000 块 18650 型电池，在这种电池使用量巨大且电池模块内部空间狭窄紧凑的情况下，一旦个别电池出现问题，很容易出现热连锁反应，火灾风险大。

针对 18650 型镍钴铝锂离子电池安全性差以及使用数量巨大的特点，特斯拉汽车公司借鉴了网络控制领域用过程控制服务器的模式，引入分层管理电池的方法，并且在电池模块、电池箱体的结构上也重点考虑了安全防护的因素，其电池动力系统安全技术在国际上处于领先水平。

5.6.1.2　申请专利信息概况

特斯拉汽车公司从 2005 年开始提交专利申请，初期申请数量较少，2009 年达到最大申请量 62 项，随后该公司每年申请量均在 40 项以上，2014 年 6 月特斯拉汽车公司宣布向社会公开所有专利。本节中以“特斯拉汽车”作为检索式对其名下专利进行了检索，经人工筛选排查共有 38 件对本书研究领域有借鉴意义，包括国内申请 4 件、国外 34 件。

特斯拉汽车公司的专利申请主要涉及电池管理系统（包括电池组的充电控制、温度控制以及电流控制）、电池组结构、车体结构、动力系统、操作界面、整车控制等领域，其中在电池管理系统、电池组结构、车体结构领域，其提交的专利申请量较大。在特斯拉汽车公司擅长的电池管理系统领域，其专利申请量比例占其总发明申请量的一半左右。该公司在电池组结构方面的专利申请也有很大数量。与此同时，由于特斯拉汽车公司开发的纯电动汽车与传统纯电动汽车不同，其在车体结构、动力系统和操作界面等领域也有一定投入。在电池管理系统方面，特斯拉汽车公司的研发主要集中在充电控制、温度控制以及电流控制方面。专利申请数量最多的技术方向是充电控制方向，其次是对电池组的温度控制以及电流控制。

经过本次专利检索发现，特斯拉动力电池系统的安全防护技术考虑得非常全面，从单体到电池砖、电池片、电池包，每个层次都有不同的监控措施，从防护功能来看，防火、排烟、防爆，每个方面都有对应的设计，多层次多方面的安全技术提高了特斯拉动力电池系统的安全性。特斯拉的安全技术最大的特点是"定向设计"，主要体现在电池脆弱部位的定向监控、着火点的定向灭火、烟火的定向排出、爆炸能量的定向释放等。特斯拉的第二个特点是在电池砖、片和包的安全结构设计中，综合采用多种安全防护技术（监控、防火、防爆），通过定向设计使这些技术的作用充分发挥出来。

特斯拉汽车公司在电池安全防护相关的专利，截至目前共申请了 32 件，该公司的专利申请主要集中在 2012 年，全部为发明专利。图 5-16 所示为特斯拉汽车公司与电池安全防护相关的专利构成。

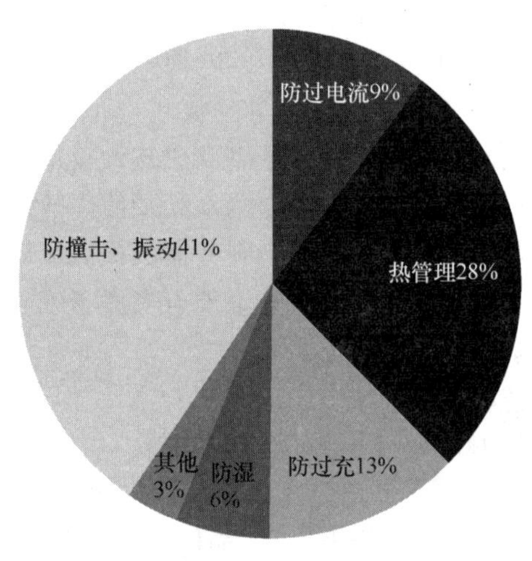

图 5-16　特斯拉汽车公司与电池安全防护相关的专利构成

从图 5-16 中可知，特斯拉汽车公司在涉及电池安全防护方面申请的专利中所占比例最大的是防撞击、振动，其次是热管理，然后是电管理（防过充、防过电流）。与传统汽车的复杂构造相比，特斯拉电动汽车结构简单，主体只有车身、锂离子电池组、前后悬架、电机和转向系统，其中锂离子电池组位于电动汽车底部，汽车的振动、冲撞都会造成对电池的挤压损伤，所以防撞击、振动的专利申请相对最多。但是，大容量储能系统一般都是静置式设备，不存在外界机械刺激，因此这部分专利与本书关联度不大。值得关注的是，特斯拉汽车公司申请的热管理方面的专利，其热管理的概念与常规的电池管理系统中的热管理不同，特斯拉汽车公司的电池热管理还含有电池出现热失控后产生的热冲击的疏导性热管理（防火势蔓延、防连锁爆炸）的含义。

在特斯拉汽车公司的 9 项与热管理直接相关的专利中，有 7 项是与电池热失控后喷出的高温、可燃性气液混合物的排放设计有关，如专利（EP2244318A2），在电池箱体上开设若干个外壳故障端口（见图 5-17）。外壳故障端口（见图 5-17 中 319，321）平时关闭，当电池出现热失控，电池因内部压力过大破裂喷出高温可燃气液混合物时，电池箱体设置预留的故障端口在温度、压力的作用下打开，使气液混合物及时排出电池箱体，通过这样的方式把电池热失控产生的热量转移出去，避免了相邻电池受热刺激发生热连锁反应，同时高温气液混合物既具有可燃性，又具有腐蚀性，可能会对电动汽车电子控制系统造成损害。通过这种热管理，降低了电池发生连锁反应的概率，保证了电池组即使个别电池出现问题，也不会扩展影响到整个电池系统。

特斯拉汽车公司的这种电池的疏导性热管理专利技术，值得借鉴。目前，我国电池储能系统中的热管理，还局限于以电池健康运行为出发点的温度调控，防止电池温升过大、电池组内电池单体之间的温差过大，这种温度控制功能集成在电池管理系统中，无法做出对电池出现热失控的有效应对。我国的电池储能系统往往采用大容量的储能电池，能量等级高，在封闭环境内 10Ah 级别的电池燃烧爆炸产生的热冲击足以引发相邻电池燃烧、爆炸。而目前我国在电池储能系统的安全防护技术方面处于刚起步阶段，研发适用于电网储能系统的电池安全防护技术，使储能电池安全问题可防、可控，将是未来技术发展方向之一。

5.6.2　日本碍子工业株式会社

5.6.2.1　公司概况

日本碍子工业株式会社（简称为日本 NGK 公司）是国际上钠硫储能电池研制、发展和应用的标志性机构，在钠硫电池领域具有绝对的专利技术优势。20 世纪 80 年代中期，NGK 公司开始与日本东京电力公司合作开发储能钠硫电池，其应用目标瞄准电站负荷调平（即起削峰平谷作用，将夜晚多余的电存储在电池里，到白天用电高峰时再从电池中释放出来）、UPS 应急电源及瞬间补偿电源等。

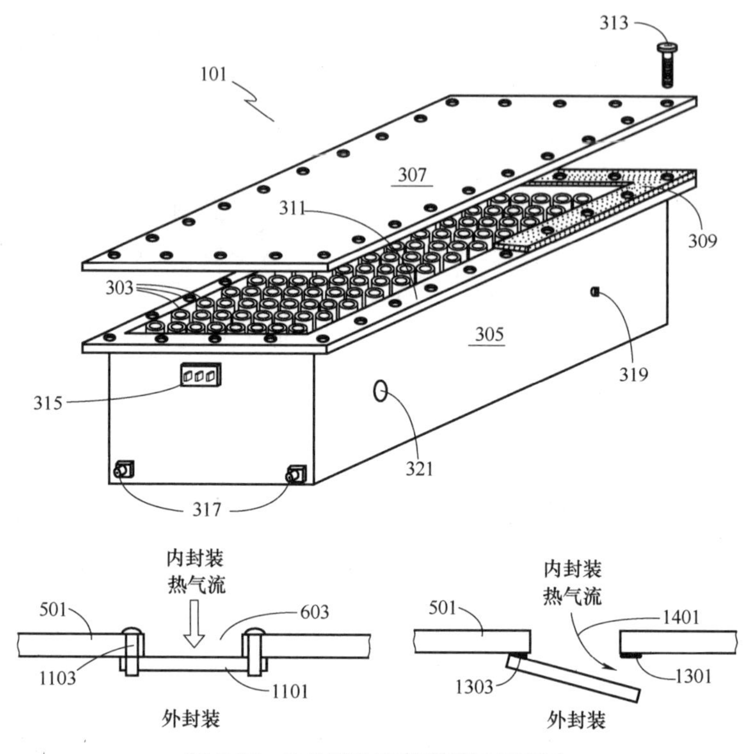

图 5-17　电池箱外壳故障端口示意图

1992 年第一个钠硫电池储能系统开始在日本示范运行，至 2002 年有超过 50 座钠硫电池储能站在日本示范运行中。2002 年 NGK 公司开始了钠硫电池的商业化生产和供应。2002 年 9 月，在美国 AEP 主持下，由 NGK 公司提供的钠硫电池储能站在美国示范运行。2003 年 4 月开始，NGK 公司开始了储能钠硫电池的大规模商业化生产，产量达到 30MW，2004 年达到 65MW。2004 年 7 月世界上最大的钠硫电池储能站（9.6MW/57.6MWh）在日本正式投入运行，设计中最大钠硫电池储能站的功率达到 20MW，截至 2005 年 10 月统计，年产钠硫电池量已超过 100MW，同时开始对外输出。钠硫电池的基本单元为单体电池，用于储能的单体电池最大容量达到 650Ah，功率为 120W 以上。将多个单体电池组合后形成模块。模块的功率通常为数十千瓦，可直接用于储能。目前钠硫电池已是发展相对成熟的储能电池，其使用寿命可以达到 10~15 年。

2011 年 9 月 21 日，安装于 Tsukuba 电站、由日本东京电力能源公司所拥有的钠硫电池因外部特殊包装引起着火，部分蓄电设备烧毁。2012 年，NGK 公司钠硫电池处于停产阶段。2012 年 10 月开始恢复生产，在 2013 年钠硫电池销售额达到 50 亿日元。

从此次着火事件的调查中发现，着火的钠硫电池系统由 40 个电池模块组成，其中 1 个电池模块由 384 个电池元件组成，有 1 个电池元件失灵。这个电池元件渗漏了熔融材料，熔融材料流入电池模块间的区域，导致相邻模块中电池单元之间短路。由于电池元件之间没有安装熔断器，短路导致高温，破坏了其他电池元件，最终在所有电池模块间引起火灾。只要有一个电池模块燃烧所引起的火焰和熔融材料就会波及相邻的模块，导致火势的蔓延。

由于钠硫电池的技术原理和结构，一旦有一个模块着火，不可避免会波及整个电池，因此存在着安全隐患。从专利检索结果来看，在 2011 年的钠硫电池储能系统安全事故之后，NGK 公司在 2013—2015 年又继续申请了大量的防护技术专利。

虽然钠硫电池与锂离子电池工作原理、工作环境完全不同，但是它们均属于高能量体系，且钠硫电池储能系统与电力储能系统在能量等级上接近，都应用于电力储能，当电池出现安全问题同样会产生燃烧、爆炸等极端安全事故，尤其是 NGK 公司在钠硫电池系统发生火灾之后做了大量的工作，申请了相应的专利，这些对于电力储能系统安全防护技术的发展会起到积极的借鉴、促进作用。

5.6.2.2　申请专利信息概况

以“（日本碍子株式会社 or ngk）/pa and（钠硫 2w 电池）”作为检索式对其名下专利进行了检索，经人工筛选排查共有 35 件对本书研究领域有借鉴意义，包括国内申请 6 件、国外 29 件。图 5-18 所示为 NGK 公司与电池安全防护相关的专利构成。

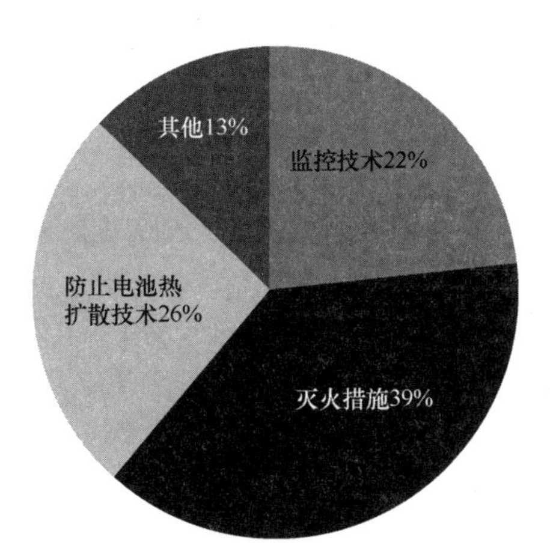

图 5-18　NGK 公司与电池安全防护相关的专利构成

从图 5-18 中可知，NGK 公司在涉及钠硫电池安全防护方面申请的专利中所占比例最大的是灭火措施，其次是防止电池热扩散技术，然后是监控技术。与电力储能系统相比，钠硫电池储能系统最大的特点在于它是一种高温系统，工作温度在300~350℃，且工作介质是液体形态的单质钠和单质硫，化学活性非常高，如果电池出现泄漏等安全问题，后果很严重，所以NGK公司的专利中大多数是关于灭火措施方面的。

从NGK公司对钠硫电池储能系统安全防护的技术措施和专利保护点来看，NGK公司采取了类似特斯拉汽车公司的多层次安全防护技术体系，从电池单元到电池模块，乃至电池系统都有相对应的安全防护措施。比如，在电池元件间增加熔断器，防止短路造成起火；将绝缘板放置在电池模块之间，防止渗漏熔融材料造成短路；将防火板放置在电池模块的上下方，防止火势蔓延到其他电池模块；加强监视系统对着火的监测；增加灭火器和消防设备；开发消防疏散路线和指导系统预防火灾等。

目前，从国内外来说，电力储能系统级别的安全防护技术还是一项刚刚起步、但是却非常重要的综合性应用性技术，NGK公司的钠硫电池储能系统尽管不同于电力储能系统，但是NGK公司针对钠硫电池储能系统级别的安全防护技术专利对于国家电网公司建立电力储能系统安全防护技术体系具有宝贵的借鉴意义。

5.6.3 东莞新能源科技有限公司

5.6.3.1 公司概况

东莞新能源科技有限公司（Amperex Technology Limited，ATL）是新能源领域通过国家认证的高新科技企业，产品广泛应用于手机、蓝牙耳机、MP3、移动DVD、笔记本计算机、电动工具、电动自行车、电动汽车等移动设备和UPS等储能设备。

5.6.3.2 申请专利信息概况

经过专利检索分类后，ATL与锂离子电池安全防护相关的专利构成如图5-19所示。

从图5-19可知，ATL在电池安全防护的专利中，电池部件的防护（如防爆阀、防爆盖板等）比例相对最高，为75%，其次是电池防火防爆技术，比例为19%，保护电路等其他部分比例为6%。从以上比例可以看出，ATL在电池安全防护方面的技术重心主要是在电池部件。

5.6.4 小结

本节主要讨论了美国特斯拉汽车公司、NGK公司、东莞新能源科技有限公司在电池安全防护技术方面的专利申请情况。特斯拉汽车公司对于电动汽车动力电池系统和NGK公司对于储能系统级别的安全防护技术思路对于国内相关企业

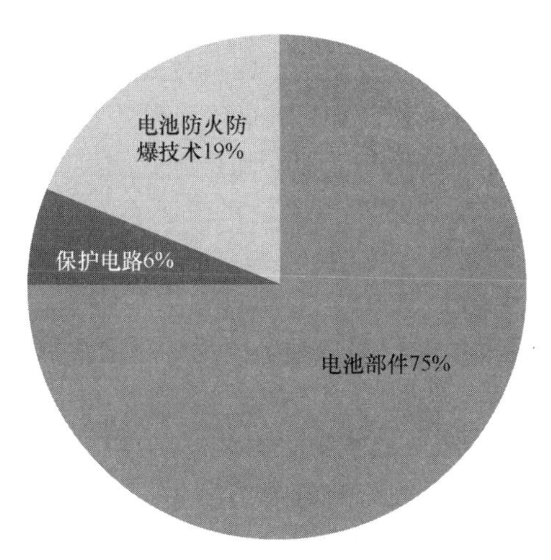

图 5-19　ATL 与锂离子电池安全防护相关的专利构成

开发电力储能系统的安全防护技术具有重要的参考价值。

5.7　专利技术脉络

（1）涉及安全的电池材料方面

日本东芝公司在 1994 年申请了含 PTC 的充电电池技术（JPH0613067A，1994），随后日本松下电器和韩国三星 SDI 株式会社分别于 1997 年、2004 年在中国申请了类似专利（CN1197550，1998，松下电器产业株式会社，可充电电池及可充电电池用安装封口板；CN1606183，2005，LG 电线有限公司，含有正温度系数粉末的锂二次电池及其制造方法），我国最早申请含 PTC 电池的专利起始于 1999 年（CN2405314，2000，武汉力兴（火炬）电源有限公司，锂电池安全保护装置），大量申请的时间集中在 2009 年以后。

韩国三星公司在 2007 年公开了与陶瓷隔膜相关的专利技术（KR100670483B1，2007，SAMSUNG SDI CO LTD（KR），LITHIUM SECONDARY BATTERY），随后在中国申请了专利（CN101315992，2008，三星 SDI 株式会社，锂二次电池，CN101989651A，2011）。我国申请陶瓷隔膜技术的专利最早申请始于 2011 年，公开在 2012 年（CN102437302A，2012），之后开始出现大量的陶瓷隔膜技术专利申请。

（2）电池安全状态监控技术方面

电池安全状态监控是电池管理系统中的一项重要功能，常规的状态监控包括电压监控、电流监控和温度监控，目的是维护电池的正常运行管理。但是从安全防护的角度来看，这些常规性监控还不足以有效及时地发现电池的异常状态，因此出现了以电池安全状态为主要监控目的的新型监控技术，包括电池破损漏液的监控、电池破损散逸气体的监控、电池受到挤压或副反应产气导致内压增大使壳体变形的监控等，这些技术非常实用但是目前还不完全成熟。在这方面，日本NEC公司在2009年首先公开了以电解液漏液产生的漏电流检测为主要技术保护点的专利（JP2009094037A，2009），同年日本三菱重工在中国申请了含漏液检测传感器的专利（CN102227831A，2011），日本NGK公司在2015年公开的电池失效及异常状态报警系统的专利中也涉及电解质泄漏及气体的检测（EP2863471A1、US2015093614A1、WO2015008762A1）。

中国最早是天津力神电池股份有限公司在2007年申请了锂离子电池腔体泄漏的精密检测方法的专利（CN101034032，2007），随后东莞新能源电子科技有限公司（CN202614477U，2012）、奇瑞汽车股份有限公司（CN101881689A，2011）、合肥国轩高科动力能源股份公司（CN103837310，2014）等也分别申请了类似的专利。

目前关于压力及形变检测检索到的结果中，东莞新能源电子科技有限公司最早申请了相关专利（CN201084786，2008），然后是合肥国轩高科动力能源有限公司（CN102868003A，2013）等，我国台湾地区也检索到一项电池安全报警设备专利（TW201324910A，2013）中涉及形变的监控技术。

（3）电池安全防护技术方面

电池安全防护技术分为内部防护和外部防护，电池结构件（比如电池防爆阀、电池盖板等）属于内部防护，而外部防护指在电池外部采用的防爆、防火技术。对于外部防护，检索到的结果里最早见于1992年日本NGK公司公开的专利（JPH04292177A，1992），由于日本NGK公司的钠硫电池体系的高温特点，所以日本NGK公司很早就申请了相应的防火灭火专利，后来由于2011年的钠硫电池储能系统安全事故，日本NGK公司在2013—2015年又继续申请了大量的防护技术专利。

对于锂离子电池的防护技术，检索到的数据显示，国际上最早的是韩国株式会社LG化学在2006年申请的专利（CN1996640，2007），这是首次针对锂离子电池组级别的防护技术，美国则是在2013年申请了包括锂离子电池在内的电化学储能系统中的防火或灭火专利（CN104205414A，2014），美国特斯拉汽车公司在电池防护方面的专利主要偏向于与电池过充、过热、内短路、撞击等方面的防护技术，其专利公开时间集中在2012—2014年。我国则是从2007年（CN101369643，2009）以后开始陆续申请关于锂离子电池防火防爆方面的专利。

5.8 总结

2005 年前国际上锂离子电池安全防护技术领域的专利申请量很小，2005 年以后专利申请量逐渐增多，我国是从 2010 年以后这方面的专利申请量才逐渐增多的。从国家/地区分布情况来看，我国的锂离子电池安全防护技术方面申请的专利数量最多，其次是美国、欧洲、日本。从技术分类分布情况来看，以提高电池安全性的电池部件方面的防护技术专利申请量最多，其次为外部防护为主的电池防护技术专利、状态监控技术专利。

第6章 电力储能系统热防护材料

6

6.1 引言

在大规模储能应用领域，储能系统的能量、功率等级高，使用电池数量巨大，大规模储能系统发生安全事故的概率增加，并且一旦发生安全事故，造成的后果和危害也比较大，甚至可能会产生二次灾害。为了防止这种危害，降低储能系统事故的影响，需研究制定储能电池的安全防护措施。

储能电池发生热失控连锁反应的原因在于电池之间的热传递，防止或延缓连锁反应发生的可行方式是切断或减弱电池之间的热传输效率，降低热通量，采用热防护材料有望实现这种效果，避免个别锂离子储能电池安全问题快速蔓延至整个系统，为应急处理和消防措施提供缓冲时间。

6.2 热防护材料的应用场景

热防护材料的主要应用场景在模块内，具体的应用方式是在电池与电池之间的孔隙中，目的是用来屏蔽或隔断电池与电池最大表面积的侧面之间的热交换，防止模块内的电池发生热失控连锁反应。目前储能产品规格较多，储能模块内部结构也不完全相同，储能模块如果按照电池类型分类，可分为三元锂离子电池模块、磷酸铁锂电池模块；按照电池的容量类型分类，可分为百 Ah 级以下、百 Ah 级以上模块；按照散热方式来分类，可分为风冷式、液冷式模块。不同分类的储能电池模块，模块内的电池串并联结构不同、电池发热量不同、散热方式不同、电池之间的间隔尺寸也不同，所以对应的热防护材料的应用方式也有差异。

对于电池间无间隔的储能模块，多数为额定功率不超过 0.5P 的磷酸铁锂电池集成的模块，发热量较小，所以有些厂家的这类储能模块不设置电池间的间隙。对于这类储能模块，由于无间隔，所以采用热防护材料的时候就需要这类材料的厚度要极薄，比如在 1mm 以下，这样才不至于对模块的结构产生较大的影响。目前我国储能行业对安全性越来越重视，在储能的国标 GB/T 36276—2018 中引入了热失控连锁反应的测试要求，在 UL 制定的 9540A 标准中也有相应的内容，对于磷酸铁锂电池模块，由于电池本体安全性较好，因此通过这两项标准的难度较低，而对于三元锂离子电池模块，由于电池本体安全性相对较差，通过这两项标准的难度较高，而采用热防护材料，通过这两项标准，尤其是 9540A 标准的难度明显降低，所以目前多数是用在三元锂离子电池模块中。

对于模块间有间隔的储能模块，比如容量在百 Ah 级以上的电池单体构成的储能模块，由于单体容量很大，相应的发热量也大，或者模块的使用功率较高，导致发热量较大，这两种情况都需要对储能模块实施热管理，这就要在模块设计时考虑散热通道，而热管理的方式目前有两种，一种是风冷散热，另一种是液冷散热。对于风冷散热的情况，一般是把电池的侧面设置为散热面，包括电池与电池相对的最大侧面积的侧面，以及电池与模块机箱对应的较小侧面积的侧面，这其中，最大侧面积的侧面由于是在电池与电池相对的面，在模块内部与散热的空气流动的方向垂直，空气通过这个侧面区域的风阻较大，所以主要是依赖于电池与模块机箱对应的较小侧面积的侧面来散热。这样电池与电池之间的这个空隙就可以利用起来，放置热防护材料，而且由于电池容量较大，这个空隙的空间也相对较大，对于热防护材料的尺寸要求相对较低。

图 6-1 所示为某储能工程中采用的储能电池模块示意图，模块采用的电池单

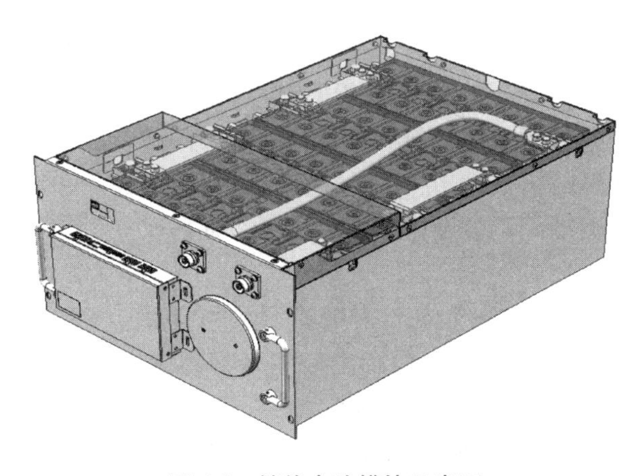

图 6-1　储能电池模块示意图

体是 120Ah 的磷酸铁锂电池，电池的尺寸为 130.5mm（长）×36.2mm（宽）×195.5mm（高），模块成组方式为 2 并 16 串，额定能量为 12kWh，模块的尺寸为 615mm（长）×410mm（宽）×233mm（高），模块内电池与电池之间间隔为 12mm，模块中的每个电池都被底部的夹板固定，保持位置和间距不变，而中间空白区域即为电池与电池之间的空隙，这种空隙就可以采用热防护材料，起到防止热失控蔓延的效果。

6.3 热防护材料的基本要求

电池储能用的热防护材料，有如下基本要求。

（1）阻燃性

电池储能在发生事故时，往往会产生大量的可燃性气体，或者电解液受热挥发的可燃性气氛，当遇到火花或者电火花时，就可能发生燃烧，甚至爆炸。所以，电池储能系统中应避免出现可燃物，尽量使用不燃或难燃的材料，目的就是为了防止电池出现故障或者安全问题时，避免主动引燃电池或者电池热失控的气相产物。因此对于热防护材料的使用，首先应要求其不燃或难燃，防止在电池储能系统环境中材料本身的可燃性诱发火灾。

（2）隔热性

电池储能安全事故的特点之一是易诱发连锁反应，因此采用热防护材料降低电池间的传热效果，就要求热防护材料具备良好的隔热性能，应使被热防护材料保护的电池温度低于电池热失控的临界点温度，并在电池储能发生热失控时，避免被保护的电池受到高温的直接炙烤，引发更大规模的安全事故。

（3）抗振性

电池储能在热失控时会产生大量的可燃性气体，在某些情况下会发生爆炸反应，产生爆炸冲击波，而且电池热失控导致的防爆阀破裂、电池壳体变形等，都会形成对热防护材料的机械冲击，因此热防护材料还应具备一定的抗振性，满足一定程度的挤压、振动而不会发生变形、撕裂、损坏。

（4）烟毒性

锂离子电池热失控燃烧气体产物中检测到可能由含碳的电池材料产生的 CO，同时在使用过程中因副反应而产生一些有害物质，电解质与正极、负极作用的副产物有 HF、CO 等，这些物质将会给人体和环境带来危害。在含氟电池材料组分中，HF 毒性较大，还可以反应生成多种含氟有机化合物。此处仅列举八种常见可燃物气体产物对人体的毒害作用，见表 6-1。

表 6-1 八种常见可燃物气体产物对人体的毒害作用

气体	对人体的毒性作用
一氧化碳（CO）	一种无色、无臭的有毒气体，它与人体血红蛋白的结合能力极强，能阻止血红蛋白向人体组织输送吸收到的 O_2，使血红蛋白丧失携氧的能力和作用，造成头晕、恶心、虚弱、窒息甚至死亡
二氧化碳（CO_2）	二氧化碳常温下是一种无色、无味、无毒气体，但在浓度较高的情况下，血液中的碳酸浓度增大，酸性增强，从而产生酸中毒
二氧化硫（SO_2）	人体接触二氧化硫后可表现为双相反应：即刻反应包括对眼、鼻、喉的刺激和灼伤；数小时内可引起急性肺水肿和死亡
氢氟酸（HF）	氢氟酸对皮肤有强烈的腐蚀作用，可引起眼角膜穿孔，长期接触可发生呼吸道慢性炎症，引起牙周炎、氟骨病
盐酸（HCl）	盐酸对上呼吸道有强刺激，对眼、皮肤、黏膜均有腐蚀性，其水溶液即为盐酸，会腐蚀人体组织，可能会不可逆地损伤呼吸器官、眼部、皮肤和胃肠等
氢溴酸（HBr）	氢溴酸可引起皮肤、黏膜的刺激或灼伤，长期低浓度条件下接触，可引起消化功能障碍、呼吸道刺激症状
氰化氢（HCN）	氰化氢达一定浓度时可在空气中燃烧甚至爆炸，属于剧毒类。轻度中毒主要表现为神经衰弱综合征；重度中毒主要表现呈丧失意识和阵发性抽搐等
氮氧化物（NO_x）	急性中毒吸入气体，即刻会出现咽部不适、干咳等症状，潜伏期后出现迟发性肺水肿、成人呼吸窘迫综合征，可并发气胸、纵膈气肿及高铁血红蛋白症

热防护材料在发挥热防护的作用时，将面临持续的高温热冲击，除了阻燃的要求外，热防护材料不能产生有毒性的气体，避免加剧电池储能安全事故的危害性。

（5）成本

众所周知，目前电池储能的两大限制性因素，一是电池安全问题，二是电池成本问题。近年来电池成本持续下降，但是仍然在储能系统的成本比例中占据相当大的比重，为了提高电池储能的安全配置的各项安全措施、安全技术和安全装备，应在充分发挥其安全保障作用的同时，降低其成本。

6.4 热防护材料阻燃性的研究进展

根据上节的介绍，热防护材料的首先要求是阻燃性，其次是隔热性。热防护材料具备阻燃性，往往是通过添加或反应的方式使阻燃剂与其他材料共混或反应，使其具有难以点燃、容易自熄、低火焰传播速度、低热释放等特点。

阻燃剂又称难燃剂、耐火剂或防火剂，是能保护物料不着火或使燃烧火焰迟缓蔓延的助剂。阻燃剂工业是随着工业化发展而产生的一种新生的工业体系，其产品的推广具有巨大的市场潜力。随着高分子材料阻燃剂的发展和应用领域的拓展，新型阻燃剂和阻燃技术的研究正日益引起重视。

目前，阻燃剂分为有机阻燃剂和无机阻燃剂两种类型。有机阻燃剂主要是以溴系、氮系和红磷及化合物为代表的一些阻燃剂，其中溴系阻燃剂最具代表性，在燃烧过程中可以释放溴化氢，并且获得自由基，从而阻止传递燃烧链，进而生成活性低的自由基减缓燃烧。溴系阻燃剂一般应用在热塑性材料以及热固性材料中，不但阻燃效果好，而且对阻燃制品影响比较少。此外，不仅与高分子材料的兼容性较好，而且使用方便，在汽车等行业中应用十分广泛。但是这种阻燃剂存在发烟量大以及会释放出具有腐蚀性和毒性的气体，从而导致电路短路或者其他金属物件腐蚀，此外还会造成大气污染，对人体呼吸道产生严重影响。近年来，随着人们环保、安全、健康意识的日益增强，世界各国开始把环保型无机阻燃剂作为研究开发和应用的重点，无机阻燃剂具有低毒、烟少以及价格便宜等优点，不过其中存在大量添加剂，阻燃效果一般不如有机阻燃剂，比较常见的无机阻燃剂有氢氧化铝和氢氧化镁阻燃剂等。

阻燃剂的阻燃机理与燃烧有着密切的关系。目前普遍认为燃烧反应有 4 个要素：燃料、热源、氧和链反应，而通常物质的燃烧又分为 3 个阶段，即热分解、热引燃和热点燃，如果对不同燃烧阶段燃烧的 4 个要素采用相应的阻燃剂加以抵制，就形成了不同类型的阻燃剂。阻燃剂的分类方法很多，常可根据应用方式分为添加型阻燃剂和反应型阻燃剂。与聚合物简单地掺和而不起化学反应者为添加型，主要有磷酸酯、卤代烃和氧化锑等；反应型则在聚合物制备中视作原料之一，通过化学反应成为聚合物分子链的一部分，所以对材料的使用性能影响较小，阻燃性持久，主要有卤代酸酐、含磷多元醇等。此外，具有抑烟作用的钼化合物、锡化合物和铁化合物等也属于阻燃剂的范畴。

一般的阻燃剂与基体树脂的相容性较差，影响了填加量及阻燃效果。为此，用带有功能基团的高分子化合物作为阻燃剂，能够起到与树脂相容性好、制品性能好、阻燃时效长等良好效果。

卤系阻燃剂是目前世界上产量最大的有机阻燃剂之一，在 20 世纪 70 年代至 80 年代中期，经历了一个快速发展的黄金时代。迄今为止，含卤阻燃剂高聚物材料，如聚氯乙烯（PVC）、氯丁橡胶（CR）和由含卤有机阻燃剂阻燃的高聚材料，还在广泛地使用。

目前，溴系阻燃剂是应用范围最广的阻燃剂之一，溴系阻燃剂的优点在于对复合材料的力学性能几乎没有影响。根据阻燃机理，溴系阻燃剂能显著降低燃气中 HBr 的含量，而且该类阻燃剂与基体树脂相容性好，即使在苛刻的条件下也无析出现象。其分解温度在200~300℃的范围内，与各种高聚物的分解温度相匹配，因此能起到良好的阻燃作用，并且溴系阻燃剂的性能和价格具有很大的优势。

虽然溴系阻燃材料显示了优越的阻燃性，但是它对环境和人的危害是不可忽视的。在崇尚“绿色”生活、和谐社会的现阶段，国内外对于溴系阻燃剂的争论从没有停息过，其焦点问题就是多溴二苯醚（PBDPO）在燃烧时是否会产生有毒、致癌的多溴代二苯并呋喃（PBDF）和多溴代苯并恶英（PBDD）。但是，十溴二苯醚类阻燃剂经过中立机构的反复测试，结果表明这些产品都能通过严格的德国《二恶英条令》和美国环保局的相关规定，即没有产生PBDF和PBDD的危险。因此，十溴二苯醚类阻燃剂在欧美大部分国家依然畅销，被使用在多种高聚物之中。

在我国使用的溴系阻燃剂中，十溴二苯醚的生产量年增长速率最快，使用量也最大。但是，有些国产的十溴二苯醚的品质与进口产品相比，存在较多缺点，例如：游离溴含量较多、铁杂质含量高以及长期储存稳定性差等，所以生产工艺和条件还有待改善。

磷系阻燃剂是最早期研发阻燃剂系列之一，它广泛应用于各种材料的阻燃，包括塑料、橡胶、纸张、木材、涂料及纺织品等，在阻燃领域具有非常重要的地位，其年产量仅次于卤系阻燃剂。

磷系阻燃剂中红磷应用较多，但其易吸潮与树脂相容性差、易产生PH_3气体使被阻燃制品染色等缺点，使得红磷直接应用于聚合物阻燃受到极大限制。目前，有机磷阻燃剂和聚磷酸铵广泛应用于各种防火涂料中。

和红磷等无机磷系阻燃剂相比，有机磷阻燃剂对聚合物的物理机械性能影响较小，并且和聚合物的相容性好。有机磷阻燃剂通常具有阻燃增塑双重功能，可以替代卤系阻燃剂，使阻燃完全实现无卤化。还可以改善塑料成型中的流动性能，抑制燃烧后的残余物，使产生的毒性气体和腐蚀性气体减少。因此，有机磷阻燃剂近年来倍受青睐。

有机磷阻燃剂包括磷（膦）酸酯、亚磷酸酯、有机磷盐、氧化膦、含磷多元醇等，但应用最多的则是磷（膦）酸酯及其低聚物。

聚磷酸铵（APP）是当前应用较多的一种高分子磷系阻燃剂，广泛应用于各种防火涂料中。聚磷酸铵属于膨胀型无卤阻燃剂，燃烧烟雾少，一般不产生有毒气体，加工时也不会腐蚀设备，而且由于膨胀作用制作的阻燃材料往往不燃烧时不产生滴落物，这个尤其对于聚烯烃类燃烧容易产生滴落物的树脂非常适用。

目前，市售的APP（包括高聚合度的）还没有完全克服其容易吸潮、不耐高温的缺点。就算对其进行改性制成膨胀型阻燃剂，即使应用在聚烯烃等加工温度比较低、工艺比较简单的材料中，也会有材料的可回收和耐候性方面的问题。

据报道，新近研制出的磷系无卤阻燃 PC/ABS 合金、无卤阻燃 PA 及无卤阻燃 PC，由于价格较高，并且存在着耐热性较差、挥发性较大、相对分子质量小、恶化塑料的热变形温度等缺点而无法全面推广应用。

因此，开发磷含量高、相对分子质量大、热稳定性好、低毒性、低生烟量的磷系化合物是有机磷阻燃剂发展的一个趋势。

硅系阻燃剂分为无机硅阻燃剂和有机硅阻燃剂两种，对无机硅阻燃剂的研究既有对传统的无机硅填料的阻燃研究，也有对新型材料聚合物 1 层状硅酸盐纳米复合材料阻燃性能的研究。有机硅系阻燃剂具有热氧化稳定、高效、低烟、无毒、防熔滴对基材性能影响小等优点，这是由构成分子主链的硅氧键的性质所决定的。对有机硅阻燃剂的研究主要是通过改进分子结构、提高相对分子质量、共混等来提高阻燃抑烟效果、改善成炭性及基体材料的加工和力学性能。含硅基团具有较高的热稳定性、氧化稳定性、憎水性以及良好的柔顺性，利用聚合、接枝、交联技术把含硅基团导入高聚物分子链上，所得含硅阻燃高聚物除具有阻燃耐热、抗氧化、不易燃烧等特点外，还具有较高的耐湿性和分子柔顺性，加工性能也得到改善。

研究人员发现在有机硅无卤阻燃 EVA 时，有机硅的加入降低了挤出加工时的扭矩，提高了 $Mg(OH)_2$ 在基体中的分散性。同时，有机硅还可以发挥阻燃协同效应，在共混物燃烧时生成玻璃态的无机层，促进炭化物的生成，形成具有一定厚度的隔离膜，从而抑制燃烧。

共聚阻燃剂使用较多的硅酮聚合物，是一种透明、黏稠的聚硅氧烷聚合物。它可以通过类似于互穿聚合物网络（IPN）部分交联机理而与基材聚合物结构结合，这可大大限制硅添加剂的流动性，从而使它不至于迁移至被阻燃聚合物的表面，且与聚烯烃等高聚物相容。

不论是用作添加剂还是作为共聚物的组分，硅酮聚合物均能改善有机塑料的低温抗冲击强度。由于硅树脂的惰性和稳定性，以及很低的玻璃化温度（-54~87℃），因此它即使长时间处于高温或低温下也均能保持良好的弹性，硅树脂甚至还能降低某些聚烯烃的玻璃化温度。硅酮聚合物中，硅原子在赋予基材优异的阻燃性能之外，还能改善基材的加工性能、机械性能、耐热性能等，阻燃材料的循环使用效果较好，能满足人们对阻燃剂的严格要求。但是，这类阻燃剂的加工工艺比较复杂，比如有的需要在高聚物加工过程中添加。现在市场上主要是颗粒状的，因此更适合在高聚物阻燃加工过程中应用。但是随着研究的深入和工艺的改进，越来越多成本低廉的有机硅阻燃高聚物将会出现，有机硅也将在高分子阻燃材料中扮演更为重要的角色。

随着科学技术的快速发展，开发新的阻燃剂及阻燃材料的困难明显增加。一方面，环保法规对传统的阻燃材料提出了严格的挑战；另一方面，工业部门希望阻燃产品保持尽可能低的价格。而当前世界工业是朝着绿色与环保的大趋势方向发展的，人们对环保和健康意识的日益强化，阻燃剂行业的发展也会与之相适应，产品结构也会相应调整，会使一部分阻燃剂退出历史舞台，其替代品也将问世。新型绿色环保阻燃剂必将成为今后研究开发的热点。通过有机硅对聚合物进行物理和化学的改性，使聚合物的阻燃性能、热稳定性、加工性能和力学性能均得到改善，对制品其他性能没有太大影响（如电性能、透明性等）。由于含硅阻燃聚合物少烟无毒、燃烧值低、火焰传播速度慢，同时和一些阻燃剂存在着协效作用，因此有机硅在聚合物中的阻燃应用研究受到极大的重视，相信随着研究的深入和工艺的改进，越来越多成本低廉的有机硅阻燃高聚物将会出现，尤其是一些具有优良分散性和特殊性能的新型有机硅阻燃剂或协同阻燃剂将具有良好的发展前景和市场空间。

6.5　防止电池热失控蔓延的热防护材料

本节将选取三元乙丙橡胶、酚醛树脂、聚氨酯防火涂层，加以适当的配方与阻燃添加剂，制备添加阻燃剂与未添加阻燃剂的三元乙丙橡胶、酚醛玻纤板、聚氨酯防火涂层。首先进行毒性分析，再对材料依次进行背面温度测试、激光法导热分析仪测量导热系数、热释放速率（HRR）分析、热失重分析（TGA）等实验，研究考察热防护材料的阻燃隔热效果。

三元乙丙橡胶具有优越的耐氧化、抗臭氧和抗侵蚀的能力，且具有硫化性好、比重低等特点。三元乙丙橡胶密度小、比热大、烧蚀率低、耐老化性及气密性好、抗张强度、伸长率完全符合使用要求，是良好的绝热基体材料。三元乙丙橡胶绝热层适用范围广，可用作火箭发动机燃烧室内绝热层等。

酚醛树脂具有阻燃性能优异、耐热性极好、难燃、自熄、遇火无滴落物等显著优点。此外，酚醛树脂产品具有良好的机械强度，尤其具有突出的瞬时耐高温烧蚀性能。

聚氨酯具有耐磨、耐温、加工性能好、抗酸碱和有机溶剂腐蚀性好、可降解等优异性能特点。但聚氨酯本身属于可燃性聚合物，特别是聚氨酯软泡具有多孔的结构，非常容易燃烧，所以常需加入不同阻燃剂对其进行改性处理。

6.5.1　材料烟毒性分析

三元乙丙橡胶、酚醛玻纤板、聚氨酯防火涂层这三种阻燃材料在完全燃烧条件下所产生的烟气的化学毒性危险等级评定所选标准为 NF X 70-100《燃烧特性试验-对高温分解和燃气的分析——管式蒸馏法》。

（1）三元乙丙橡胶完全燃烧所产生的毒性气体成分实验结果

1）质量损失率。

从表6-2中可以看出，两次样品燃烧的损失率相差不多，且均已基本达到完全燃烧标准，损失率达77.5%左右。同时可以看出样品1、样品2、样品3的平行性较好，质量损失率较高，说明三元乙丙橡胶完全燃烧效果较好。

表6-2　三元乙丙橡胶经管式炉完全燃烧后质量变化情况

质量及损失率	样品1	样品2	样品3
燃烧前样品质量/g	1.0005	1.0029	1.0004
燃烧舟质量/g	16.3486	16.4340	16.7404
燃烧后样品+燃烧舟质量/g	16.5664	16.6617	16.9704
质量损失率（%）	78.2	77.3	77.0
质量损失率平均值（%）	77.5		

2）比色管检测结果。

图6-2所示为三元乙丙橡胶经管式炉完全燃烧后收集的气体经比色管后的读数。由图6-2可以看出，第一根HCN比色管由黄色变为桃红色，证明毒性气体中含有HCN，且其含量可由比色管中的刻度读出；第二根SO_2比色管由粉色变为黄色，证明毒性气体成分中含有SO_2含量，且其含量可由比色管中的刻度读出；第三根HF的检测管无变化，始终为淡黄色，证明毒性气体中不含HCl、HBr、HF这三种气体；第四根NO_x比色管由白色变为淡紫色，证明毒性气体成分中含有NO_x气体，且其含量可由比色管中的刻度读出。

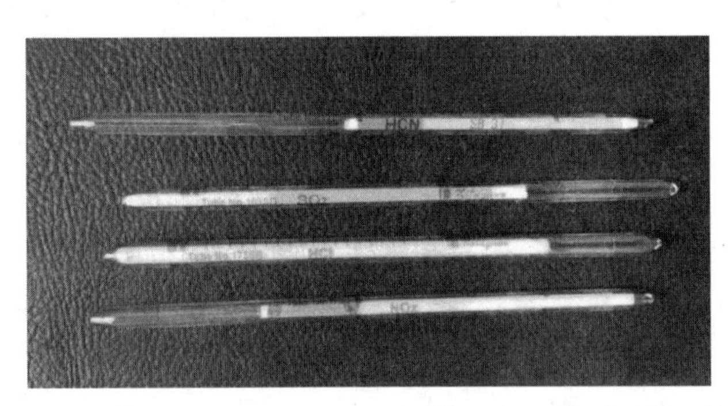

图6-2　三元乙丙橡胶经管式炉完全燃烧后收集的气体经比色管后的读数

1g三元乙丙橡胶完全燃烧，释放的各毒气成分含有CO、CO_2、HCN、SO_2、NO_x这五种毒性气体，所有气体浓度均在量程范围内，可通过比色管读数取平均值方法进行含量确定，具体含量见表 6-3。

表 6-3　三元乙丙橡胶（1g）完全燃烧，释放的各毒气成分及含量

气体	样品 1	样品 2	样品 3	均值
CO/(mg/g)	171.7	166.4	197.2	178.4
CO_2/(mg/g)	842.7	835.8	999.4	892.6
SO_2/(mg/g)	1.8	3.0	2.5	2.4
HF/(mg/g)	0.0	0.0	0.0	0.0
HCl/(mg/g)	0.0	0.0	0.0	0.0
HCN/(mg/g)	1.6	2.6	2.6	2.3
HBr/(mg/g)	0.0	0.0	0.0	0.0
NO_x/(mg/g)	0.2	0.1	0.2	0.2
ITC 值	16.5			

因此，1g 三元乙丙橡胶完全燃烧，释放的各毒性气体浓度均在危险浓度允许范围内，ITC 值为 16.5，对人体造成的危害较小。

（2）酚醛玻纤板完全燃烧所产生的毒性气体成分实验结果

1）质量损失率。

从表 6-4 中可以看出，两次样品燃烧的损失率相差不多，由于酚醛玻纤板由酚醛树脂与玻璃纤维制成，配方中酚醛树脂的质量分数约占 40.0%，在 600℃实验条件下可以燃烧，而玻纤板耐热温度较高，在测试温度下不会完全燃烧。所以从实验数据结果来看，两个样品均已基本达到完全燃烧标准，损失率达 35.0%左右。同时可以看出，样品 1、样品 2 的平行性比较好，质量损失率较高，说明酚醛玻纤板中的酚醛树脂完全燃烧效果较好。

表 6-4　酚醛玻纤板经管式炉完全燃烧后的质量变化情况

质量及损失率	样品 1	样品 2
燃烧前样品质量/g	1.0018	1.0045
燃烧舟质量/g	16.0504	15.1367
燃烧后样品+燃烧舟质量/g	16.7194	15.7718
质量损失率（%）	33.2	36.8
质量损失率平均值（%）	35.0	

2）比色管检测结果。

从图6-3中可以看出，第一根HCN比色管由黄色变为桃红色，证明毒性气体中含有HCN，且其含量可由比色管中的刻度读出；第二根SO_2比色管由粉色变为黄色，证明毒性气体成分中含有SO_2含量，且其含量可由比色管中的刻度读出；第三根HF的检测管无变化，始终为淡黄色，证明毒性气体中不含HCl、HBr、HF这三种气体；第四根NO_x比色管由白色变为淡紫色，证明毒性气体成分中含有NO_x含量，且其含量可由比色管中的刻度读出。

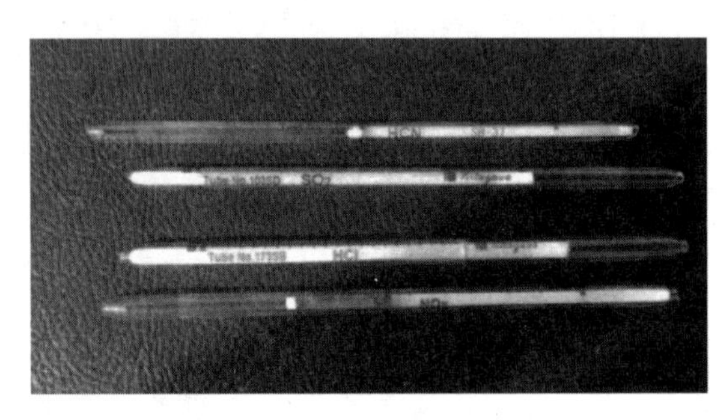

图6-3　酚醛玻纤板经管式炉完全燃烧后收集的气体经比色管后的读数

1g酚醛玻纤板完全燃烧释放的各毒气成分含有CO、CO_2、HCN这三种毒性气体，所有气体浓度均在量程范围内，可通过比色管读数取平均值方法进行含量确定，具体含量见表6-5。

表6-5　酚醛玻纤板（1g）完全燃烧，释放的各毒气成分及含量

气体	样品1	样品2	均值
CO/(mg/g)	149.4	194.6	172.0
CO_2/(mg/g)	104.5	135.8	120.2
SO_2/(mg/g)	0.0	0.0	0.0
HF/(mg/g)	0.0	0.0	0.0
HCl/(mg/g)	0.0	0.0	0.0
HCN/(mg/g)	0.1	0.1	0.1
HBr/(mg/g)	0.0	0.0	0.0
NO_x/(mg/g)	0.0	0.0	0.0
ITC值	10.1		

因此，1g酚醛玻纤板完全燃烧，释放的各毒性气体浓度均在危险浓度允许

范围内，ITC 值为 10.1，对人体造成的危害较小。

（3）聚氨酯涂层完全燃烧所产生的毒性气体成分实验结果

1）质量损失率。

从表 6-6 中可以看出，两次样品燃烧的损失率相差不多，且均已基本达到完全燃烧标准，损失率达 81.3%左右。同时可以看出，样品 1、样品 2 的平行性较好，质量损失率较高，说明完全燃烧效果较好。

表 6-6　聚氨酯涂层经管式炉完全燃烧后的质量变化情况

质量及损失率	样品 1	样品 2
燃烧前样品质量/g	1.0031	1.0027
燃烧舟质量/g	17.4625	16.6417
燃烧后样品+燃烧舟质量/g	17.6161	16.8637
质量损失率（%）	84.7	77.9
质量损失率平均值（%）	81.3	

2）比色管检测结果。

从图 6-4 中可以看出，第一根 HCN 比色管由黄色变为桃红色，证明毒性气体中含有 HCN，其含量较大，几近超出量程，需以紫外分光法进行进一步的精确测量；第二根 SO_2 比色管由粉色变为黄色，证明毒性气体成分中含有 SO_2 含量，且其含量较大，几近超出量程，需以 H_2O_2 溶液为吸收液的离子色谱法进行进一步的精确测量；第三根 HF 的检测管无变化，始终为淡黄色，证明毒性气体中不含 HCl、HBr、HF 这三种气体；第四根 NO_x 比色管由白色变为淡紫色，证明毒性气体成分中含有 NO_x 含量，且其含量可由比色管中的刻度读出。

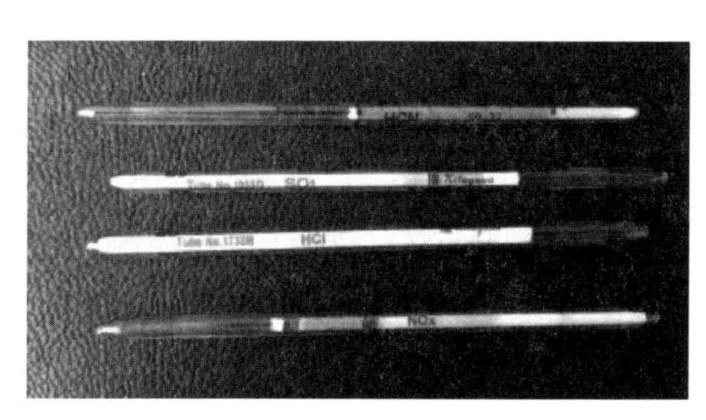

图 6-4　聚氨酯涂层经管式炉完全燃烧后收集的气体经比色管后的读数

3）精确测量结果。

如图 6-5 所示，紫外分光法稀释 50 倍后，实测 CN 浓度为 0.175μg/mL，经转换后，燃烧气体中 HCN 的含量为 9.1mg/g。

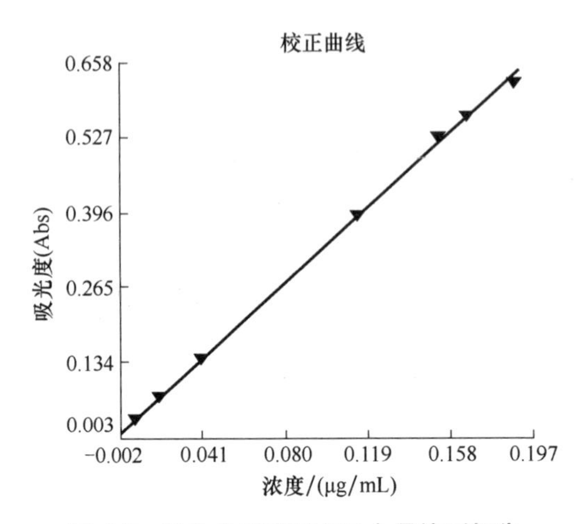

图 6-5　紫外分光法测 CN 含量检测报告

如图 6-6 所示，以 H_2O_2溶液为吸收液的离子色谱法进行进一步的精确测量经 1g 聚氨酯涂层在管式炉中燃烧所产生的气体，经阴离子色谱仪测得的 SO_4^{2-} 含量为 1.038×10^{-6}，经换算得到 SO_2 的含量为 0.7mg/g。

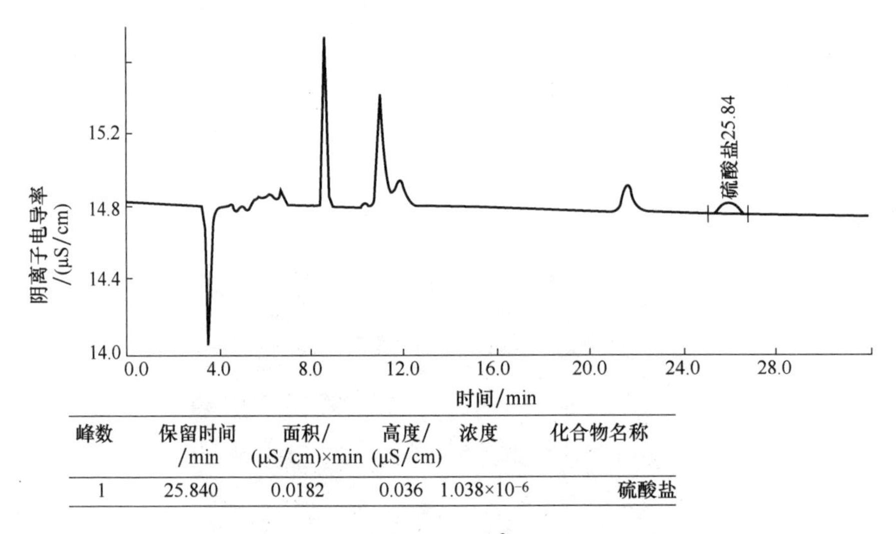

峰数	保留时间/min	面积/(μS/cm)×min	高度/(μS/cm)	浓度	化合物名称
1	25.840	0.0182	0.036	1.038×10^{-6}	硫酸盐

图 6-6　离子色谱法测 SO_4^{2-} 含量检测报告

4）最终测试结果。

1g 聚氨酯涂层完全燃烧，释放的各毒气成分含有 CO、CO_2、HCN、SO_2、NO_x 这五种毒性气体，所有气体浓度均在量程范围内，具体含量见表 6-7。

表 6-7　聚氨酯涂层（1g）完全燃烧，释放的各毒气成分及含量

气体	样品 1	样品 2	均值
CO/(mg/g)	117.9	94.8	107.3
CO_2/(mg/g)	438.8	438.8	438.8
SO_2/(mg/g)	0.7	0.7	0.7
HF/(mg/g)	0.0	0.0	0.0
HCl/(mg/g)	0.0	0.0	0.0
HCN/(mg/g)	9.1	9.1	9.1
HBr/(mg/g)	0.0	0.0	0.0
NO_x/(mg/g)	0.7	0.5	0.6
ITC 值	24.1		

因此，1g 聚氨酯涂层完全燃烧，释放的各毒性气体浓度虽均在危险浓度允许范围内，但 ITC 值为 24.1，会对人体造成较大危害。

（4）实验结论

综上所述，三种材料中，1g 三元乙丙橡胶完全燃烧，释放的各毒气成分含有 CO、CO_2、HCN、SO_2、NO_x 这五种毒性气体；1g 酚醛玻纤板完全燃烧，释放的各毒气成分含有 CO、CO_2、HCN 这三种毒性气体；1g 聚氨酯涂层完全燃烧，释放的各毒气成分含有 CO、CO_2、HCN、SO_2、NO_x这五种毒性气体；并且所有气体浓度均在危险浓度允许范围内。从 ITC 值由小到大来看，酚醛玻纤板的 ITC 值最小，其次是三元乙丙橡胶，最大的是聚氨酯涂层，依据标准 ITC 值越小，说明此材料完全燃烧时产生的气体毒性越小。

6.5.2　材料背面温度测试

（1）EPDM 三元乙丙橡胶

在火源温度为 800℃、500℃的条件下，对不同厚度、不同配方的 EPDM 三元乙丙橡胶进行背面温度测试，所得的测试结果如图 6-7 所示，见表 6-8。

表 6-8　EPDM 三元乙丙橡胶的 800℃、500℃背面温度测试稳定温度

稳定温度（800℃测试条件下）		稳定温度（500℃测试条件下）	
EPDM-无阻燃剂-3mm	407.4℃（烧穿）	EPDM-无阻燃剂-3mm	213.7℃
EPDM-加阻燃剂-3mm	324.8℃（烧穿）	EPDM-加阻燃剂-3mm	185.1℃
EPDM-无阻燃剂-6mm	321.9℃	EPDM-无阻燃剂-6mm	195.5℃
EPDM-加阻燃剂-6mm	253.3℃	EPDM-加阻燃剂-6mm	165.7℃

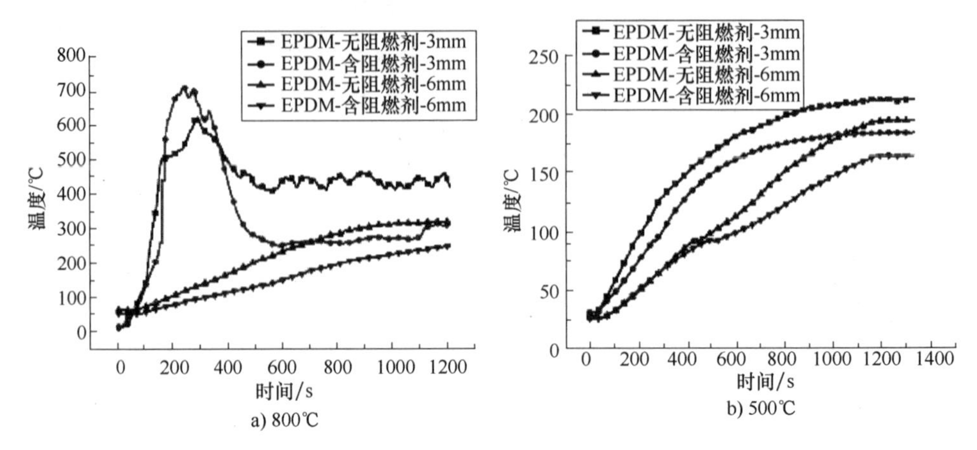

图 6-7 EPDM 三元乙丙橡胶的 800℃、500℃背面温度测试曲线

在火源温度为 800℃的条件下，由于高分子完全分解，厚度为 3mm 加阻燃剂与未加阻燃剂的三元乙丙橡胶在燃烧 20min 后均被烧穿。而厚度为 6mm 加阻燃剂与未加阻燃剂的三元乙丙橡胶试样未发生烧穿现象，加阻燃剂的三元乙丙橡胶的背面温度低于未加阻燃剂的三元乙丙橡胶的背面温度；并且其背面温度均随时间的增加而增加，最后达到各自的稳定温度，保持基本不变。厚度为 6mm 加阻燃剂的三元乙丙橡胶的稳定温度最低，为 253.3℃，说明当三元乙丙橡胶燃烧时，由于阻燃剂和厚度的双重作用，使得材料具有较低的背面温度，以便于保护壳体内部的材料。因此，随阻燃剂的加入和样品厚度的增加，三元乙丙橡胶的稳定温度越低、阻燃效果越好。综上所述，在火源温度为 800℃的条件下，该组实验最佳配方及厚度的试样是厚度为 6mm 加阻燃剂的三元乙丙橡胶。

在火源温度为 500℃的条件下，所有样品均未发生烧穿现象，所有样品的背面温度均随时间的增加而增加，最后达到各自的稳定温度，保持基本不变。实验伊始，厚度因素起主要作用，厚度为 3mm 未加阻燃剂和 3mm 加入阻燃剂的三元乙丙橡胶因厚度较薄，因此随时间的增加温度快速增长，背面温度较高；厚度为 6mm 未加阻燃剂和 6mm 加入阻燃剂的三元乙丙橡胶因为厚度上的优势，使得两样品的温度随时间的增长缓慢，背面温度较低。在实验中后期，各个样品温度趋于稳定状态，此时加入阻燃剂的样品燃烧成炭性较好、阻燃剂效果起主要作用，加阻燃剂两组样品的稳定温度明显低于未加阻燃剂的两组样品。厚度为 3mm 和 6mm 加阻燃剂的三元乙丙橡胶的稳定温度分别为 185.1℃和 165.7℃，说明在火源温度为 500℃的条件下，厚度对背面温度的影响不太显著。

（2）酚醛玻纤板

在火源温度为 800℃、500℃的条件下，对 3mm 东材制品（样品编号为 B1、

B2）和 6mm 航天院制品（样品编号为 B3、B4）进行背面温度测试，所得的测试结果如图 6-8 所示，见表 6-9。

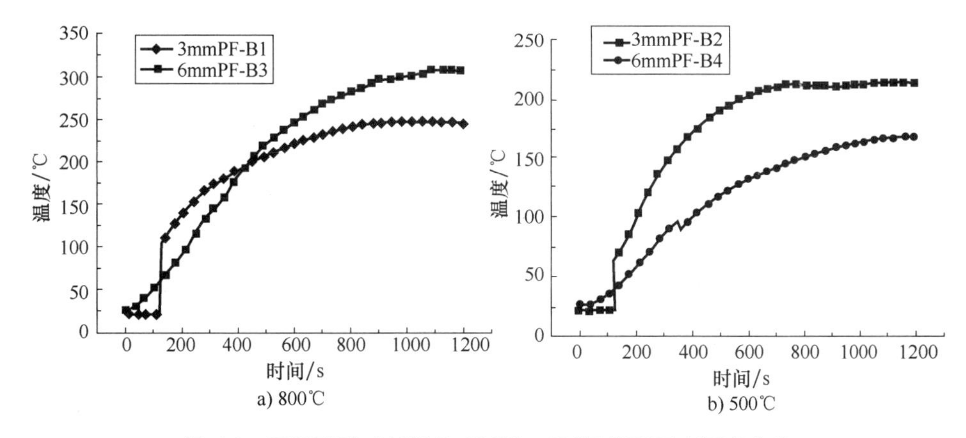

图 6-8　两种酚醛玻纤板的 800℃、500℃背面温度测试曲线

表 6-9　两种酚醛玻纤板的 800℃、500℃背面温度测试稳定温度

稳定温度（800℃测试条件下）		稳定温度（500℃测试条件下）	
PF-东材-3mm-B1	245.7℃	PF-东材-3mm-B2	215.2℃
PF-航天院-6mm-B3	310.1℃	PF-航天院-6mm-B4	171.2℃

在火源温度为 800℃的条件下，厚度为 3mm 东材配方的酚醛玻纤板 B1、厚度为 6mm 航天院配方的酚醛玻纤板 B3 均未发生烧穿现象，且 B1 的稳定温度为 245.7℃，B3 的稳定温度为 310.1℃。这与酚醛玻纤板的结构组成有关，由于酚醛玻纤板是以玻纤浸酚醛预浸料再进行层层黏结复合制成的，其制品结构较为稳定，在燃烧过程中不易发生膨胀，使得在其表面有直火燃烧时酚醛玻纤板不易被烧穿。同时，两种酚醛玻纤板的背面温度测试曲线呈现出先快速增长最终达到稳定的趋势，即达到各自的稳定温度，并且保持基本不变。如图 6-8 所示，在 0~400s 时，B3 由于厚度上的优势，其背面温度略低于 B1；但在 400~1200s 时，B3 的背面温度明显高于 B1 的背面温度；且 B1 具有较低的稳定温度即 245.7℃。因此，厚度为 3mm 东材配方的酚醛玻纤板的阻燃性更好，可以使其背面温度较低，更有利于长期稳定地保护壳体内部的材料。在火源温度为 500℃的条件下，厚度为 6mm 航天院配方的酚醛玻纤板与厚度为 3mm 东材配方的酚醛玻纤板试样未发生烧穿现象，厚度为 3mm 东材配方的酚醛玻纤板的稳定温度为 215.2℃，厚度为 6mm 航天院配方的酚醛玻纤板的稳定温度为 171.2℃。

综上所述，从 EPDM 与 PF 玻纤板的 800℃、500℃背面温度测试结果来看，在火源温度为 800℃的条件下，厚度为 6mm 航天院配方的酚醛玻纤板的最终稳定温度 310.1℃高于厚度为 6mm 加阻燃剂的三元乙丙橡胶的稳定温度 253.3℃；在火源温度为 500℃的条件下，厚度为 3mm 东材配方的酚醛玻纤板的最终稳定温度 215.2℃远远高于厚度为 3mm 加阻燃剂的三元乙丙橡胶的稳定温度 185.1℃。因此，从背面温度角度综合考虑来看，选取厚度为 3mm 加阻燃剂的三元乙丙橡胶最为经济和适合。

6.5.3　材料导热系数测试

（1）比热容

以 ASTM E 1269-11 为测试依据，以 100℃、300℃为温度点，对加阻燃剂的三元乙丙橡胶和酚醛玻纤板进行比热容测定，结果见表 6-10。

表 6-10　三元乙丙橡胶和酚醛玻纤板的比热容测定结果

样品名称	比热容 C_p 100℃，J/(g·K)	比热容 C_p 300℃，J/(g·K)
三元乙丙橡胶	2.01	2.30
酚醛玻纤板	1.13	2.01

（2）热扩散系数测定

以 GB/T 22588—2008 为测试依据，以 100℃、300℃为温度点，对加阻燃剂的三元乙丙橡胶和酚醛玻纤板进行热扩散系数测定，结果见表 6-11。

表 6-11　三元乙丙橡胶和酚醛玻纤板的热扩散系数测定结果

样品名称	垂直方向热扩散系数 α 100℃，mm^2/s	垂直方向热扩散系数 α 300℃，mm^2/s
三元乙丙橡胶	0.11	0.09
酚醛玻纤板	0.32	0.20

（3）导热系数

导热系数可由式（4-1）计算得出，经实测本实验所用的加阻燃剂的三元乙丙橡胶的密度约为 $1.045g/cm^3$，酚醛玻纤板的密度约为 $1.945g/cm^3$。因此通过计算得出，在 100℃条件下，加阻燃剂的三元乙丙橡胶的导热系数为 0.23W/(m·K)，酚醛玻纤板的导热系数为 0.70W/(m·K)；在 300℃条件下，加阻燃剂的三元乙丙橡胶的导热系数为 0.19W/(m·K)，酚醛玻纤板的导热系数为 0.78W/(m·K)。

$$\lambda=\alpha C_p\rho \tag{4-1}$$

因此在 100℃条件下和 300℃条件下，加阻燃剂的三元乙丙橡胶均具有更低的导热系数，隔热效果更佳。

6.5.4　材料热失重分析

通过上述性能测试分析比较，在此仅对 6mm 加阻燃剂的三元乙丙橡胶与 3mm 东材酚醛玻纤板进行热重分析比较。加阻燃剂的 EPDM 与 PF 板的 TG 和 DTG 曲线如图 6-9 所示，加阻燃剂的 EPDM 与 PF 板热失重数据见表 6-12。

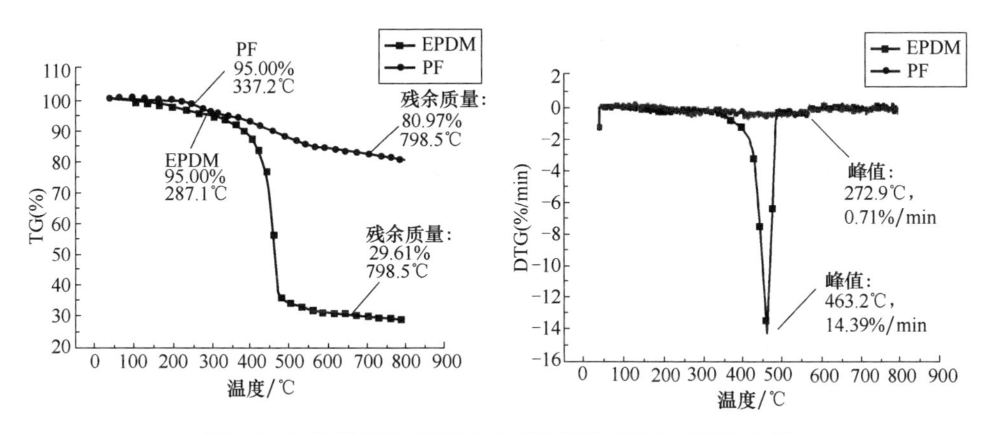

图 6-9　加阻燃剂的 EPDM 与 PF 板的 TG 和 DTG 曲线

表 6-12　加阻燃剂的 EPDM 与 PF 板热失重数据

样品	T5% /℃	热失重峰值 /℃	最大热失重速率（%/min）	800℃残炭量（%）
阻燃剂的 EPDM	287.1	463.2	14.39	29.61
东材酚醛玻纤板	337.2	272.9	0.71	80.97

由图 6-9 和表 6-12 可知，PF 板在 800℃时的残炭量为 80.97%，在 243.5℃之前的质量开始损失，在 337.2~580.5℃之间质量损失缓慢，最大热失重速率为 0.71%/min，在 580.5℃时炭化基本结束。这说明酚醛玻纤板具有很高的耐热稳定性，热分解温度较宽、残炭量较高。三元乙丙橡胶在 800℃时的残炭量为 29.61%，在 287.1℃之前的质量损失率很低，在 287.1~487.5℃之间质量损失非常严重，最大热失重速率为 14.39%/min，487.5℃以后质量损失缓慢，即炭化基本结束。这说明三元乙丙橡胶具有相对较高的耐热稳定性，其热分解温度非常窄。在加阻燃剂的三元乙丙橡胶与酚醛玻纤板的热失重曲线中，可以发现酚醛玻纤板热失重速率要比加阻燃剂的三元乙丙橡胶缓慢很多，说明此酚醛玻纤板的热稳定性要强于加阻燃剂的三元乙丙橡胶，在燃烧过程中炭层比较稳定。

6.5.5 小结

综合背面温度测试结果、导热系数测试结果、热失重分析及材料毒性测试结果，加以考虑实际应用质量等因素，实测酚醛玻纤板的密度约为 1.945g/cm³，加阻燃剂的三元乙丙橡胶的密度约为 1.045g/cm³，在实际应用时，由于酚醛玻纤板较重，因此选取加阻燃剂的三元乙丙橡胶作为电池外防护阻燃材料。

6.6 热防护材料在电池模块中的应用效果

6.6.1 三元电池热失控蔓延实验

利用数字摄像技术、热电偶测温技术测量技术研究分析电池各阶段的燃烧特性。采用探究实验的方式，以甲烷为点火源进行引燃，探究电池组火灾蔓延速度和温度。

将三块三元电池并排捆绑到一起，图 6-10 所示为三元电池的测温热电偶安放位置示意图。

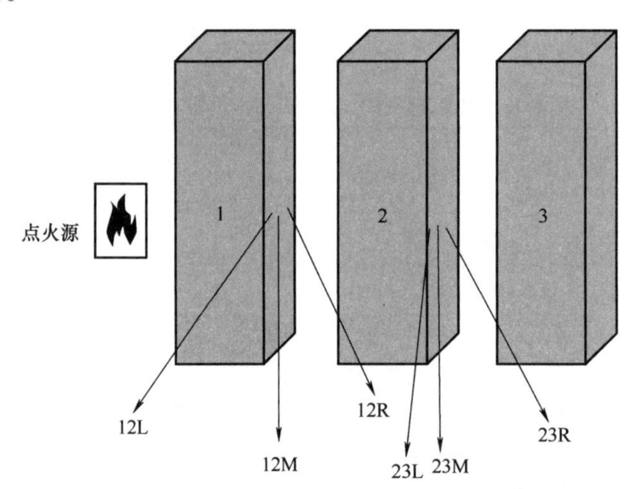

图 6-10 三元电池的测温热电偶安放位置示意图

其间在中部从左至右依次安放热电偶，第一块与第二块电池之间从左至右安放热电偶编号为 12L（左）、12M（中）、12R（右），第二块与第三块电池之间从左至右安放热电偶编号为 23L（左）、23M（中）、23R（右）。以甲烷为点火源，从第一块电池的左下角引燃，同时计时开始，并对锂离子电池燃烧测试时的火灾行为进行了拍摄记录，从而检测出火焰由第一块电池蔓延到第三块电池时，各个点的火焰温度随时间的变化趋势，从而总结出三元电池燃烧初步蔓延规律。

从三元电池燃烧时温度随时间的变化曲线（见图 6-11）和三元电池燃烧发生时各点温度变化情况（见表 6-13）中可以看出，从燃烧初期到 60s 时，12L 和 23L 热电偶的温度升高最快；在 60s 之后，因第一块电池受直火灼烧的原因，使得 12L、12M、12R 比 23L、23M、23R 的温度升高得更快；在 200s 之后，这 6 根热电偶所示温度多数达到 550℃，趋于一致。

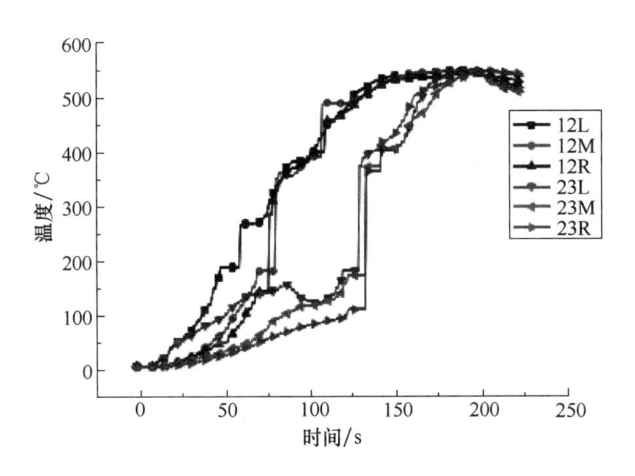

图 6-11　三元电池燃烧时温度随时间的变化曲线（实验条件：室温 5℃）

由图 6-11 和表 6-13 结合分析，可将三元电池的燃烧行为划分为以下几个阶段：电池膨胀、第一次喷发射流火、稳定燃烧、第二次喷发射流火及稳定燃烧、第三次喷发射流火及稳定燃烧、火焰减弱至熄灭。具体见表 6-13。

表 6-13　三元电池燃烧发生时各点温度变化情况

样品		第一、二块电池之间			第二、三块电池之间		
样品各热电偶分布位置		12L	12M	12R	23L	23M	23R
第一次喷发	时间/s	25	25	25	25	25	25
	温度/℃	56.4	19.8	17.7	53.0	17.1	12.7
第二次喷发	时间/s	61	61	61	131	131	131
	温度/℃	268.8	123.3	91.8	378.7	178.2	114.9
第三次喷发	时间/s	109	109	109	144	144	144
	温度/℃	438.1	492.0	404.5	407.9	416.7	423.7
熄灭	时间/s	200	200	200	200	200	200
	温度/℃	552.9	550.5	549.2	548.5	553.3	547.4

（1）电池膨胀

在所有的燃烧测试中，受到热源加热后，电池首先都表现出膨胀。由于锂离子电池是由隔膜和电解液折叠而成，因此随着每个电池的膨胀，电池由原来的长方体结构，最后改变为呈扇形展开，在电池膨胀的过程中，可以观测到微量的烟气产生。

（2）第一次喷发射流火

第一块电池在25s、第二块电池在25s时，锂离子电池开始发出鸣声，并同时喷发大量的白色气雾。该白色气雾主要由电解液受热分解生成的小液滴组成。在喷发的同一秒内，白色气雾被瞬时点燃，并以喷射口为开端，喷发强烈的射流火焰。

（3）稳定燃烧

在第一次喷发射流火后，第一块电池在25~60s、第二块电池在25~130s时间段，电池进入稳定燃烧阶段，随着时间的推移，锂离子电池的温度逐步上升。由于第一块电池为直火灼烧电池，所受到的热量较大，稳定燃烧时间较短；第二块电池的热量全部来自于第一块电池的热传导，所以稳定时间较长。在此阶段，所有的电池都膨胀并喷发火焰，由于每个电池喷发的射流火焰束互相交叠，电池喷发的火焰形状从主视图来看，如莲花状。

（4）第二次喷发射流火及稳定燃烧

第一块电池在61s、第二块电池在131s时，火焰猛然增大，开始第二次喷发射流火，且喷发火焰强度比第一次射流火要强。随后的稳定燃烧阶段较短，且一直伴随有电池火焰喷发的呼声，响脆如哨音。

（5）第三次喷发射流火及稳定燃烧

第一块电池在109s、第二块电池在144s时，伴随着大量的白色气雾，第三次射流火喷发而出。随着射流火的喷发，由于电池的可燃物逐渐减少使得喷发强度逐渐转弱，之后转为稳定燃烧，但是仍然有一些白色气雾伴随着燃烧从电池释放出来。

（6）火焰减弱至熄灭

第三次喷发射流火后，在火焰稳定燃烧后期，可以观察到火焰逐渐减弱，并于200s熄灭，熄灭时两块电池各部位温度均在550.0℃左右，此时两块电池已达热平衡。

综合实验结果与分析可得出结论，各个电池各部分温度均随时间的增长而有规律地增加。三元电池的燃烧行为划分为以下几个阶段：电池膨胀、第一次喷发射流火、稳定燃烧、第二次喷发射流火及稳定燃烧、第三次喷发射流火及稳定燃烧、火焰减弱至熄灭。受直火灼烧的电池最先升温，完成火灾行为阶段；第二、三块电池受第一块电池热烘烤作用，温度逐渐上升，随着火势的蔓延而发生燃烧现象和火灾行为，三块电池的火灾行为均相同。

6.6.2　磷酸铁锂电池热失控蔓延实验

利用高速摄像技术、热电偶测温技术测量技术分析磷酸铁锂电池各阶段的燃烧特性。采用探究实验的方式，在电池组之间无障碍情况下，以甲烷为点火源（火源温度为 600℃）进行引燃，探究 100% SOC 磷酸铁锂电池组（样品编号为 A11～A20）、75% SOC 磷酸铁锂电池组（样品编号为 C1～C10）、25% SOC 磷酸铁锂电池组（样品编号为 B1～B10）的电池组火灾蔓延速度和周围环境温度变化。

将 10 块磷酸铁锂电池，5 个为一组、分成两组并排捆绑到一起，其间以铁丝缠绕、耐高温胶带固定的方式，在第一块 A11（C1、B1）、第六块 A16（C6、B6）电池的前端中部和第五块 A15（C5、B5）、第十块 A20（C10、B10）电池的后端中部以及各电池之间中部安放热电偶。然后以甲烷为点火源，从第一块 A11（C1、B1）电池的中部引燃，同时计时开始，并对在锂离子电池燃烧测试时的火灾行为进行拍摄记录，从而检测出火焰由第一块电池蔓延到第十块电池时，各个点的火焰温度随时间的变化趋势，探究每个电池的火灾行为，同时用高速摄影设备具体考察爆炸火灾行为，从而总结出锂离子电池燃烧蔓延规律。

（1）100% SOC 磷酸铁锂电池实验装置

100% SOC 磷酸铁锂电池的测温热电偶安放位置见表 6-14，燃烧蔓延规律实验装置图如图 6-12 所示。

表 6-14　100% SOC 磷酸铁锂电池的测温热电偶安放位置

热电偶摆放位置	热电偶序号	热电偶摆放位置	热电偶序号
A11 电池前端中部	1	A16 电池前端中部	7
A11、A12 电池之间中部	2	A16、A17 电池之间中部	8
A12、A13 电池之间中部	3	A17、A18 电池之间中部	9
A13、A14 电池之间中部	4	A18、A19 电池之间中部	10
A14、A15 电池之间中部	5	A19、A20 电池之间中部	11
A15 电池后端中部	6	A20 电池后端中部	12

（2）75% SOC 磷酸铁锂电池实验装置

75% SOC 磷酸铁锂电池的测温热电偶安放位置见表 6-15，燃烧蔓延规律实验装置图如图 6-13 所示。

图 6-12　100% SOC 磷酸铁锂电池燃烧蔓延规律实验装置图

表 6-15　75% SOC 磷酸铁锂电池的测温热电偶安放位置

热电偶摆放位置	热电偶序号	热电偶摆放位置	热电偶序号
C1 电池前端中部	1	C6 电池前端中部	7
C1、C2 电池之间中部	2	C6、C7 电池之间中部	8
C2、C3 电池之间中部	3	C7、C8 电池之间中部	9
C3、C4 电池之间中部	4	C8、C9 电池之间中部	10
C4、C5 电池之间中部	5	C9、C10 电池之间中部	11
C5 电池后端中部	6	C10 电池后端中部	12

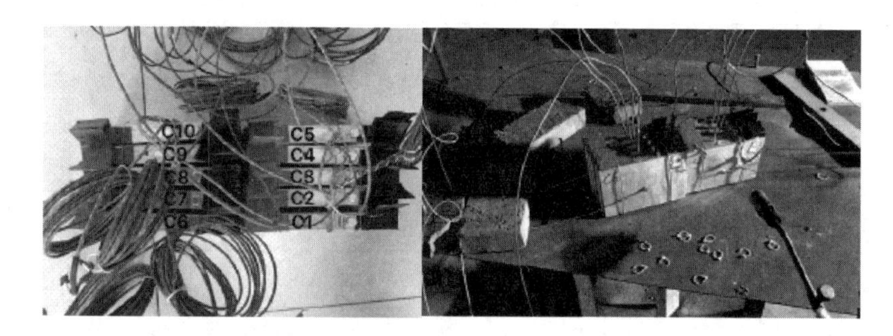

图 6-13　75% SOC 磷酸铁锂电池燃烧蔓延规律实验装置图

（3）25% SOC 磷酸铁锂电池实验装置

25% SOC 磷酸铁锂电池的测温热电偶安放位置见表 6-16，燃烧蔓延规律实验装置图如图 6-14 所示。

表 6-16　25% SOC 磷酸铁锂电池的测温热电偶安放位置

热电偶摆放位置	热电偶序号	热电偶摆放位置	热电偶序号
B1 电池前端中部	1	B6 电池前端中部	7
B1、B2 电池之间中部	2	B6、B7 电池之间中部	8
B2、B3 电池之间中部	3	B7、B8 电池之间中部	9
B3、B4 电池之间中部	4	B8、B9 电池之间中部	10
B4、B5 电池之间中部	5	B9、B10 电池之间中部	11
B5 电池后端中部	6	B10 电池后端中部	12

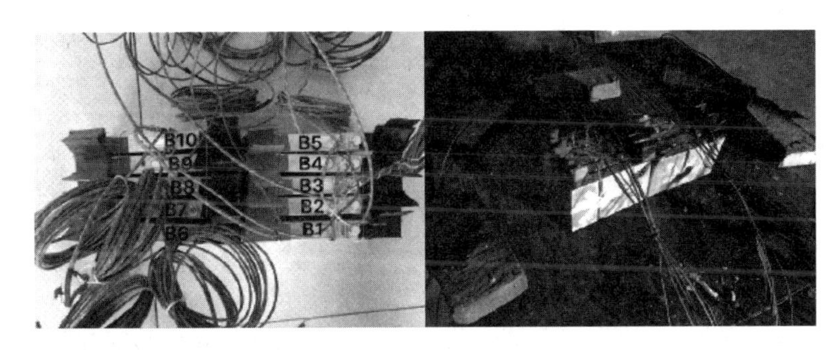

图 6-14　25% SOC 磷酸铁锂电池燃烧蔓延规律实验装置图

（4）结果与分析讨论

100% SOC 电池组燃烧爆炸研究

图 6-15 所示为 100% SOC 电池组整体燃烧的典型照片。从电池整体火势情况来看，A11 在 46s 时，被点燃；91s 时，发生第一次轰燃；120s 时，发生第二次轰燃；132s 时，发生第三次轰燃；138s 时，A17 被点燃；之后电池表现为持续平稳燃烧状态；18min54s~19min04s 时，A12 电池发生爆炸。

图 6-15　100% SOC 电池组整体燃烧的典型照片

图6-16所示为100% SOC电池组燃烧爆炸测试后的各个电池外观形貌图。由电池正面（左侧）、反面（右侧）燃烧情况来看，A11是受火源明火灼烧的第一块电池，属于明火灼烧致爆，因直火灼烧，使A11壳体内的电解液受热分解成气体，充满壳体内，使直火表面严重凸起。因实验时，火源始终明点火灼烧于A11中心位置，同时在壳体急剧膨胀的情况下，在壳体表面直火灼烧处较为脆弱，从而发生爆破，而防爆阀完好。

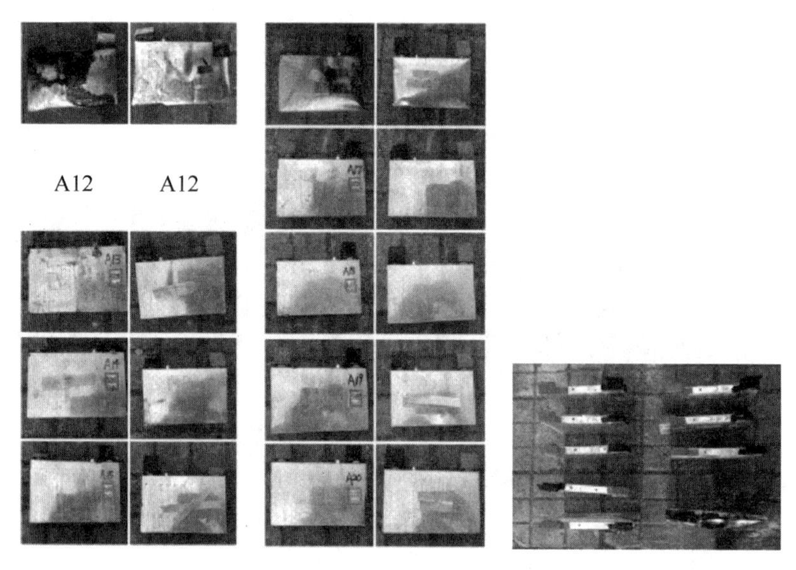

图6-16　100% SOC电池组燃烧爆炸测试后的各个电池外观形貌图

A12属于热烘烤致爆，防爆阀未爆破，A12这个壳体炸裂，各部分材料炸裂而出，因A12与A11接触面积最大，所以在A11受到直火灼烧燃烧时，将大量的热量传给A12，使其内部的电解液受热分解成气体并充满于壳体内。当壳体内聚集大量气体，其气压大于大气压时，致使壳体破裂，发生爆炸现象，这是本组电池中，燃烧爆炸最为严重的一块电池。

A16属于热烘烤致使其膨胀但未爆破，因其与受直火灼烧且温度最高的A11直接接触，使A11将大量的热传给A16，同时因其距离火源较近的原因，A16温度急剧升高使其内部的电解液受热分解成气体，充满壳体内，造成壳体前后均极度膨胀，但因A11与A16的接触面积明显小于A11与A12的接触面积，所以A11传给A16的热量明显少于A11传给A12的热量，从而使得A16虽发生严重膨胀现象，仍未像A12那样爆破，防爆阀未被破坏。

A13属于热烘烤致使其膨胀但未爆破，因A13与A12接触，A12将部分热量传给A13，使其内部的电解液受热分解成气体，充斥于壳体内，使A13壳体略微膨胀。因 A12 爆炸后离开其原来所在的位置，A13 的主传热源停止，导致其膨胀程度小于 A16。

A17 属于热烘烤致使其膨胀但未爆破，因 A17 与 A16 接触，A16 将部分热量传给 A17，使其内部的电解液受热分解成气体，充斥于壳体内，使 A17 壳体略微膨胀。因 A11 与 A16 的接触面积明显小于 A11 与 A12 的接触面积，使得 A11 传给 A16 的热量明显少于 A11 传给 A12 的热量，同时 A17 与 A16 的接触面积等于 A13 与 A12 的接触面积，所以在同等接触面积条件下，第二热源 A12 的热量大于 A16 的热量，致使 A13 从 A12 处获得的热量大于 A17 从 A16 处获得的热量，从而使得 A17 膨胀程度小于 A13。A14、A15、A18、A19、A20 距受火源明火灼烧的第一块电池 A11 较远，受热较少，火焰并未蔓延至此，壳体外观形貌未发生变化，但其内部会有少量电解液分解，电池容量有不同程度的衰减现象，并不在本文的重点考察范围内，遂不做后续详细实验探究。

图 6-17 所示为 100% SOC 磷酸铁锂电池之间温度随时间变化曲线。由图 6-17 可知，1 号热电偶位于火源直火灼烧处，在点火的同时瞬间升至火焰温度，随后在 0~200s 内，温度趋于平缓，参照实验中的影音拍摄资料，可以看到此阶段是 A11 电池自身燃烧阶段：在 46s 时，A11 被点燃；91s 时，发生第一次轰燃，温度有所下降；120s 时，发生第二次轰燃；132s 时，发生第三次轰燃；整体呈现局部锯齿状曲线。在 200~250s 内温度有所下降，由 1 号和 7 号热电偶图谱可知，在此阶段 1 号热电偶温度有所下降，7 号热电偶温度上升。此时电池 A16 已被点燃，而已燃烧一段时间的 A11 电池中的可燃物相对于刚被引燃的 A16 电池中的可燃物要少一些，同时电池 A11 正处于将大量热量传给 A16，所以 A11 的温度有所下降，这与 7 号热电偶温度上升相吻合。2 号热电偶在 0~380s 之间随着 A11 的燃烧温度逐渐上升，当 380s 以后，A11 从直火表面爆破而出后继续受明火灼烧，所以温度趋于 350~380℃的稳定状态。3、8 号热电偶受热量传导作用，使热电偶所示温度随时间推移而增加，A12 发生爆炸开裂后，主要热源离开原来的位置，受气流和固体的冲击作用，各个电池离开各自的部位，燃烧现象在 19min 以后停止熄灭，所以在 A12 燃烧爆炸后，所有热电偶温度均开始下降。4、5、6、9、10 号热电偶由于距离受直火灼烧的 A11 较远，温度趋于 20~40℃之间处于较为平稳状态。

由 A12 电池爆炸瞬间高速摄影图像（见图 6-18）可以看出，在爆炸瞬间火焰由小到大，猛烈瞬间火焰达到最大并持续一段时间后，火焰慢慢减小至熄灭。A12 在爆炸时，内部的隔膜、电解液、正负极全部冲出，爆炸气流较大，使其周围的各个电池也同时离开原来的位置，各个热点后温度开始下降，整个燃烧停止。

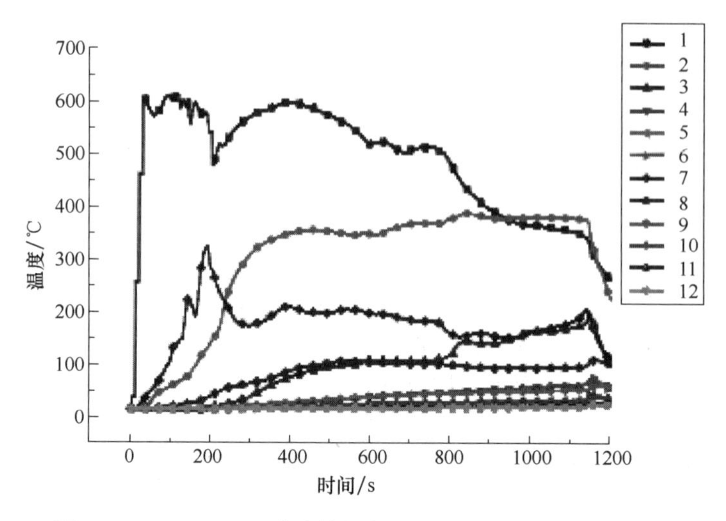

图 6-17 100% SOC 磷酸铁锂电池之间温度随时间变化曲线

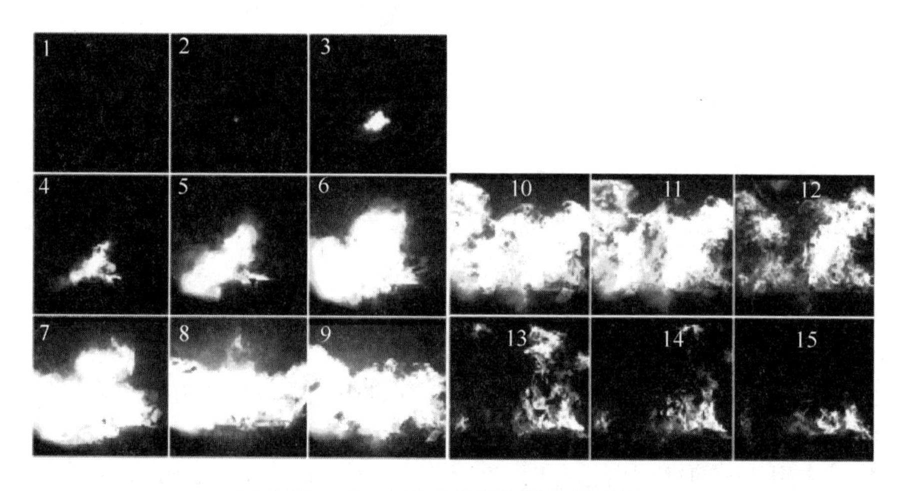

图 6-18 A12 电池爆炸瞬间高速摄影图像

图 6-19 所示为火源半径 30cm 处温度随时间的变化曲线。从图 6-19 中可以看出，离火源半径 30cm 处各个点的温度均在 15~25℃之间，当在 18min54s 即 A12 爆炸发生时，由于爆炸火焰剧烈，使各个点温度迅速上升至 50℃左右，之后温度迅速降至原来的稳定温度。结果证明，在锂离子电池燃烧爆炸实验时，以电池组为中心，距电池组半径 30cm 处圆形区域的温度较低，说明单个电池燃烧爆炸时，此区域及以外均在安全温度范围内，不易引起其他物品或附件区域电池的燃烧。

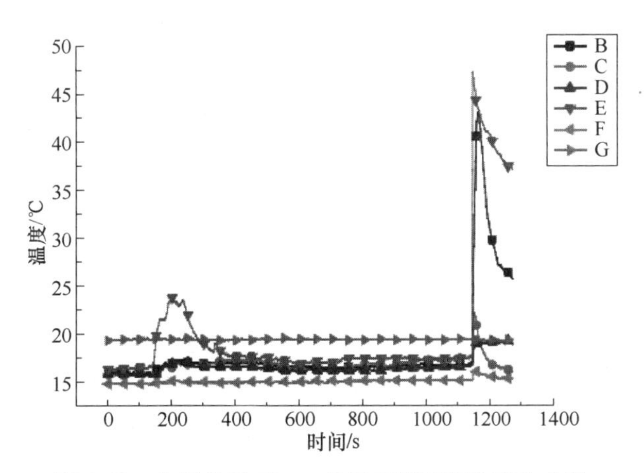

图 6-19　火源半径 30cm 处温度随时间的变化曲线

6.6.3　阻燃隔热材料在锂离子电池中的应用评估

电池组的样品编号为 D16~D20。在每个三元锂电池之间放置 3mm 加阻燃剂的三元乙丙橡胶片，带三元乙丙橡胶片热防护的三元锂电池的测温热电偶安放位置见表 6-17，燃烧蔓延规律实验装置图如图 6-20 所示。

表 6-17　带三元乙丙橡胶片热防护的三元锂电池的测温热电偶安放位置

热电偶摆放位置	热电偶序号	热电偶摆放位置	热电偶序号
D16 电池前端中部	1	D18、D19 电池之间中部	4
D16、D17 电池之间中部	2	D19、D20 电池之间中部	5
D17、D18 电池之间中部	3	D20 电池后端中部	6

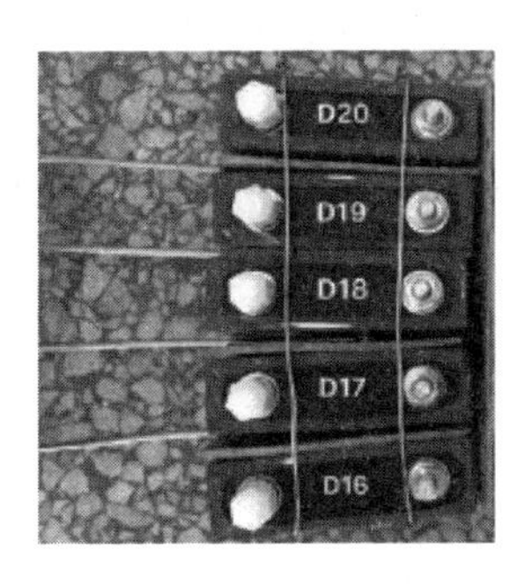

图 6-20　带三元乙丙橡胶片热防护的三元锂电池燃烧蔓延规律实验装置图

图 6-21 所示为 D16~D20 带三元乙丙橡胶片热防护的三元锂电池组整体燃烧的典型照片。从电池整体火势情况来看，以 600℃直火持续燃烧 D16 并保持

50min，在此过程中，只有 D16 发生爆炸，与 D16 紧密接触的三元乙丙橡胶呈现出燃烧成炭状态，而其他电池及与之紧密接触的三元乙丙橡胶并未被引燃。点火后 8s，由 D16 被引燃；30s 时，D16 发生爆炸；在 31s～8min04s 之间，电池继续以较大火焰燃烧一段时间后火焰逐渐减小；至 8min05s 时，火焰熄灭。

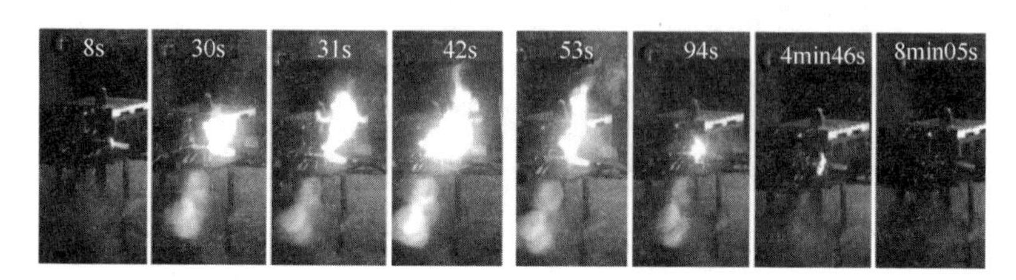

图 6-21　D16～D20 带三元乙丙橡胶片热防护的三元锂电池组整体燃烧的典型照片

图 6-22 所示为带三元乙丙橡胶片热防护的三元锂电池组燃烧爆炸测试后电池外观形貌图。由图 6-22 可以看出，从电池正面（左侧）、反面（右侧）的燃烧情况来看，D16 是受火源明火灼烧的第一块电池，属于明火灼烧致爆，因直火灼烧，使壳体内的电解液受热，迅速分解成气体，充满壳体内，爆破。

D17、D18、D19、D20 属于热烘烤而未致爆，A16 受到直火灼烧燃烧时，将大量的热量传递下去，但由于三元乙丙橡胶绝热材料的存在，使得火势并未达到 D17～D20 电池及与之紧密接触的三元乙丙橡胶；虽有一部分热量传递至 D17～D20 电池，但热量较少，未使其爆炸，说明受到了第一块三元乙丙橡胶绝热材料的有效保护。

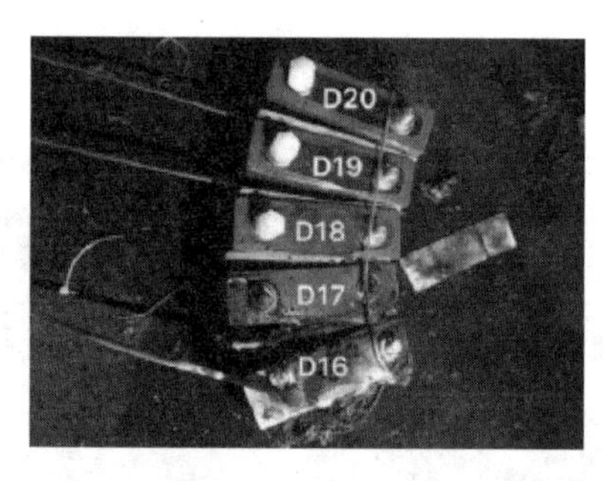

图 6-22　带三元乙丙橡胶片热防护的三元锂电池组燃烧爆炸测试后电池外观形貌图

图 6-23 所示为带三元乙丙橡胶片热防护的三元锂电池之间温度随时间变化曲线。1、2 号热电偶是位于火源直火灼烧处的第一块电池 D16，随着 D16 的爆炸温度急剧上升，后因三元乙丙橡胶热防护材料而保持稳定温度。3、4、5、6 号热电偶是由于三元乙丙橡胶热防护的原因而使其温度始终稳定保持在一段温度

范围内。

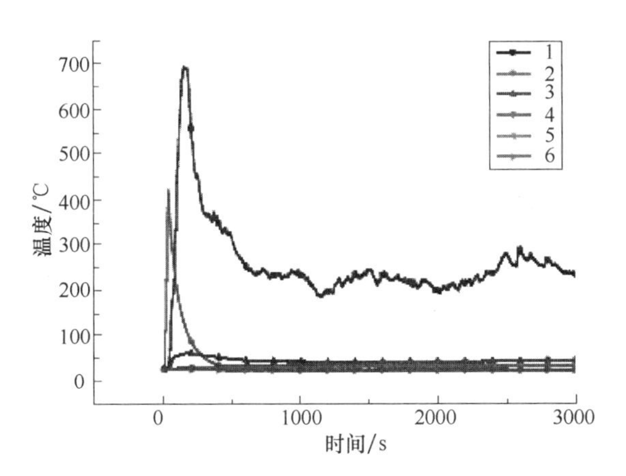

图 6-23　带三元乙丙橡胶片热防护的三元锂电池之间温度随时间变化曲线

图 6-24 所示为火源半径 30cm 处温度随时间的变化曲线。从图 6-24 中可以看出，离火源半径 30cm 处各个点的温度趋于 20～28℃之间，当在 8min05s 即 D16 爆炸发生时，由于爆炸火焰剧烈，使各个点温度迅速上升至 28℃左右，产生较小的波动，随后在 21～24℃之间，以室温保持较为平稳状态，至最后实验结束。结果证明，在带三元乙丙橡胶片热防护的锂离子电池燃烧爆炸实验时，以电池组为中心，距电池组半径 30cm 处圆形区域的温度较低，证明在此过程中，此区域及以外均在安全温度范围内。与之前没有热防护的三元电池燃烧爆炸周围温度场情况大相径庭，进一步佐证了三元乙丙橡胶片对锂离子电池进行了有效的热防护，给人的安全带来了保障。

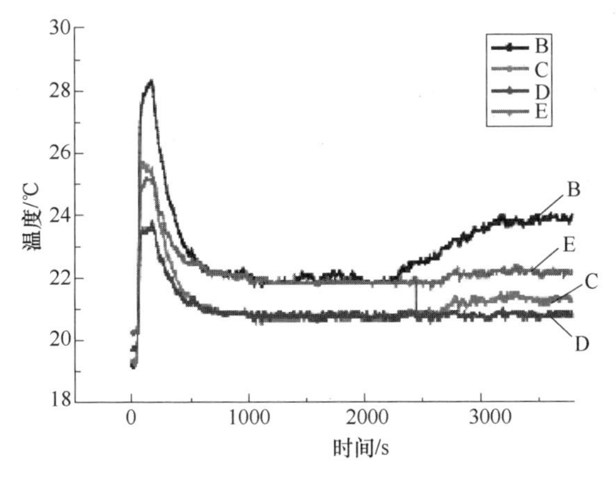

图 6-24　火源半径 30cm 处温度随时间的变化曲线

6.6.4 三元乙丙橡胶热防护效果对比分析

（1）整体燃烧情况

对于没有热防护的锂离子电池组中，受火源明火灼烧的第一块电池 D1 发生灼烧致爆，随后 D2、D3、D4、D5 相继发生热烘烤致爆，爆炸现象十分迅速猛烈，安全性极差。整个实验在第五块电池爆炸后燃烧一段时间后，于 12min46s 停止。对于带三元乙丙橡胶片热防护的锂离子电池组中，只有受直火灼烧的 D16 发生爆炸，与 D16 紧密接触的三元乙丙橡胶呈现出燃烧成炭状态，而其他电池及与之紧密接触的三元乙丙橡胶因第一块三元乙丙橡胶良好的热防护作用而并未被引燃。D16 发生爆炸后继续以较大火焰燃烧一段时间后火焰逐渐减小；至 8min05s 时，火焰熄灭，即整个电池组燃烧爆炸时间在 8min05s 时停止。

由此可以看出，锂离子电池组因三元乙丙橡胶片热防护材料的合理保护，而使得在电池燃烧发生时，危险情况减弱、火灾时间缩短，大大减少了锂离子电池相继燃烧爆炸的数量，证明三元乙丙橡胶起到了很好的隔离热防护作用。

（2）电池之间温度变化情况

锂离子电池（热电偶编号为 2、3）和带三元乙丙橡胶片热防护的锂离子电池（热电偶编号为 2*、3*）燃烧爆炸时，2、3 号热电偶所示温度随时间的变化曲线如图 6-25 所示。

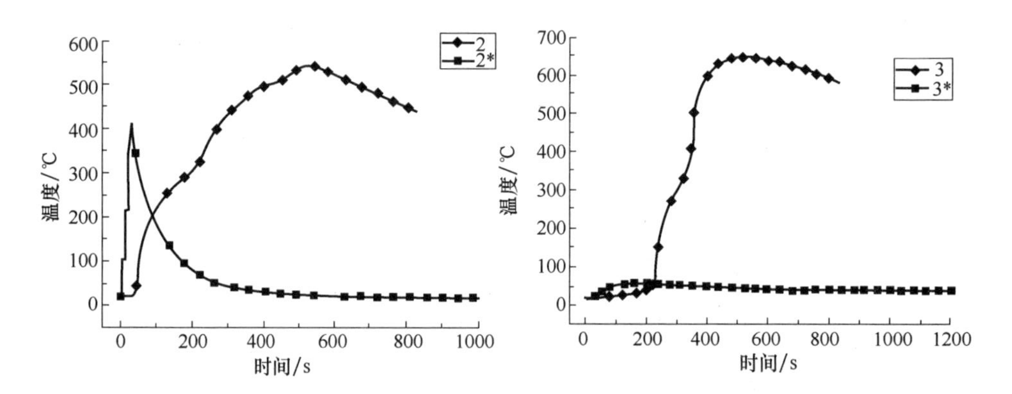

图 6-25　2、3 号热电偶所示温度随时间的变化曲线

由图 6-25 可以看出，加三元乙丙橡胶热防护的锂离子电池组中的 2*、3* 号热电偶所示温度明显低于未加三元乙丙橡胶热防护的锂离子电池中的 2、3 号热电偶所示温度。受保护的一组中其他电池免于相继发生燃烧爆炸，证明三元乙丙橡胶具有很好的热防护作用。

（3）距电池组半径 30cm 处圆形区域的温度变化

在没有热防护的锂离子电池组燃烧爆炸实验时，此区域的温度均受到电池燃烧爆炸的影响而具有高达 300℃的温度，属于十分危险的范围。而在带三元乙丙橡胶片热防护的锂离子电池燃烧爆炸实验时，此区域的温度在 20~28℃之间浮动，属于十分安全的温度范围。与之前没有热防护的三元电池燃烧爆炸周围温度场情况大相径庭，进一步佐证了三元乙丙橡胶片对锂离子电池进行了有效的热防护，给人的安全提供了保障。

6.7 总结

本章首先通过对三种材料的化学毒性测试分析；再综合背面温度测试结果、导热系数测试结果、热失重分析和毒性测试结果，加以考虑实际应用质量等因素，选取出最佳阻燃热防护材料；并以最佳阻燃热防护材料为外壳，探究其对锂离子电池燃烧爆炸的影响。最终得到以下结论：

1）从化学毒性角度来看，三种阻燃材料的毒性由大至小依次为：聚氨酯防火涂层>三元乙丙橡胶>酚醛玻纤板。

2）虽然酚醛玻纤板比阻燃三元乙丙橡胶的热稳定性好，但厚度为 3mm 的酚醛玻纤板的最终稳定温度 215℃高于厚度为 3mm 加阻燃剂的三元乙丙橡胶的稳定温度 185℃，再考虑三元乙丙橡胶具有较低密度的特点，在阻燃热防护材料中优选 3mm 加阻燃剂的三元乙丙橡胶为最佳阻燃热防护材料。

3）对于没有热防护的锂离子电池组共发生 5 次爆炸，安全性极差，爆炸情况迅速且猛烈，在实际使用中会造成不可估量的重大影响和危害，实验于 12min46s 停止。而受到三元乙丙橡胶片热防护材料保护的锂离子电池组，仅受直火灼烧的电池发生 1 次爆炸后，随后燃烧至熄灭，实验在 8min05s 时停止。证明三元乙丙橡胶对同组其他电池进行了有效的热防护，显著提高了其安全性。

其火灾周围温度场变化情况是，以电池组为中心，距电池组半径 30cm 处圆形的区域内，在没有热防护的锂离子电池组燃烧爆炸实验时，此区域的温度超过 300℃，属于危险的范围。而在带三元乙丙橡胶片热防护的锂离子电池燃烧爆炸实验时，此区域的温度在 20~28℃之间浮动，属于安全的温度范围。

第7章 电池储能安全设计

7

7.1 引言

锂离子电池因其高能量密度、低放电率和长寿命等优点和卓越的电化学性能正被大规模用于各类储能系统，且储能规模日益增长。在众多应用领域，储能电柜为常见大型锂离子电池系统之一，其系统容量大、电压高，适用范围广，但由于锂离子电池本身属于易燃、易爆的危险品，加上容量大及高压大直流应用特性，因此其系统的安全设计及安全使用在产品设计初期必须首要考虑。针对储能锂离子电池系统的安全设计考量，本章将分析和研究系统设计阶段的安全考虑因数，及产品使用过程中安全维护与安全使用注意事项，供电力储能系统应用设计开发参考。

7.2 系统安全设计

由于锂离子电池属于危险品，锂离子电池所用的正极材料为含锂的过渡金属氧化物（如 $LiCoO_2$，$LiFePO_4$），负极材料为碳材（如 MCMB），电解液为含 $LiPF_6$ 电解质的有机溶剂，隔膜为微孔聚丙烯复合膜。电池充电时，正极中的部分 Li^+ 从 $LiCoO_2$ 晶格中脱离，在电解液中扩散进入负极碳的晶格中，形成 LixC 化合物，通过上述电化学反应，将电能转化为化学能储存在电池中。放电时，LixC 化合物中的部分 Li^+ 从化合物中脱出，嵌入 $LiCoO_2$ 内部，通过上述电化学反应，将化学能转化为电能为负载供电。再充电时重复上述过程。锂离子电池的这种利用 Li^+ 在正负极材料中嵌入或脱嵌从而完成充放电过程的反应机理称为“摇椅式”机制。电池的安全性能与电池的容量成反比关系，容量越大，安全方面的隐患越多。

在使用过程中电流流过电池的正负极柱、电解液时会产生巨大的电应力、热应力、化学应力等应力冲击。大电流流过电池内部时容易产生极化效应，造成电池电压虚高，充电效率降低，有效放电容量降低，同时发热增加，热效应增强。电池内部的热量瞬间急剧增加或电池使用环境温度的骤然变化，可能会引起电池正负极柱、隔膜、电解液材料性能的退化，疏松脱落。在电池的充放电过程中，伴随电池的活性物质锂离子的嵌入和脱嵌过程，电池正负极柱、电解液、隔膜材料的理化性能会发生不可逆转的变化，甚至高温时隔膜材料容易分解，绝缘性能变差。锂离子电池在正常使用过程中不会出现安全问题，但在严重过充电、过放电、电池内部短路、局部温度过高等滥用条件下，电池内部会发生热失控，从而引起泄漏、起火、爆炸等事故。锂离子电池原理图如图 7-1 所示。

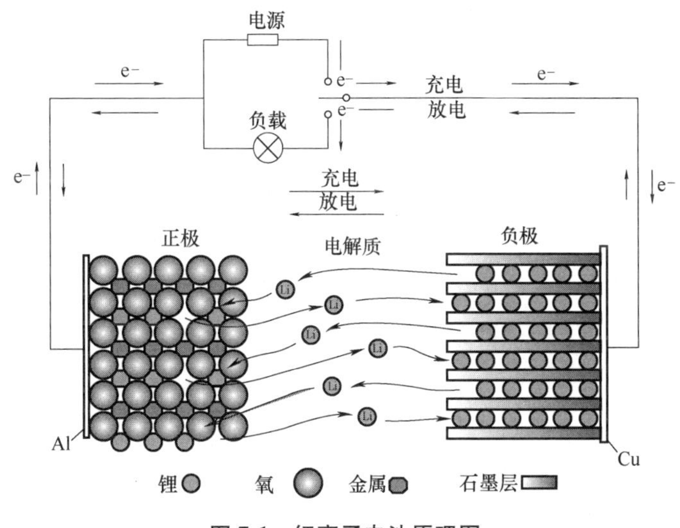

图 7-1　锂离子电池原理图

正极：$LiCoO_2 \rightarrow Li_{1-x}CoO_2 + xLi^+ + xe^-$

负极：$C + xLi^+ + xe^- \rightarrow LixC$

电池总反应：$LiCoO_2 + C \rightarrow Li_{1-x}CoO_2 + LixC$

当把大量的锂离子电池串并联在一起形成大型电池系统时，必须充分考虑产品的安全性能，产品的安全使用主要来自产品设计时安全因素的考虑、产品使用过程中的安全保护、产品安全使用纪律的遵守、定时的产品安全维护以及正确处理安全事故等。

7.2.1　产品安全设计

锂离子电池化学体系有多种材料可供选择，主流的锂离子电池，主要按正极材料分类，有磷酸铁锂、锰酸锂、镍酸锂、三元（镍钴锰）混合材料、磷酸锰铁锂几大类；负极材料有石墨及钛酸锂。各材料体系锂离子电池属性见表 7-1。

表 7-1　各材料体系锂离子电池属性

材料类型	平台电压/V	能量密度/(Wh/kg)	功率密度/(W/kg)	安全性	寿命	成本
磷酸铁锂	3.2	约 125	较高	高	长	低
三元（镍钴锰）混合材料	3.7	约 170	高	中	长	中
锰酸锂	3.7	约 110	较高	中	中	低
磷酸锰铁锂	—	约 150	低	较高	短	低
钛酸锂	2.2	约 80	高	高	长	高

磷酸铁锂电池（负极为石墨）平台电压很平，能量发挥好，储量大、经济性好。同时几乎无热失控（热失控温度在 800℃以上），材料体系非常安全，因此系统选择磷酸铁锂电芯作为电池系统的基本单元，大大降低了产品燃烧、爆炸的可能性，提高了电池系统的安全可靠性。磷酸铁锂已经广泛用于混合动力、纯电动客车以及电网和家庭储能系统，是目前锂离子储能市场上用量最多的锂离子动力电池。

大容量电池的封装方式有多种，如圆柱形、方形、软包。电池壳体设计上主流为铝壳设计，避免电池表面被机械损坏而导致电池单体内部受损的可能性，提高了产品的安全性能；另一方面，铝壳焊接封装气密性好，无变形、漏液风险，可靠性好。

在排气设计上，采用了椭圆形防爆阀，其开阀压力控制在（0.6±0.2）MPa 范围内，在过充、加热、短路等失效模式下，优先由防爆阀进行排气，避免电池解体产生爆炸，保证了产品应用安全性。钢壳电芯如图 7-2 所示。

图 7-2　钢壳电芯

7.2.1.1　电池模组

电池模组设计方面，采用先进并严谨的类似 V-model 的开发流程，保证设计阶段的可靠性和安全性，安全方面建议参考如下：

1）激光焊接 Busbar，低阻抗、高强度。

2）全覆盖工程塑料顶盖，防触摸，防短路。

3）电池单体防爆阀上方预留空间，防止异常时压力过大爆炸。

4）电池单体采用绝缘膜包覆壳体，电极和 Busbar 采用塑料卡槽设计，防止漏电。

5）电池单体间采用高强度胶黏合夹紧设计，具有抗振动、抗冲击的能力。

6）所用材料满足 V0-阻燃等级。

7）电箱能够满足国标中关于热扩散的要求。

8）电池箱设计时，充分考虑其强度、通风能力及电池单体连接部分在任何情况下不会短路。

以某厂家的电池模组应用设计为例，其电气安全方面，依据 DIN EN 60664-1 设计电池模组的安全爬电距离与电气间隙。如图 7-3 所示为电芯与胶壳装配示意图，电池模组设计上采用注塑工艺生产的胶壳组装电芯，胶壳上设计有卡扣与相邻的胶壳进行卡扣配合，实现电芯间的绝缘保护，同时也能满足工艺生产上的快速装配与批量生产要求。如图 7-4 所示为三个电芯组装示意图，胶壳在大面上设计有风道，因此多个电芯组装后，两电芯间的胶壳设计的风道能够保证电芯的散热。胶壳上部设计的特殊结构可保证电芯的防爆阀排气通畅，同时，在胶壳的上部两侧设置有线槽，线束布置于两侧并且有胶壳保护，可有效避免极端情况下电芯防爆阀打开后高温电解液对线束的损坏，造成其他短路等风险。

图 7-3　电芯与胶壳装配示意图

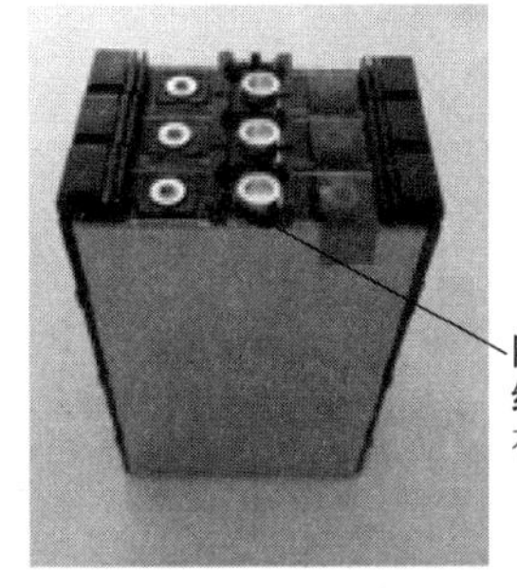

图 7-4　三个电芯组装示意图

如图 7-5 所示为某厂家电池模组，整个电池模组采用钣金结构进行紧固。电池模组的框架底部采用焊接，保证整体强度，两侧采用压条并用螺钉进行限位固定，同时顶部采用压条并用螺钉进行固定。电池模组高压接头设置于模块的前部左右两边，以保证足够的距离与安装空间，安全可靠。电池管理系统采用快插的方式组装于模组的前部，便于维护与装配。

7.2.1.2　电池柜设计

整个系统采用柜式设计，能有效对电池系统进行小单元化隔离，确保意外情

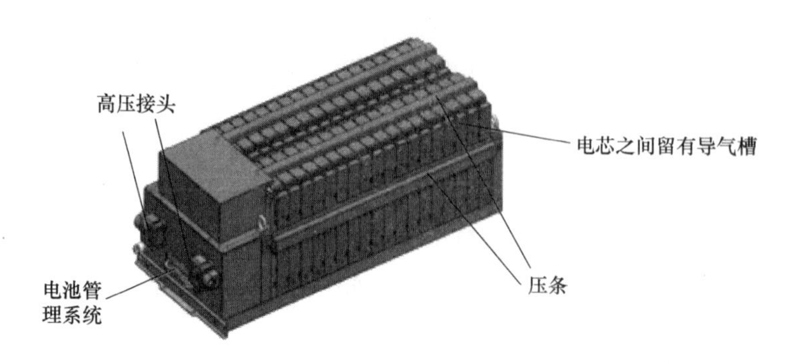

图 7-5　某厂家电池模组

况下不会蔓延恶化危险情况，加重后果。电池柜设计不但要考虑整个柜体的强度，同时要考虑系统内的通风冷却、线束布置安全以及电池模组安装的方便可靠性。

电池柜表面采用静电喷涂，全部金属结构件都经过特殊防腐处理，已具备防腐、美观的性能，结构安全、可靠，具有足够的机械强度，保证元件安装后及操作时无摇晃、不变形，且已通过抗振试验；电池架采用开放式设计，充分考虑其强度、通风能力，内部采用框架式结构，高低压及信号线分布于不同线槽，以确保安全；柜体进出线采用下进下出的引线及连接线方式。图 7-6 所示为某厂家电池柜结构示意图。

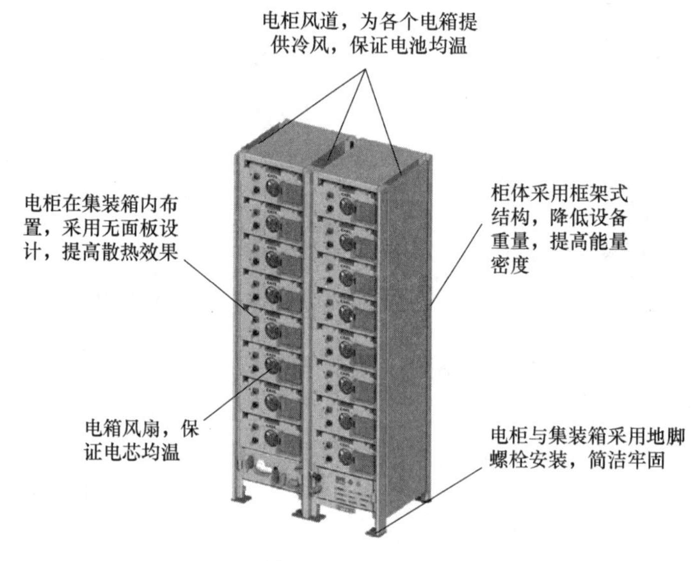

图 7-6　某厂家电池柜结构示意图

在功能安全设计方面，电池管理系统可实时检测开关内外两侧高压状况及绝缘状态，并可根据高压检测状态、系统通信指令、电池模块状态，控制高压继电器和高压预并联电路，执行电池柜的高压端口对系统切入和切出，在电池柜切入系统时，能自动控制预并联电路，通过电路中的预充电大功率电阻进行预先充放电，使高压开关内外侧的电压接近时才闭合高压主继电器触点，避免对负载和高压继电器触点造成大电流冲击，也不会对高压直流总线上其他电池柜大电流冲击；在检测绝缘不良时，及时切断高压输出，并发出警报。功能安全能力达到 ASIL D 等级，硬件失效率小于或等于 10fit，单点失效诊断覆盖率大于或等于 99%，潜在失效诊断覆盖率大于或等于 90%。图 7-7 所示为功能安全设计。

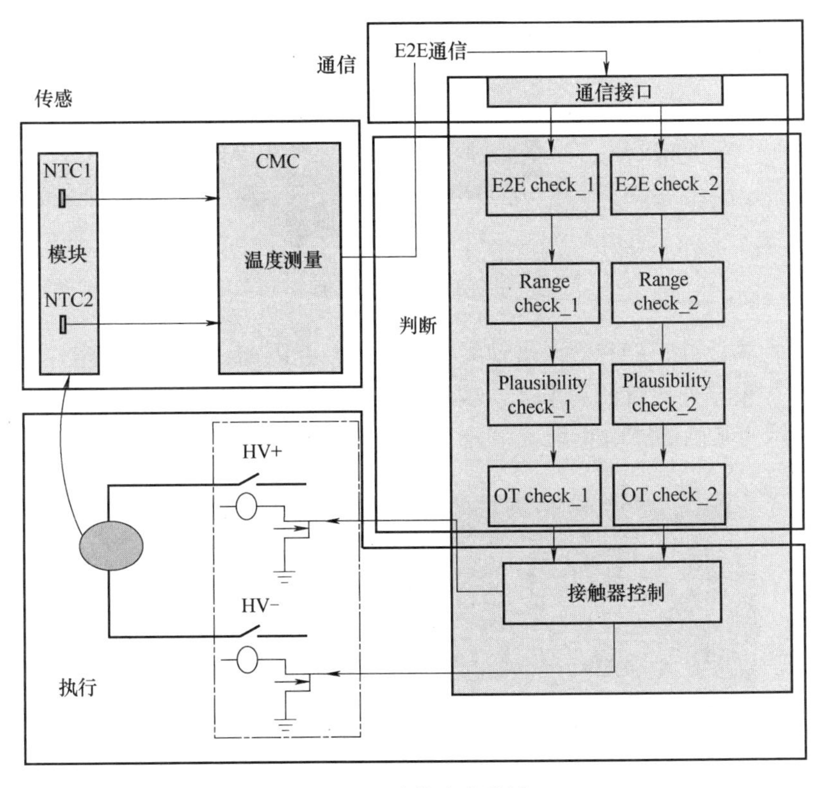

图 7-7　功能安全设计

7.2.1.3　系统集成

系统集成后电池单元系统由总控柜进行管理，总控柜具有很好的可视性，同时能对每一个电池柜进行独立高压操作，确保管理的有效，具有各种报警功能，同时能接受远程监控系统进行必要的对电池系统的操作。急停开关可立即让电池单元退出系统。图 7-8 所示为某款总控柜。

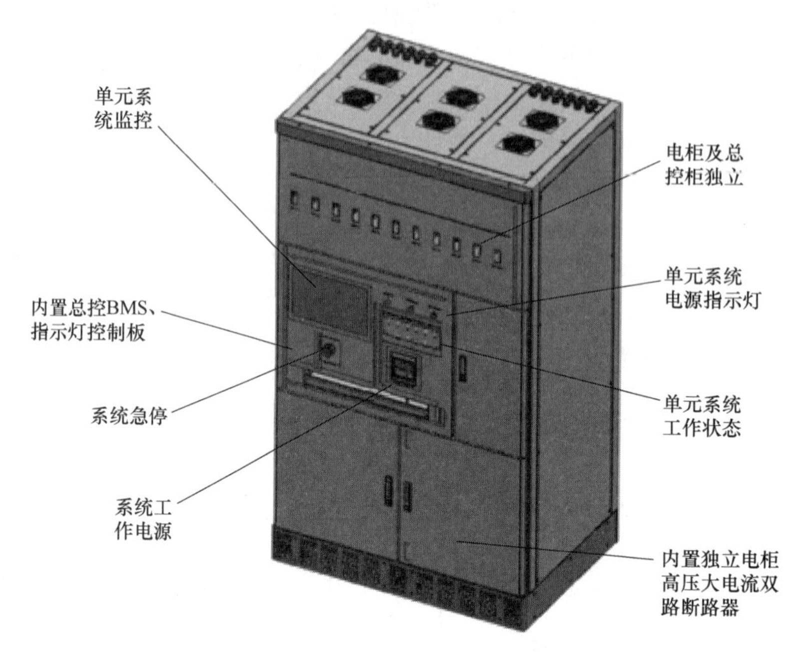

图 7-8　某款总控柜

采用柜式设计，能有效对电池系统进行小单元隔离，确保任何意外时不会导致蔓延，加重意外导致的后果。连线均分开走地沟内不同的线槽，以确保安全。图 7-9 所示为某款储能电柜系统单元。

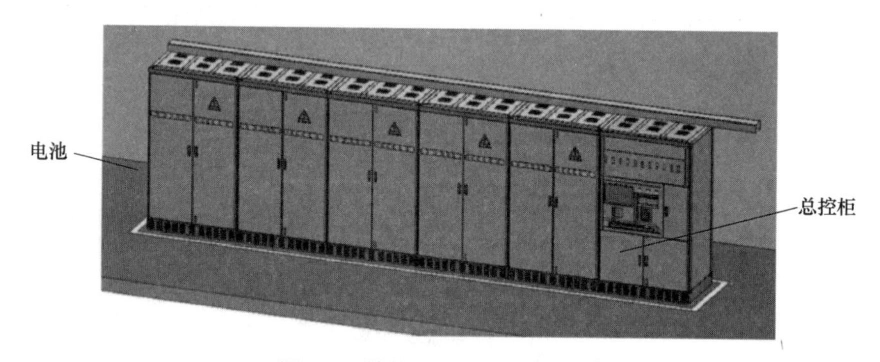

图 7-9　某款储能电柜系统单元

7.2.2　电池管理系统设计

7.2.2.1　管理系统架构

电池管理系统直接检测及管理电池储能站电池系统运行的全过程，包括电池运行基本信息测量、电量估计、单体电池间的均衡、系统运行状态分析、电池/系统故障诊断和保护、系统上下电策略控制、数据通信等几个方面，下面以某主流厂家的电池管理系统框架举例说明。

为了确保整个系统的安全可靠运行，完成对整个电池柜的智能化管理和控制，电池管理系统分了 3 个层级：CSC（电池监控单元）、SBMU（分电池管理单元）、MBMU（总电池管理单元）。

（1）电箱层级 CSC

CSC 负责管理储能系统的基本单元—电池组（电箱），完成对电池组内部 2P12S 共 24 个电池的数据采集，并将数据上传给 SBMU，同时根据 SBMU 下发的指令完成箱内单体电池间的均衡。

（2）CSC 基本功能：

1）检测 12 串锂电池单体电压。

2）检测 2 点电池温度和芯片温度。

3）自动均衡单体电压（补电和放电相结合的方式）。

4）对外提供隔离 CAN 通信接口，检测数据和电压、温度监控报警信息。

（3）单柜层级 SBMU

SBMU 负责单个电池柜的管理工作，接收电池柜内部 9 个 CSC 上传的详细数据，采样电池柜的电压和电流，进行 SOC、SOH 计算和修正，完成电池柜预充电和充放电管理，并将相关数据上传给 MBMU 和电池系统监控主机。

（4）SBMS 基本功能

1）检测功能 1：能检测分柜的充放电电流和分柜电压，精度为 0.5%。

2）检测功能 2：检测系统漏电流，判断是否存在绝缘电阻过小的情况，及时发出报警信息并采取相应动作。

3）统计功能：能统计电箱的 SOC，绝对精度为 5%，累计精度为 8%。

4）保护功能：异常时，及时向总电池管理系统报警，极端异常情况下，可以切断电箱继电器进行分柜自保护。

5）热管理：根据电池温度或温差，开启或关闭散热风机。

6）数据存储功能：记录分柜的充放电 SOC、最大充放电流（功率）、总累计放电容量、最高及最低温度、最高及最低单体电压、最高及最低总电压、报警信息以及它们产生的时间。

7）通信功能：提供 2 路 CAN2.0B 网络接口，1 路对 BMU，1 路对总电池管理系统。

（5）系统层级 MBMU

MBMU 负责多个电柜（≥2）并联组成的储能电柜系统管理工作，其接收 SBMU 上传数据并进行分析和处理，同时 MBMU 负责与变换器（双向变流器）

通信，进行运行功率设定和系统上下电控制，并将变换器的概要数据转发给电池系统监控主机显示和保存。

（6）MBMS 基本功能：

1）检测功能：能检测分柜的充放电电流和分柜电压，精度为 0.5%。

2）计算功能：接收电池柜的 SOC 数据，计算电池系统的 SOC。

3）保护功能：电池系统异常时，总电池管理系统发送指令给 PCS 进行相应的保护动作，必要时总电池管理系统下发指令给电池柜的电池管理系统，紧急切断电池柜的继电器，保护电池系统的安全。

4）热管理：根据电池温度或温差，开启或关闭系统的散热风机。

5）数据存储功能：记录系统的概要数据、报警信息以及历史数据等。

6）通信功能：提供 2 路 CAN2.0B 网络接口，1 路对 PCS，1 路对电池管理系统和电池系统监控主机。

7.2.2.2 电池均衡控制策略

电芯批量生产过程中，由于原料及生产工艺的自然波动，电芯的容量、内阻、电压及自放电率均会有一定的偏差。同时在电芯使用过程中随着充放电循环次数增加及存储时间、温度等影响，电芯容量衰减也会出现不一致。导致在同一系统内的电芯出现不一致。由于系统内电芯是采用多个串联使用，当电芯不一致比较严重时，高电压与低容量的电芯在充电时容易被过充电而损坏甚至导致安全事故，在采用高压保护措施后会导致整个系统可充电的容量大幅下降；低电压与低容量的电芯，在放电时容易被过放电而损坏，在采用低压保护措施后会导致整个系统可放电容量大幅下降。

因此，保持整个系统内电芯的平衡是保证系统能安全可靠运行的一个非常关键的因数，保证电芯平衡的控制策略又是重中之重。主流厂家的电池管理系统，已实现在线主动均衡的能力（高电压单独放电、低电压单独补电），并采用均衡策略确保系统内电芯的平衡。

下面以某系统为例，根据单元储能系统的设计，每个单元系统由 5 个电柜并联，每个电池柜由 20 个电池组串联，每个电池组又由 12 个电池串联，每个电池由 3 个单体电芯并联，根据这种设计结构，该系统电池的不平衡可能来自于以下几个方面：

（1）单体电芯间不一致

由于是电芯并联，因此其内部可自我互相平衡，生产中要可选择较为一致的电芯并在一起，在系统中可以将其视为一个整体看待。

（2）电池组中 12 串电池之间不平衡

采用对电压低的电芯进行单独补电，电压高的电芯进行单独放电的平衡方法进行平衡，但在控制策略上，应由上一级管理系统给出指令与参数开启均衡动作：均衡补电及放电的截止电压应是整个电池柜内电池的动态平均电压；均衡应在主回路电流小于一定值下进行；采用将电池在高电压端取得平衡的策略，即在控制策略上，由上一级管理系统给出指令及参数开启均衡动作，电池组内电池进行轮流放电或补电的形式来达到电池组之间电池的平衡。电池平衡策略示意图如图 7-10 所示。

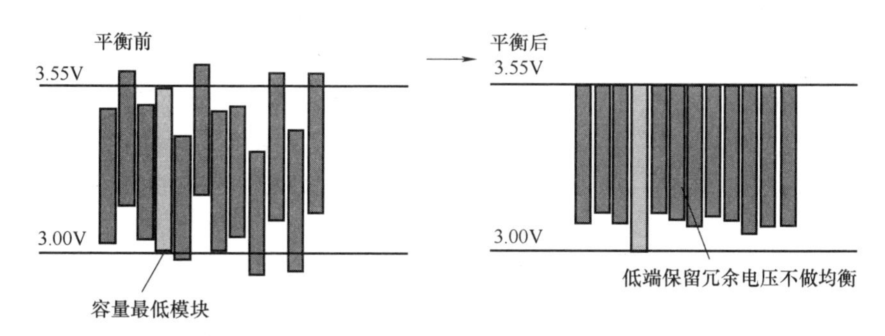

图 7-10　电池平衡策略示意图

（3）系统中并联的电池柜之间的不平衡

该系统中 5 个并联的电池柜之间可能存在不平衡，因为是并联结构，在系统充放电过程中，由于接线的长短，各个电池柜之间的电阻有差别等因素影响，充电与放电电流会出现一定的差别，低端保留冗余电压不做均衡，在停止充放电瞬间，各个电池柜之间会出现互为充放的均衡过程，同时在恒压及静置阶段，5 个柜之间可以自动分配电流进行均衡。

在均衡策略上，建议从如下几个方面着手解决：

1）电池内阻一致性控制及成组过程的连接要保证可靠，确保连接电阻的一致，运行过程中，保持一些必要时段的恒压与静置时间。

2）每个电池柜均对充放电电流进行实时监控，如果出现严重不平衡，电池管理系统将给出报警信息并限制充放电功率。

3）在起始阶段或由于各种原因导致单独的一个或多个电池柜退出系统一段时间后需重新并入系统，此时由特别设计的预充电（预并联）线路及控制策略进行电池柜之间平衡后方可自动并入。

4）此种不平衡对充放电过程是一样的，即充电时电流大的电池柜在放电时电流也相应是大的。因此在一个完整的充放电过程中，电池柜的 SOC 还是会保持相对平衡，但为防止满充或满放情况下电池可能被轻微过充或过放，在运行及设计时，必须在高端及低端留有一些必要的容量冗余（如运行时，定义 SOC 在 10%~90%区间运行，或适当收紧高低压运行区间，单体电压运行区间设为 3.0~3.5V）。

电池柜本身由于电池内阻、连接电阻、高压继电器及维护开关电阻等因数，其电阻远大于电池到变流器之间连线的电阻（一般为 200mΩ 对 10mΩ），合理范围内连线长短的影响并不明显，根据 某主流厂家储能系统项目的运行经验，充放电过程中（0.5C）电流的差别均低于 5%（5A 左右），在运行过程中对 SOC 产生的不平衡影响也在 5%之内，在高低端保留一定的容量冗余，即可保证电池不被过充或过放。

7.2.2.3 充放电管理功能

在系统正常运行中，根据当前电池温度、SOC 及 SOH，决定当前最大允许充放电电流值，再通过 CAN 通信功能，实时将此信息给 PCS，使 PCS 控制策略和电池组状态紧密结合。在系统因为其他故障可能极限运行时，能及时报警，告知 PCS 和监控系统。极端严重时，申请高压断开，退出充放电工作状态。

在电池柜内部电池出现不能及时恢复的严重故障时（例如：单体电压异常高或异常低、温度异常高或异常低、关键传感器信号故障、BMU 和 CSC 间通信故障造成监控盲区、工作电源异常），可以申请高压管理系统退出并联电路，停止充放电，避免危害扩大。

7.2.2.4 高压管理功能

管理系统在高压管理方面，应具备如下功能：

1）能实时检测开关内外两侧高压状况及绝缘状态，并根据高压检测状态、系统通信指令、电池模块状态，控制高压继电器和高压预并联电路，执行本电池柜的高压端口对系统切入和切出。

2）在电池柜切入系统时，管理系统应能自动控制预并联电路，通过电路中的预充电大功率电阻进行预先充放电，使高压开关内外侧的电压接近时才闭合高压主继电器触点。避免对负载和高压继电器触点造成大电流冲击，以及对高压直流总线上其他电池柜造成大电流冲击。

3）电池柜设计过程中，在电柜输入、输出总正极和总负极上均串联高压继电器，继电器受管理系统控制，可通过上位机发送指令进行闭合与断开动作。同时当工作电源停止供电时，电器处于断开状态，确保电池柜在运输、安装及维护过程中的安全。继电器也直接受控于急停开关，在紧急情况下，急停开关可立即断开继电器，以保护电池组与系统的安全。当管理系统检测到电池超出正常工作条件范围，在向系统报警及请求停机均无响应的情况下，也可自行断开继电器以保护电池系统安全。

4）检测绝缘不良时，及时切断高压输出，并发出警报。提供应急按钮，在紧急情况时，可及时断开高压回路。

5）提供人工操作的高压断路器，在系统不停机的情况下，可以人工分立某个电池柜，进行维护、维修工作。

6）提供高压熔断器，在外部突然短路时，可以保护高压开关、继电器、电池及高压回路连接线。

7）预并联线路由另一个高压继电器控制，由管理系统根据检测到的内外参数，决定闭合或断开预并联线路，以确保系统运作的安全可靠。

7.2.2.5　报警功能

电池系统在运行过程中，根据电池及系统特性设定报警阈值，当电池运行出现过电压、欠电压、过电流、高温、低温、漏电、通信异常、电池管理系统异常等状态时，电池管理系统将上报给就地监控系统与 PCS 控制系统，并通过就地监控系统往上层监控系统上报。根据报警的类型，分为参数超限报警和功能性故障报警两大类，前者包括电压、电流、温度、SOC 等参数超限，后者包括 CAN 通信故障、传感器故障、其他自诊断功能故障等。根据报警的严重程度，报警信息分 3 级，第 1 级最轻，第 3 级最严重。

1）1 级报警：提醒注意，电池系统运行接近限制值。

2）2 级报警：电池系统运行超过限制值，提醒 PCS 及监控单元采取必要行动，如限制功率或停止继续充放等。

3）3 级报警：电池系统运行超过极限值，提醒立即停止使用或退出系统，在等待一定时间内如 PCS 或上级监控单元没有处理反应，管理系统将强行将电池系统退出运行（此功能可设置）。

7.2.2.6　热管理功能

管理系统应具备如下热管理功能：

（1）散热及热均匀管理

BMU 根据电箱中 CSC 检测上报的电池温度决定是否启动电池散热系统。如果电池超温或者电池相互间温差较大时，启动电池柜散热风机，使温度降低或各区域温度趋于平衡。

（2）预热及低温运行管理

锂离子电池在低温状态下如果不加管理地进行充电，由于其内部阻抗大幅增加（主要是由电解液的离子导电率大幅下降引起），其内部将出现锂金属析出，从而导致电池性能下降、容量不可逆永久损失。由于锂金属是非常活泼的金属，大量的锂金属在电池内部析出，还会大大降低电池的安全性能，因此，对电池的低温运行管理非常重要且必要。

储能电站常处于环境相对恶劣与偏僻的地点，因此有电池堆在安装、调试及使用过程中，由于各种原因，会处于低温下工作，因此电池堆的热管理功能必须充分考虑此方面的需求。

储能系统在低温热管理设计部分，主要从如下几个方面进行优化运行环境，以保证电池的可靠与安全运行：1）系统在结构设计上采用电池箱加电池柜双重结构与风扇抽风方式，避免开架式结构，导致电池热交换不可控的弊端，使电芯与环境的热交换基本可控（电池管理系统管理风扇是否启动）。2）电池在低温下，内阻增加，此时不能充电，但却可以放电，可通过放电电流使电芯自我加热，待温度升高到可正常工作范围后，电池堆可正常进行充放电运作。

电芯低温下不能充电是一个笼统的概念，为避免锂离子析出，可以通过优化的方案来实现，即根据不同的温度情况，通过控制充电电流、充电电压（SOC水平）来实现，电池管理系统可通过检测到的温度数据及电芯状态来要求 PCS 及监控中心限制电流电压、保护电池，这其中电池管理系统控制策略是关键。某款锂离子电池充电温度、倍率、SOC 析锂窗口如图 7-11 所示。

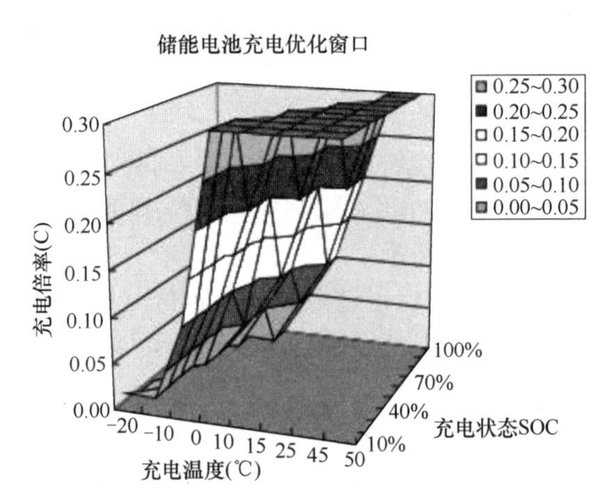

图 7-11　某款锂离子电池充电温度、倍率、SOC 析锂窗口

某厂家电池充电窗口对照表见表 7-2。

表 7-2　某厂家电池充电窗口对照表

温度/℃	SOC									
	10%	20%	30%	40%	50%	60%	70%	80%	90%	100%
	倍率									
-20	0.02	0.01	0.01	0.00	0.00	0.00	0.00	0.00	0.00	0.00
-10	0.02	0.02	0.02	0.02	0.01	0.01	0.01	0.00	0.00	0.00
0	0.10	0.10	0.10	0.10	0.10	0.05	0.05	0.05	0.00	0.00
10	0.30	0.30	0.30	0.20	0.20	0.20	0.10	0.10	0.05	0.05
15	0.30	0.30	0.30	0.30	0.30	0.20	0.20	0.20	0.10	0.10
25	0.30	0.30	0.30	0.30	0.30	0.30	0.30	0.20	0.20	0.20
45	0.30	0.30	0.30	0.30	0.30	0.30	0.30	0.30	0.30	0.30
50	0.30	0.30	0.30	0.30	0.30	0.30	0.30	0.30	0.30	0.30

（3）电池柜热模型分析

图 7-12 所示为某款电芯内阻与温度关系图。

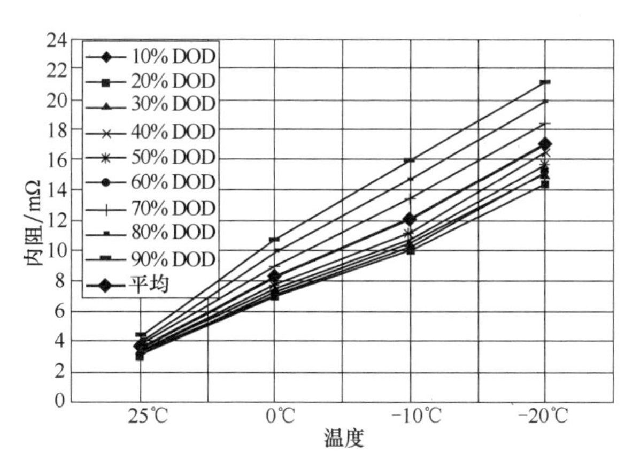

图 7-12　某款电芯内阻与温度关系图

由于在低温下电池内阻增加许多，如果放电的话，电池将比平常发热快，以 0.2C 放电 2h 计算，某款电芯内阻与温度关系图如图 7-13 所示。

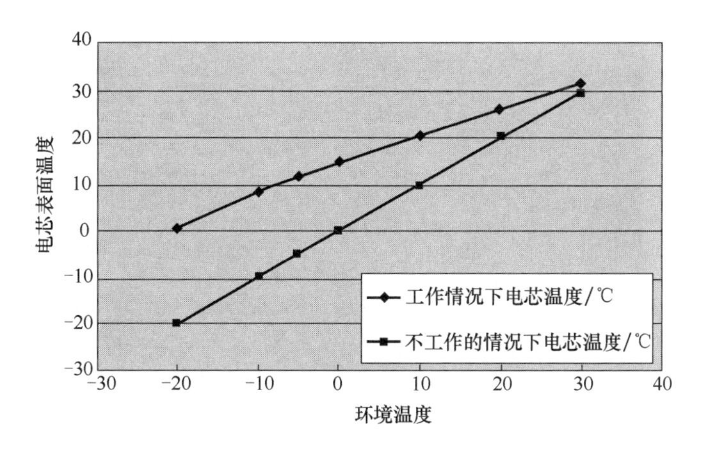

图 7-13　某款电芯内阻与温度关系图

在电池系统调试阶段，由于总系统未联调，为确保电池的质量与可靠，如遇低温环境，在调试开始阶段将只允许放电，待温度上升到正常范围后，在正常工作主流厂家电池出厂前将根据具体情况把电池 SOC 提高到 80%，以便于调试。

电池在正常工作温度下连续工作，以最大电流 0.25C 工作条件（设计为 0.167C），电芯发热以 0.2W 计算，假设风扇以 10cmm 抽风（此时温度最不均匀)，则某款电池柜工作温升分布如图 7-14 所示。

图 7-14　某款电池柜工作温升分布

由图 7-14 可知，整个电柜最高温升达到 3.09℃，温差有 3℃。假设电池柜经过长期使用，容量有所下降，电池内阻升高 1.5 倍，电池发热达到 0.5W，则长期使用后电池柜工作温升分布如图 7-15 所示。

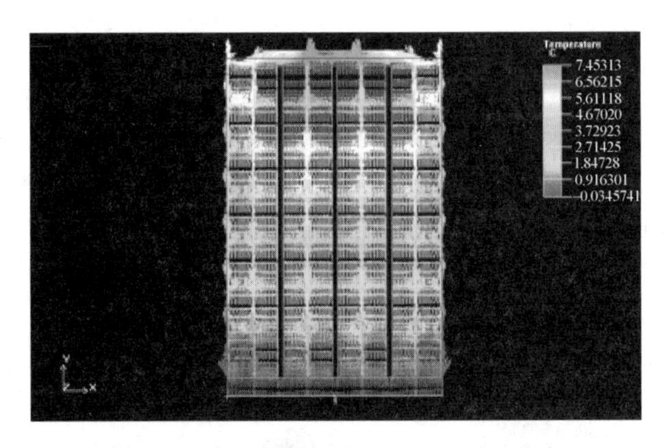

图 7-15　长期使用后电池柜工作温升分布

由图 7-15 可知，整个电柜最高温升达到 7.5℃，温差有 7.5℃。温度均匀性能满足系统正常长期运作。

7.2.3　SOC 修正策略

由于电压、电流检测设备的精度和微处理器 AD 采样精度的限制，以及软件计算累计误差的存在，会导致系统的 SOC 计算值随着充放电循环的增加而与电池组的实际容量产生较 大的偏差，因此必须对 SOC 计算值进行必要的修正，以减小测量和计算误差对 SOC 值的影响，提高电池组 SOC 的估算精度。

SOC 以单个电柜为单元用电流累积方法进行计算，单个模块的 100% SOC 以最低标称容量 180Ah 为标准（60Ah 电芯 3P 为一个模块）。为了区别电芯 SOC 与电池系统具体可用与充电电量的区别，特引入可用电量参数进行准确区分：

1）当电池容量衰减后，电池可充入或可放出的能量减少，但 SOC 依然必须是 0%～100%。

2）电池在不同环境温度下，可充入或可放出的能量不同，但 SOC 依然必须是 0%～100%。

3）电池系统在 SOC 不平衡的情况下，可充入或可放出的能量不同，但 SOC 依然必须是 0%～100%。

因此，SOC 必须回归到其准确的定义中，如此就可以用电压情况对 SOC 进行修正，确保 SOC 准确反应电池的荷电状态。

SOC 修正总体原则：

1）分多级（暂定 8 级）判定单体电压与 SOC 关系来修正，以柔性变化代替突变。

2）修正时，需要连续判断在 1min 之内充放电流是否均小于 1A（纯电动车可能有电空调工作电流，此值需要调整），此处称为电流时间条件。

3）需要考虑总电压（直接测量值）在不同负载电流情况下的变化率来闭环判定 SOC 正确的范围辅助修正。

7.2.4　系统软件安全措施

1）储能电站监控系统退出或意外中断运行时，电池、电池管理系统可保证设备自身的安全，并维持一段时间正常运行，维持运行的时间长短可由使用方确定。在系统正常运行过程中，即使储能电站监控系统退出或意外中断，电池系统仍可正常工 作，配合 PCS 正常充电或放电；此时，如果电池的单体电压、电流、温度等模拟量出现超过安全保护门限的情况时，电池管理系统能够实现就地故障隔离。首先将有问题的电池柜（电池簇）退出运行；同时向 PCS 发送报警信息，PCS 收到报警信息后，根据报警级别采取必要的保护动作运行；当电池恢复后，PCS 与单元电池均能自动或手动进入可运行状态。

2）每个电柜的顶部规划安装两个烟感检测探头，实时监控各电池柜的烟雾状态。当电池管理系统检测到烟雾报警信号后，当前电池柜首先自动切断高压直流输出；然后电池管理系统控制板通过 CAN 总线发送该报警信号到 PCS，同时也通过以太网总线发送报警信号到储能电站监控系统；可由 PCS 和储能电站监控系统停止电池系统的运行。

7.3 安全使用注意事项

7.3.1 系统安装

系统安装注意事项需严格按文件规定的安装步骤进行：

1）操作纪律教育，使施工人员懂得严格执行劳动纪律对实现安全施工的重要性。遵守劳动纪律是贯彻安全生产方针、杜绝伤亡事故、保障安全施工的重要保证。

2）在施工之前必须按照《电站高容量电池储能系统研发示范工程磷酸铁锂电池系统—设备安装方案书》对现场施工与维护人员进行全面培训。

3）所有安装人员必须是经过培训合格的工程人员，安全技能培训是指结合本工种、本专业特点，凡进入现场进行特种作业人员均必须持有特种作业操作许可证。

4）安装过程中必须配备专用工具与佩戴劳保用品。

5）安装工作必须专人专职。

6）必须明确各种连接的原理与功用，不许靠猜想或自作主张。

7）安装过程中，确保不通工作电源，并确保维护开关处于断开状态。

8）线路连接过程中，不允许两人或以上同时连接一根线。

9）安装过程中，每完成一项工作，必须检查一遍，同时需要进行交叉检查。

10）安装必须按顺序进行，不许跳跃式进行安装工作。

11）所有裸露的金属线头均需绝缘包裹。

7.3.2 系统运行

系统运行注意事项需严格按文件规定的步骤运行：

1）系统操作人员必须是经过培训合格的专职人员。

2）运行中必须密切留意显示设备与管理软件给出的系统运行情况报告，任何异常与报警必须立即处理。

3）不可进行超出系统正常工作范围运行。

4）系统运行中不许无故强行断开或让电池退出系统。

5）不许不按规程操作系统。

6）不许无关人员操作系统。

7.4　产品安全维护

7.4.1　日常系统安全维护

在进行日常一般维护工作中，要特别注意系统的安全维护，以确保系统及自身人身安全。

1）日常安全维护内容主要检查存在的安全隐患。

2）检查系统各种指示灯工作是否正常。

3）检查数据库中数据是否有任何报警记录。

4）检查系统是否有漏电现象。

5）检查系统是否有任何异味。

6）检查系统中是否有任何地方有水迹。

7）检查系统中环境温度是否在正常范围。

8）检查各个连接头是否正常，有无破损或异常温度不一致。

9）检查各个显示单元显示是否正常。

10）检查通信是否顺畅。

11）检查各种消防设备是否正常与完整。

12）5S 检查。

7.4.2　产品安全定期维护

在系统定期维护中，安全维护是最重要的一个环节，必须加以足够重视。

1）检测系统的绝缘、漏电情况。

2）检测各个连接点是否正常。

3）总结记录数据并检查分析报警情况。

4）检测各种工作电源是否正常。

5）系统参数重新标定。

6）评估各种保护参数是否合理并决定是否需要更改。

7.4.3　产品安全事故处理

7.4.3.1　一般安全事故处理

系统一般安全事故由现场维护人员处理，如出现通信不畅、一般报警等情况，现场人员视情况分析原因，并按产品运行手册进行处理且予以排除。如果超出自己处理能力，应立即要求供应商服务人员到现场处理。

7.4.3.2 紧急安全事故处理

对于紧急事故，请按下列步骤处理：

1）立即将系统退出运行。

2）切断系统工作电源。

3）立即报告主管人员。

4）由主管人员组织相关技术人员进行处理。

5）分析原因，提出整改意见，并立即整改。

6）对于紧急事故，如电池冒烟、燃烧、爆炸、系统短路严重漏电等，切忌自行处理导致可能的人身安全事故，应由专业人员弄清情况后进行处理。

7.5 电池管理系统安全策略设计

7.5.1 电池平衡策略设计

在产品使用过程中发现，平衡能力越强、越智能，其误动作的危害越大，因此必须设立限制条件确保平衡正确进行，避免误动作。平衡的目的是平衡电池SOC，但检测量为电池电压，任何影响电压检测且与 SOC 无关的参数均可能造成误动作，对电压检测造成影响的有：

1）当主回路中存在电流时，电芯内阻、连接电阻及采样线连接位置均会影响真实电芯电压检测。

2）当检测信号线中存在电流时。

3）检测信号线存在破损、松脱、接地、长度不一致、位置不一致及接触电阻不一致等情况时。

4）电压检测芯片，线路误差及偏移等硬件问题。

7.5.1.1 CSC 一级平衡现实考虑

CSC 平衡条件的选择非常重要，既要保证平衡的效率，又必须防止误平衡的出现，需根据硬件及具体使用情况优化选择。

以在某示范项目中的管理系统为例，该系统平衡放电电流为 150mA，平衡补电电流为 1000mA，电压采样精度为 2mV。根据电压不平衡情况对系统进行平衡控制，采取单体电压与整体平均电压比较的原则，当单体电压高于平均电压10mV 以上时视为电压偏高，当单体电压低于平均电压 10mV 以上时视为电压偏低。

一个电箱内 CSC 同时只能对一个模块放电，一个模块补电。补电和放电条件如下：

1）当 $V_{max}-V_{mean}>10mV$，则对 V_{max} 对应的模块进行放电，当 $V_{max}=V_{mean}$，则停止对当前的模块放电，转入下一个高电压模块。

2）当 $V_{mean}-V_{min}>10mV$，则对 V_{min} 对应的模块进行充电，当 $V_{min}=V_{mean}$，则停止对当前模块充电，转入下一个低电压模块。

3）当 $V_{max}-V_{mean}<10mV$ 且 $V_{mean}-V_{min}<10mV$ 时，则 BMU 停止对模块进行放电和充电均衡。

为避免电压检测造成干扰，需要采用如下方法来避免平衡电路的误动作：

1）当主回路电流小于 10 A 时，方可启动平衡功能，有大电流存在时，不启动平衡功能。

2）当进行电压采样时，关闭平衡电流（脉冲采样）。

3）当电压数据不正常时，不进行平衡（报警，如电压小于 0.5V，大于 4.0V 等严重不正常情况）。

4）当所有电芯电压处于平台阶段时（只针对 LFP 电芯，平台段电压为 3.20~3.30V）。

5）当电压差在可接受范围内，不进行平衡（$\Delta V<10mV$）。

6）BMU 进行检测校准。

7）安装工艺保证连线按设计连接及确保可靠。

8）出货前对系统进行功能性检测。

7.5.1.2　BMU 二级平衡现实考虑

CSC 一级平衡只针对每个电箱内的 12 个串联模块，对于电柜内部 20 个电箱的平衡必须由 BMU 进行统筹判断进行智能二级平衡。

二级平衡策略是基于整个系统的平衡系统的需求，避免电箱与电箱之间长期使用导致的不平衡情况出现，整体平衡的基点为整个电柜的平均电压，通过 BMU 下达平衡使能信号要求 CSC 做出平衡动作，以实现电池柜内部整体电芯平衡功能。

BMU 二级平衡的条件选择与 CSC 一级平衡类似，仍然是根据电压差值来判断平衡条件是否满足，从而启动对高电压模块进行放电，低电压模块进行补电的平衡方式。所不同的是，此处的电压基准不再是电池箱内部的平均电压 V_{mean}，而是电池柜内部所有电芯的平均电压 V_{sm}。

补电和放电条件如下：

1）当 $V_{max}-V_{sm}>10mV$，则对 V_{max} 对应的模块进行放电，当 $V_{max}=V_{sm}$，则停止对当前模块放电，转入下一个高电压模块。

2）当 $V_{sm}-V_{min}>10mV$，则对 V_{min} 对应的模块进行充电，当 $V_{min}=V_{sm}$，则停止对当前的模块充电，转入下一个低电压模块。

3）当 $V_{max}-V_{mean}<10mV$ 且 $V_{mean}-V_{min}<10mV$ 时，则 BMU 停止对模组进行放

电和充电均衡。

在避免上述 BMU 一级平衡电路误动作的所有因数的同时，还需关注下列几点，以确保 BMS 二级平衡功能的正确进行：

1）通信异常，个别模块或 BMU 数据未能获得时，应在计算平均值时加以排除。

2）数据异常，对于个别异常数据（单体电压大于 4.2V 或 单体电压小于 1.0V），应在计算平均值时加以排除。

3）平衡过程中由于可能存在小电流或电芯极化等因素，整体电芯电压可能处于不断变化中。因此，总体平均电压 V_{sm}应是动态实时的。

7.5.2 SOC 修正策略设计

在 7.2.3 节的 SOC 修正策略中，结合某主流厂家具体项目经验，SOC 分级修正条件如图 7-16 所示。

修正级数	单体电压及原来SOC条件	SOC修正值
1	(V_{min}>3.50V)和 (SOC<90%)和满足电流时间条件	100%
2	(V_{min}>3.40V)和 (SOC<85% $\Vert$ SOC>95%)和满足电流时间条件	90%
3	(V_{min}>3.35V)和 (SOC<80% $\Vert$ SOC>90%)和满足电流时间条件	85%
4	(V_{min}>3.3V)和(SOC<75% $\Vert$ SOC>85%)和满足电流时间条件	80%
5	(V_{max}<3.2V)和(SOC>40% $\Vert$ SOC<20%)和满足电流时间条件	30%
6	(V_{max}<3.1V)和(SOC> 30% $\Vert$ SOC<10%)和满足电流时间条件	20%
7	(V_{max}<3.0V)和(SOC> 20% $\Vert$ SOC<5%)和满足电流时间条件	10%
8	(V_{max}<3.0V)和(SOC>10%)和满足电流时间条件	0%

图 7-16 SOC 分级修正条件

以上 SOC 修正策略，在现实使用过程中发现存在一定的不合理之处，可能导致 SOC 修正出现误判，产生较大的跳动。

为解决此问题，储能电站电池系统 SOC 修正策略探讨出新的办法：

1）采用单个电柜为一个单元。

2）SOC 修正采用整柜模块平均电压为修正参考依据。

3）模块间不平衡及温度影响与电芯容量衰减由 UE 反应。

4）SOH 计算可准确通过容量测试及具体循环数据确认。

根据目前系统充放电实测情况，模块平均充放电曲线如图 7-17 所示。

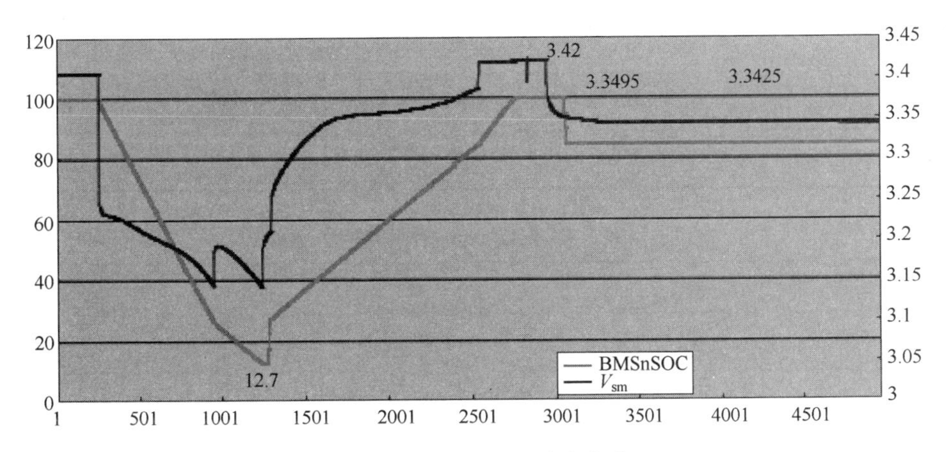

图 7-17　模块平均充放电曲线

根据此充放电曲线及连线电阻影响，建议新的 SOC 修正策略如下：

1）引入电流导致电压变化修正因子。由于电池连接电阻及极化影响，在回路存在电流时，会引起电压检测值偏差，此部分应予以排除。

$V_{soc}=V_{sm}+I\times k$（充电电流为负，SOC 修正时，电压需减去偏移量，与电流成正比）；

$K=\mathrm{d}V/(I\times N)$ I 为测试电流，dV 为电压差，N 为电池串联数量。以储能为例，系统参数 $K=16.8\mathrm{V}/(20\times240)=3.5\mathrm{mV}$。

2）程序中，增加允许修正标识：

默认 SOC 修正不允许：$\mathrm{SOC}_{\mathrm{adjust\_Index}}=0$；

当 SOC 变化从 49%～50%时：$\mathrm{SOC}_{\mathrm{adjust\_Index}}=1$（允许 SOC 进行修正）；

当 SOC 进行一次成功修正后：$\mathrm{SOC}_{\mathrm{adjust\_Index}}=0$（不允许接着立即修正）；

如此不断循环，确保 SOC 在一个循环内或短时间内被不断频繁修正。

3）高端参数条件和参数见表 7-3，低端参数条件和参数见表 7-4。

表 7-3　高端参数条件和参数

修正级数	电压条件	SOC 条件	SOC 修正值
1	$V_{soc}>3.46$	SOC<95%	100%
2	$V_{soc}>3.44$	SOC<92%	97%

（续）

修正级数	电压条件	SOC 条件	SOC 修正值
3	V_{soc}>3.42	SOC<88% || SOC>98%	93%
4	V_{soc}>3.40	SOC<82% || SOC>94%	89%
5	V_{soc}>3.38	SOC<80% || SOC>90%	85%
6	V_{soc}>3.36	SOC<76% || SOC>86%	81%

表 7-4　低端参数条件和参数

修正级数	电压条件	SOC 条件	SOC 修正值
1	V_{soc}<3.12	SOC<15% || SOC>25%	20%
2	V_{soc}<3.09	SOC<10% || SOC>20%	15%
3	V_{soc}<3.06	SOC<5% || SOC>15%	10%
4	V_{soc}<3.03	SOC>10%	89%
5	V_{soc}<3.00	SOC>5%	85%
6	V_{soc}>3.36	SOC<76% || SOC>86%	81%

SOC 修正总体流程如下：

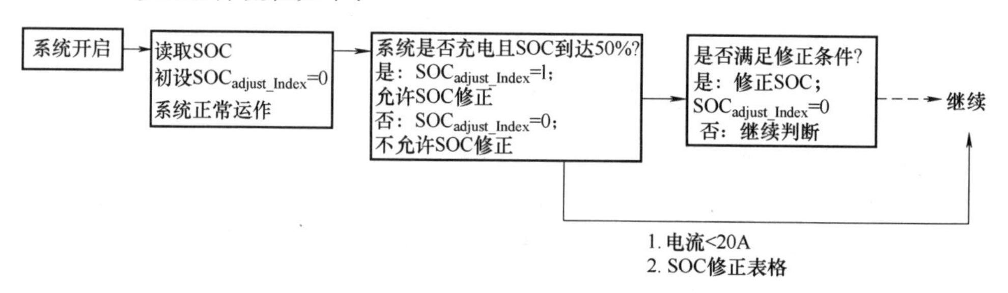

7.6　总结

本章以国内某储能系统为例，分析了在产品安全、电池管理系统设计、SOC修正策略、系统软件方面等需要考虑的事项，并提出了系统安装、运行、维护等方面需要注意的事项，最后介绍了电池管理系统的安全策略。

第8章 电池储能消防安全

8

8.1 引言

我国储能系统的发展已进入规模化阶段，据中关村储能产业技术联盟统计，截至2020年底，全球电化学储能装机规模累计14.2GW，中国为3.27GW。其中，2020年我国新增电化学储能装机规模1.56GW，是2019年的2.4倍。未来五年，电化学储能累计规模复合增长率为57.4%。预计到2025年，我国电化学储能市场装机规模将超过24GW，约为当前规模的8倍。

2017年10月，国家发展改革委、财政部、科学技术部、工业和信息化部、国家能源局联合发布《关于促进储能技术与产业发展的指导意见》（发改能源〔2017〕1701号），明确了储能是智能电网、可再生能源高占比能源系统、“互联网+”智慧能源的重要组成部分和关键支撑技术，是提升传统电力系统灵活性、经济性和安全性的重要手段，是推动主体能源由化石能源向可再生能源更替的关键技术，是构建能源互联网、推动电力体制改革和促进能源新业态发展的核心基础。

该文件吹响了储能技术产业发展的号角，规划了10年的发展目标：第一阶段实现储能由研发示范向商业化初期过渡，第二阶段实现商业化初期向规模化发展转变。“十三五”期间，建成一批不同技术类型、不同应用场景的试点示范项目；研发一批重大关键技术与核心装备，主要储能技术达到国际先进水平；初步建立储能技术标准体系，形成一批重点技术规范和标准；探索一批可推广的商业模式；培育一批可推广的商业模式；培育一批有竞争力的市场主体。储能产业发展进入商业化初期，储能对于能源体系转型的关键作用初步显现。“十四五”期间，储能项目广泛应用，形成较为完整的产业体系，成为能源领域经济新增长点；全面掌握具有国际领先水平的储能关键技术和核心装备，部分储能技术装备引领国际发展；形成较为完善的技术和标准体系并拥有国际话语权；基于电力与能源市场的多种储能商业模式蓬勃发展；形成一批有国际竞争力的市场主体。储能产业规模化发展，储能在推动能源变革和能源互联网发展中的作用全面展现。

2021 年 7 月，国家发展改革委、国家能源局发布《关于加快推动新型储能发展的指导意见》（发改能源规〔2021〕1051 号），明确提出我国新型储能发展的主要目标是：到 2025 年，实现新型储能从商业化初期向规模化发展转变。新型储能技术创新能力显著提高，核心技术装备自主可控水平大幅提升，在高安全、低成本、高可靠、长寿命等方面取得长足进步，标准体系基本完善，产业体系日趋完备，市场环境和商业模式基本成熟，装机规模达 3000 万 kW 以上。新型储能在推动能源领域碳达峰碳中和过程中发挥显著作用。到 2030 年，实现新型储能全面市场化发展。新型储能核心技术装备自主可控，技术创新和产业水平稳居全球前列，标准体系、市场机制、商业模式成熟健全，与电力系统各环节深度融合发展，装机规模基本满足新型电力系统相应需求。新型储能成为能源领域碳达峰碳中和的关键支撑之一。在“十四五”及中长期新型储能发展中，需要大力推进电源侧储能项目建设，积极推动电网侧储能合理化布局，积极支持用户侧储能多元化发展。图 8-1 所示为江苏苏州昆山储能电站。

图 8-1　江苏苏州昆山储能电站（110. 88MW/193. 6MWh）

在储能技术和材料不断发展和突破的同时，近年来国际上发生的一系列火灾案例为储能安全敲响了警钟，特别是储能系统深入不同应用场景后的消防安全，引起社会广泛关注。

2017—2019 年，报道的韩国储能电站火灾事故已近 30 起（见图 8-2）。2019 年 4 月 19 日，美国亚利桑那州 2. 16MWh 电力储能系统发生火灾后（见图 8-3），4 名职业消防员在灾后救援时由于继发的爆燃事故受伤。2020 年 9 月 15 日，英国利物浦一个装机容量为 20MW 的电池储能系统发生火灾。2021 年 7 月 30 日，澳大利亚储能容量为 300MW/450MWh 的储能项目发生火灾（见图 8-4），据澳大利亚维多利亚州消防管理局的消息，此次火灾起源于一座拥有 13t 锂电池组的储能设施，随后蔓延至附近其他电池组，消防机构总共出动了 30 多台消防车、150 名消防员，直至 8 月 2 日才控制住火势。2021 年 9 月 4 日，全球最大的电池储能项目——一期规模为 300MW/1200MWh、二期规模为 100MW/400MWh 的美国加利福尼亚州莫斯兰汀储能系统发生部分锂离子电池模块过热（见图 8-5），监测设备显示电池温度超过运行标准，触发了喷水灭火系统。在我国，近年来也有一些储能项目发生火灾的案例，如 2017 年 3 月和 12 月，山西某火力发电厂储能系统辅助机组 AGC 调频项目接连两次发生锂电池储能柜火灾。2018 年 8 月，江苏镇江扬中某用户侧储能项目磷酸铁锂电池集装箱起火并烧毁。2021 年 4 月 16 日，北京丰台区某商业用户侧储能电站发生火灾爆炸事故，进一步引发我国对于储能行业如何健康安全发展的深刻反思。

图 8-2　韩国储能电站典型火灾事故

图 8-3　美国亚利桑那州电力储能系统火灾

在电化学储能系统中，锂离子电池因其比能量大、输出电压高、循环寿命长等优点，近年来发展速度极为迅猛。正极材料、负极材料、隔膜材料、电解液材料及制造技术均突飞猛进，不仅产品质量稳步提升，而且在储能系统中的应用也具有显著优势。2020 年，在全国电池制造业主要产品中，锂离子电池的产量为

图 8-4　澳大利亚储能项目火灾

图 8-5　美国加利福尼亚州储能项目出现锂离子电池模块过热

188.5 亿只，锂离子电池在电化学储能装机中的占比达到 80.6%。尽管在电化学储能系统中，液流电池、铅炭电池也占据一定的比例，但截至目前，储能领域的火灾仍主要集中于电力储能系统中。

因此，本章的论述重点集中于电力储能系统。从消防安全的角度，重点需从以下几个维度开展分析和研究。

（1）储能电池本质安全及其火灾特点

储能电池、储能电池模块的本质安全对于储能电站的安全起着决定性的作用。在建筑防火领域，通常根据在生产或储存过程中发生火灾、爆炸事故的原因、因素和条件，以及火灾扩大蔓延的条件，将物质火灾危险性类别分为甲类、乙类、丙类、丁类和戊类。对于绝大多数可燃固体来说，熔点和燃点是评价其火灾危险性的主要标志参数。锂离子电池从总体来说虽然也是固体，但显然采用熔点和燃点评价其火灾危险性并不适用。锂离子电池从材料角度来说包含正极材料、负极材料、隔膜材料、电解液材料、壳体材料等，同时在电池制作过程中不同生产厂家、不同形态的电池在组成结构方面也存在差异。在过充、受热、机械冲击、内短路等多种致灾因素的影响下，锂离子电池燃烧和爆炸所产生的形态和能量也不尽相同。深入研究和认识影响电力储能系统本质安全的各项因素及不同因素所造成的不同层级的影响是进行储能系统、储能电站消防安全设计和制定合理适用的消防安全管理措施的基础。

（2）锂离子储能系统火灾预警及报警策略

锂离子储能系统火灾持续时间长、灭火难度大，且具有爆炸风险，因此对于系统的火灾早期探测和响应显得尤为重要。根据当前大量对于锂离子电池单体的研究可知，锂离子电池发生火灾的原因通常是过充、过热、短路、机械撞击等各种滥用引发电池热失控，当电池热失控达到一定程度时可能形成火灾。因此，需要分析研究电池热失控早期的特征参数，研发可靠的火灾预警技术及装置，并联动相关控制设备，有效避免火灾发生。在火灾发生时，需要选用合理的火灾探测装置，同时与灭火系统、疏散指示系统、防排烟系统及防火卷帘等消防有关设备进行联动，尽可能将火灾损失降至最低，保障人员安全。

（3）锂离子储能系统灭火系统有效性分析

自动灭火系统属于主动防火设计的重要内容，火灾发生后需选用合适的灭火剂和灭火装置来保证灭火的经济性和可靠性。锂离子储能系统火灾与常规火灾的发生发展过程有较大的区别，一个典型的特征是锂离子电池内部反应可以生成氧气，因而，窒息灭火对于储能系统火灾是不适用的。在储能系统中，储能电池单体密集布置，一旦单个电池发生热失控，在热传递的作用下，多个锂离子电池均可能因为受热而发生热失控，因此在灭火的过程中，通过持续降温，将电池温度控制在反应温度以下也非常重要。常规灭火系统如自动喷水灭火系统、水喷雾灭火系统、细水雾灭火系统、气体灭火系统、泡沫灭火系统、干粉灭火系统等，如果按照相关设计规范的要求进行设计，对于储能系统的灭火存在不适用性，可能导致初期火灾扑灭后很快发生复燃。因此需要针对锂离子储能系统灭火有效性及相关设计参数进行系统研究，研发兼具经济性和可靠性的专用灭火系统。

（4）锂离子储能电站防火设计

建筑防火设计的目标在于协调和优化建筑耐火、防火和灭火以及人员疏散安全等各部分的设防要求，确保建筑的消防安全性能达到一定的标准。建筑防火设计的主要内容包括建筑的总平面布局、被动防火设计、主动防火设计和建筑内的安全疏散设施等方面。储能电站作为一种特殊的工业建筑，可能布置于建筑物内，也可能采用集装箱作为电池预制舱布置于室外，无论采用何种布置方式，都需要结合其工艺特征、不同组成部分的火灾特性和火灾危险性，来确定储能电站总平面布局、消防车道布置、消防水源、建筑物间的防火间距、建筑物的耐火等级、防火分隔、防火封堵、室内外消防给水、消防排水以及建筑物内的灭火设施、防排烟设施、火灾自动报警系统、应急指示标志和应急照明系统、安全出口设计、疏散距离要求、生产工艺防火、电气防火、防爆泄压、灭火救援场地等一系列内容。

(5) 锂离子储能电站消防安全评估

消防安全评估是对建筑物、构筑物、活动场地等消防工作对象的消防安全状况进行分析和评价，对其存在的潜在不安全因素及其可能导致的后果进行综合度量的过程。由于储能电站及新能源领域的发展极为迅速，而国家工程建设标准的制定原则是成熟一条制定一条，因而标准的制定往往滞后于工程技术的发展，不能完全满足现实工程建设的需求。伴随着储能电站应用新技术、新方法和新产品的不断涌现，针对不同类型锂离子电池的应用、不同安装方式、不同工艺流程，新型储能电站建设前可按照国家规定的程序经过必要的试验与论证，开展必要的消防安全评估工作，从而明确其消防布局的合理性、消防设施的完备性、消防救援的便捷性，从源头上降低火灾风险，避免事故发生。

(6) 锂离子储能电站消防安全管理

消防安全管理是依照消防法律法规及规章制度，遵循火灾发生、发展的规律及国民经济发展的规律，运用管理科学的原理和方法，通过各种消防管理职能，合理有效地利用各种管理资源，为实现消防安全目标进行的各种活动的总和。根据《中华人民共和国安全生产法》《中华人民共和国消防法》，储能电站建设单位需要对储能电站的消防安全全面负责。消防安全管理通常包含明确消防安全责任，落实消防安全制度，定期开展消防安全检查、巡查，维护保养消防设施，消除火灾隐患，组织消防安全知识宣传教育培训、开展灭火和疏散逃生演练、建立健全消防档案等内容，储能电站建设单位需结合储能电站自身运行特点制定合理可行的消防安全制度。

8.2 锂离子储能系统本质安全及其火灾特点

8.2.1 锂离子储能电池产品本质安全

锂离子电池作为储能电站的基本储能单元，其自身的安全性能至关重要。作为国家重点培育的战略性新兴产业，我国工业和信息化部 2015 年起相继发布

《锂离子电池行业规范条件》《锂离子电池行业规范公告管理暂行办法》，加强对锂离子电池行业的管理。针对锂离子电池组成材料产品质量、生产设备以及不同领域的应用，国家市场监督管理总局、国家标准化管理委员会均制定了相应的国家标准进行严格要求。

在强制性国标方面，制定了 GB 40165—2021《固定式电子设备用锂离子电池和电池组　安全技术规范》和 GB 31241—2014《便携式电子产品用锂离子电池和电池组　安全要求》两种关于锂离子电池和电池组安全的强制标准；在电池组成材料方面，包含 GB/T 24533—2019《锂离子电池石墨类负极材料》、GB/T 36363—2018《锂离子电池用聚烯烃隔膜》、GB/T 36146—2018《锂离子电池用压延铜箔》、GB/T 30835—2014《锂离子电池用炭复合磷酸铁锂正极材料》、GB/T 30836—2014《锂离子电池用钛酸锂及其炭复合负极材料》等标准；在电池生产领域，制定了 GB/T 38331—2019《锂离子电池生产设备通用技术要求》；在电池回收领域，包含 GB/T 33059—2016《锂离子电池材料废弃物回收利用的处理方法》、GB/T 22425—2008《通信用锂离子电池的回收处理要求》等标准；在电池应用领域，针对电动摩托车，制定了 GB/T 36672—2018《电动摩托车和电动轻便摩托车用锂离子电池》；在电动汽车领域，制定了 GB 38031—2020《电动汽车用动力蓄电池安全要求》；在储能应用领域，制定了 GB/T 36276—2018《电力储能用锂离子电池》、GB/T 34131—2017《电化学储能电站用锂离子电池管理系统技术规范》等标准。

GB/T 36276—2018《电力储能用锂离子电池》作为储能行业对锂离子电池的基本要求，于 2018 年 6 月 7 日发布，2019 年 1 月 1 日实施，该标准中明确提出储能电池、储能电池模块的安全性能，同时将安全性能全部纳入型式试验内容，见表 8-1。根据表 8-1 可知，当前储能行业已经充分考虑了储能用锂离子电池产品在各种不同条件下的安全性能，储能行业严格执行，将在较大程度上降低储能系统火灾风险。

表 8-1　国家标准对单体电池及电池模块安全性能的要求

类型	序号	试验项目	试验内容	试验要求
电池单体	1	过充	将电池单体充电至电压达到充电终止电压的 1.5 倍或时间达到 1h	不应起火、爆炸
	2	过放	将电池单体放电至时间达到 90min 或电压达到 0V	不应起火、爆炸
	3	短路	将电池单体正、负极经外部短路 10min	不应起火、爆炸
	4	挤压	将电池单体挤压至电压达到 0V 或变形量达到 30%或挤压力达到（13±0.78)kN	不应起火、爆炸

（续）

类型	序号	试验项目	试验内容	试验要求
电池单体	5	跌落	将电池单体的正极或负极端子朝下，从1.5m高度处自由跌落到水泥地面上1次	不应起火、爆炸
	6	低气压	将电池单体在低气压环境中静置6h	不应起火、爆炸、漏液
	7	加热	将电池单体以5℃/min的速率由环境温度升至（130±2）℃并保持30min	不应起火、爆炸
	8	热失控	触发电池单体达到热失控的判定条件	不应起火、爆炸
电池模块	1	过充	将电池模块充电至任一电池单体电压达到电池单体充电终止电压的1.5倍或时间达到1h	不应起火、爆炸
	2	过放	将电池模块放电至时间达到90min或任一单体电池达到0V	不应起火、爆炸
	3	短路	将电池模块正、负极经外部短路10min	不应起火、爆炸
	4	挤压	将电池模块挤压至变形量达到30%或挤压力达到（13±0.78）kN	不应起火、爆炸
	5	跌落	将电池模块的正极或负极端子朝下，从1.2m高度处自由跌落到水泥地面上1次	不应起火、爆炸
	6	盐雾与高温高湿	1）在海洋性气候条件下应用的电池模块应满足盐雾性能要求	在喷雾—贮存循环条件下，不起火、爆炸、漏液，外壳应无破损
			2）在非海洋性气候条件下应用的储能电池模块应满足高温高湿性能要求	在高温高湿贮存条件下，不应起火、爆炸、漏液，外壳应无破损
	7	热失控扩散	将电池模块中特定位置的电池单体触发达到热失控的判定条件	不应起火、爆炸

8.2.2 锂离子储能电池单体火灾特点

锂离子单体电池是组成锂离子电池模块和锂离子电池簇的最小单元，对锂离子单体电池燃烧特性的研究将有助于更加深入地探知锂离子储能电池模块和电池簇的火灾发生发展规律。

锂离子电池单体常见的热失控触发方式包含过充、过放、过热、机械撞击、内短路等。由于储能电站应用时锂离子电池处于固定摆放状态，电池管理系统故障导致电池单体过充或是环境调节装置失效导致电池过热的概率相对较高。本节将重点对这两种致灾因素导致电池单体发生热失控并形成火灾的情况进行分析。

8.2.2.1　锂离子电池单体过充燃烧特性

GB/T 36276—2018《电力储能用锂离子电池》中对于电池单体过充试验的要求是：电池单体初始化充电，电池单体以恒流方式充电至电压达到电池单体充电终止电压的 1.5 倍或时间达到 1h 时停止充电，充电电流取 1C 与产品的最大持续充电电流中的较小值，观察 1h，记录是否有膨胀、漏液、冒烟、起火、爆炸现象。这是对锂离子储能电池单体产品质量的最低要求。为了进一步研究在极端情况下储能电池可能出现的火灾情况，本组试验选择以恒流方式充电至电压达到电池单体充电终止电压的 10 倍，观察试验现象。

（1）单体磷酸铁锂电池过充燃烧特性

针对某磷酸铁锂电池单体以 1C 倍率进行恒流过充后，试验现象如图 8-6 所示。整个试验过程大致可分为以下三个阶段：第一阶段为电池外壳鼓胀阶段。在持续过充条件下，电池壳体内部聚集的能量将远大于其标称电池容量，电池内部电反应、化学反应、热反应同步进行，电池内部反应产生大量的气体导致壳体内部压力增大，电池外壳发生鼓胀，同时电池壳体表面温度缓慢升高。第二阶段为安全阀打开喷射白色烟气混合物阶段。电池单体内部反应进行至一定程度后，电池安全阀打开，大量白色气液混合物从安全阀处急剧释放出来，电池壳体仍在进一步鼓胀变形。这表明电池内部反应速度急剧加快，气体从安全阀向外释放速度低于电池内部反应产气速度，电池壳体内部压力仍在持续增大。第三阶段为电池爆炸燃烧阶段。当电池内部气体压力超过电池壳体承压能力时，电池壳体发生爆炸，电芯组成材料、电解液等所有可燃物在高温作用下被引燃并参与燃烧，瞬时形成巨大的火球，随后持续燃烧至电芯内部所有可燃物烧尽。

针对各种类型的锂离子电池，由于正极材料的不同，其发生热失控故障的概率也不一致。结合当前电动自行车、电动汽车、储能电站火灾事故的分析，通常认为三元锂离子电池活性更高、反应速度可能更快，火灾发生的概率相对较大，而磷酸铁锂电池相对安全。在本组试验中，磷酸铁锂电池在高倍率持续过充的条件下也发生了爆炸燃烧事故。

（2）梯次利用磷酸铁锂电池过充燃烧特性

伴随着我国新能源汽车产业的飞速发展，越来越多的锂离子动力电池随着使用年限的增长出现性能下降和容量衰减达到使用寿命，需进行退役处理。由于退役时动力电池容量通常为正常容量的 80%，尽管此时无法满足电动汽车的能量和功率需求，但仍可通过一定程序的处置和回收后开展梯次利用，在其他领域中

图 8-6 磷酸铁锂电池单体过充燃烧试验现象

发挥作用。特别是在储能领域，我国已开展相关研究并建立如北京大兴出租车充电站“梯次利用电池储能示范工程”等应用案例。2021 年 8 月，工业和信息化部、科学技术部、生态环境部、商务部、国家市场监督管理总局印发《新能源汽车动力蓄电池梯次利用管理办法》（工信部联节〔2021〕114 号），提出鼓励梯次利用企业研发生产适用于储能领域的梯次产品。

为了研究梯次利用磷酸铁锂单体电池的燃烧特性，采用某电池健康状态（SOH）为 80%的梯次利用磷酸铁锂电池进行恒流过充试验，试验现象如图 8-7 所示。整个试验过程可以分为四个阶段：第一阶段为电池外壳鼓胀变形阶段。试验现象与电池健康状态为 100%的磷酸铁锂电池试验类同。第二阶段为安全阀打开至第一次烟气喷射阶段。安全阀打开后缓慢释放少量烟气，约 10s 后开始急剧喷射白色烟气，但持续时间仅为 5s 左右，随后喷射速度迅速减缓。第三阶段为第二次烟气急剧喷射阶段。随着试验的进行烟气出现再次急剧喷射，此时烟气喷射速度持续加快，烟气浓度显著大于第一次喷射浓度，且浓度持续增大。第四阶段为爆炸燃烧阶段。烟气急剧喷射至一定时刻电池发生爆炸，较大的火球在电池位置释放出来，接着形成多个大小不一的燃烧物坠落，接着燃烧基本结束。试验后观测可见，电池上端口已经完全打开，正极和负极材料上的所有可燃物烧尽。

a) 第一次烟气喷射阶段　b) 第一次烟气喷射阶段

c) 第二次烟气喷射阶段　d) 爆炸燃烧阶段

e) 爆炸燃烧阶段　f) 爆炸燃烧阶段

g) 试验后电池壳体照片　h) 试验后电芯照片

图 8-7 梯次利用磷酸铁锂电池过充燃烧试验现象

与电池健康状态为100%的磷酸铁锂电池持续过充试验比较可知，两组试验均在持续高倍率过充的条件下发生了爆炸和燃烧，表明两种健康状态下电池的火灾危害程度是一致的。在试验过程中，梯次利用电池在爆炸燃烧前出现了两次烟气急剧喷射的现象，与新电池过充后直接急剧喷射至爆炸稍有不同，且梯次利用电池发生爆炸的时间稍微有所延缓。值得注意的是，这里仅比较了单体电池过充燃烧的差异性，当组成电池模块甚至电池簇后，由于梯次利用电池模块中电池不一致的情况增多，可能出现故障的概率则更高。

（3）锂离子单体电池过充燃烧影响因素

针对锂离子电池单体完成的多次过充燃烧试验结果表明，充电倍率、安全阀开启压力、电池结构类型、电池组成材质、电池容量、电池健康状态等因素对于单体电池过充燃烧试验结果均有一定的影响。

改变充电倍率的试验结果表明，较高的过充倍率会导致电池内部化学反应加速，从而安全阀打开时间提前，发生燃烧爆炸的时间也会提前。当过充倍率降至较低时，由于内部化学反应较为缓慢，产热速率较低，所产生的热量较容易与电池表面周边环境发生热交换，所以可能不会出现燃烧和爆炸现象。

在锂离子电池设计中，对安全阀的质量有较为严格的要求，但对安全阀的开启压力并没有明确的要求。通过试验可以发现，当电池安全阀压力较低时，可以在电池热失控反应中较早地打开安全阀，从而实现电池内部化学反应产生的气流与外界气流的交换，同时火灾报警探测器、火灾预警装置也能较早期地感知到电池发生热失控，储能系统存在火灾风险从而发出告警信号。因此，电池安全阀的开启压力对于电池安全设计也有较为重要的作用。

锂离子电池包含多种结构类型，如硬壳方形锂离子电池、软包锂离子电池、刀片锂离子电池等类型。部分电池结构存在安全阀，如常用的硬壳方形锂离子电池、软包锂离子电池在过充后形成故障，外层包装材料直接破损泄压，在发生燃烧的同时还有漏液的风险，电池的电解液通常为各种甲类、乙类物质的混合体，燃烧过程中容易形成流淌火，进一步快速引发燃烧面积增大。

电池组成材质的不一致也在燃烧中有不同的表现形式。多篇关于锂离子电池安全的研究论文均表明，电动自行车、电动汽车所采用的能量密度更高的三元锂离子电池，其发生热失控的时间较磷酸铁锂电池时间要早，且更易于发生火灾事故。所以当前磷酸铁锂电池在我国较多地应用于人员相对密集的电动客车领域。在储能应用领域，采用三元锂离子电池作为主流储能电站应用的韩国近年来爆发的火灾事故最多也最为频繁，而采用磷酸铁锂储能路线的我国相对火灾事故发生较少。

电池容量对锂离子电池燃烧爆炸也会有一定的影响。每一块锂离子电池作为一个单独的能量体，在火灾爆炸事故中将电能进行转化。电池容量越大的电池发生火灾爆炸事故时转化的能量越多，因此表现出来也将更为危险。

电池健康状态对锂离子电池燃烧的影响主要体现在电池容量的变化上。随着电池健康状态的降低，锂离子电池容量随之降低，可能出现爆炸、燃烧的时间会延缓，甚至当电池健康状态降至一定程度后，可能不会发生燃烧甚至爆炸事故。

8.2.2.2　锂离子单体电池过热燃烧试验

过热是常见的导致锂离子电池发生热失控并可能引发火灾的因素之一。GB/T 36276—2018《电力储能用锂离子电池》中加热试验的要求是：电池单体初始化充电，将电池单体放入加热试验，以 5℃/min 的速率由环境温度升至 (130±2)℃，并保持此温度 30min 后停止加热，观察 1h，记录是否有膨胀、漏液、冒烟、起火、爆炸现象。该加热试验的关键判定温度为 (130±2)℃，考虑是电池隔膜材料出现故障时的温度。为了考察在极端条件下锂离子电池单体受热后可能产生的火灾风险，可采取加热片的方式对锂离子电池单体持续加热，直至电池发生燃烧等。

（1）磷酸铁锂单体电池过热燃烧特性

基于试验方案设计的不同，我国已有多篇论文研究了锂离子电池过热燃烧特性，但是各家研究机构选择的受热面均不一致，且所选用的加热片功率也不尽相同。本研究选择在电池两侧最大的表面上采用加热片直接对电池进行加热，受热面更大，选用加热片的加热功率更高，目的就是直接考察在相对极端的情况下电池可能出现的最危险的试验现象。由于电池壳体自身为金属材质，同时试验支架等材料均为金属材料，试验过程中极易发生传热，为减少热传导、热扩散的影响，采取一定厚度的绝热材料对电池及加热片外表面进行包覆。

当在某 60 Ah 磷酸铁锂方形电池单体两侧采用 1000W 的加热片持续加热时，相关试验现象如图 8-8 所示。试验过程大致可分为四个阶段：第一个阶段为安全阀打开前期，可见电池表面逐渐出现鼓胀。第二阶段从安全阀打开并喷出白色烟气开始，初期气体喷出速度较快，但烟气量不大，之后随着电池内部电解液等物质在高温下的不断反应，烟气量逐渐增大，喷射烟雾的速度明显增强，转化为急剧喷出状态。第三阶段从出现第一次爆燃现象的时刻开始，火焰急剧喷出，伴有部分燃烧的喷射物滴落在隔热材料表面，并在局部区域形成持续燃烧，此时对加热片停止加热。第四阶段为停止加热后电池的状态，电池安全阀上方多次爆燃，火焰急剧向上喷射，爆燃停止后，电池安全阀上方形成持续喷射火，火焰附近偶尔伴随零星燃烧溅落物。之后喷射火转化为普通火焰，持续在安全阀上方燃烧，随后火焰高度慢慢减小，火势逐渐削弱至终止。

1000W 加热电池测量数据如图 8-9 所示。加热后电池两侧表面迅速升温，在 5.2min 前，升温速率约为 2.05℃/s，之后升温速率减缓，并在 8.3min 时达到最高温度 746.2℃，此温度应为加热片所能达到的最高温度。9min38s 时电池上方出现第一次爆燃时电池表面温度为 723.3℃。停止对电池加热后，电池两侧表面

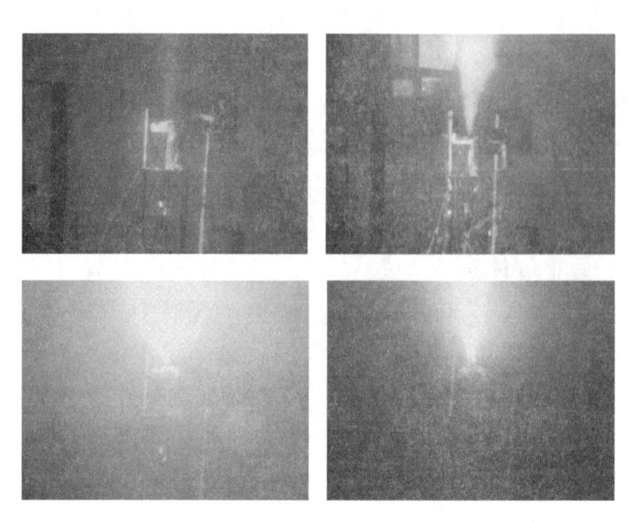

图 8-8　某磷酸铁锂电池在加热后的试验现象

温度尽管快速下降，但仍维持在 450℃以上，表明安全阀上方发生喷射火时，整个电池温度仍较高，内部反应温度均在 400℃以上。电池表面在 700℃以上高温持续 220s，在 600℃以上高温持续 6min，500℃以上高温持续 11min。与加热 400W 电池试验相比，出现首次爆燃时电池表面温度达到 700℃，高出约 200℃，表明较高的电池表面温度给予急剧释放的可燃气体以更高的点火能量。

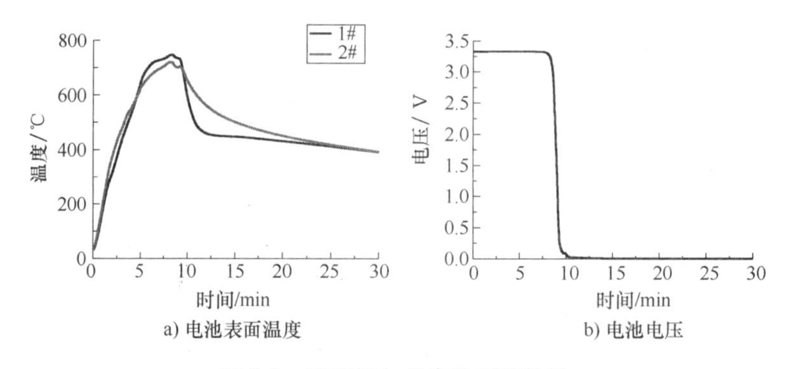

a) 电池表面温度　　b) 电池电压

图 8-9　1000W 加热电池测量数据

电压在试验前期较为平稳，7min 时安全阀打开后，电压无明显变化，7.4min 时电压仍为 3.3278V，之后电压缓慢下降。8.5min 时电压急剧下降，10.2min 时电压降为 0V，安全阀上方火焰仍在持续，至 30.3min 试验停止，表明电池丧失电性能后，内部电解液和可燃材料仍存在较大的火灾风险。

（2）锂离子电池单体过热燃烧影响因素

磷酸铁锂方形单体电池过热燃烧试验结果表明，当加热功率达到一定程度后，在无外加点火源情况下即可发生火灾。火焰会在发生热失控产生大量烟气时出现，火焰形态由初始爆燃阶段转化为持续喷射火，之后转为普通燃烧。由于单体电池热失控时会产生超压，放置在箱体内的电池组在进行箱体外壳设计时建议增设泄压口，避免引发爆炸事故。

锂离子电池安全阀破裂不会对电池电压造成明显的影响，发生明显热失控时，在大量喷射气体和火焰出现后电压迅速降为 0V。电池的电压特性不受电池燃烧状态的影响，即使电压降为 0V，电池内部材料仍可能发生燃烧。在锂离子电池单体过热试验中，除了安全阀开启压力、电池结构类型、电池组成材质、电池容量等因素会对单体电池过热燃烧试验结果产生一定影响外，加热功率也是对锂离子单体电池燃烧特性至关重要的影响因素之一。

针对同一款磷酸铁锂方形电池，采用 400W、1000W、1500W 加热片的对比试验表明，当加热功率为 400W 时，试验中仅出现喷射白色烟气的现象，未出现明火，而当加热功率增大至 1500W 时，爆燃时间进一步提前，且喷射火焰更加猛烈，燃烧更为迅速。因此，随着加热功率的提高，电池安全阀爆破泄压时间提前，发生爆燃和喷射火的时间也提前。当加热功率较低时，电池可能不会发生燃烧。

（3）加热试验与过充试验的差异性

尽管加热和过充均为导致锂离子电池单体发生热失控的因素，根据上述试验现象对比可知，过充导致锂离子电池单体发生爆炸和燃烧，而加热时仅发生多次安全阀口的爆燃，并不能导致锂离子电池单体爆炸，这表明过充对于锂离子电池单体的破坏作用更大。究其原因，可能是由于锂离子电池单体在持续过充的过程中，电量不断增大，在有限的时间和空间里参与反应的物质增多，在极端状态下参与转换的能量更大，所以造成的事故危害程度更显著。因此，在对锂离子电池状态监控的过程中，要密切注意对电池充电状态的监控，避免造成严重后果。

8.2.3　锂离子电池模块火灾特点

锂离子电池模块是构成电化学储能电站的基本单元，在储能电站中，采用多种方式将锂离子电池模块并列放置，并进一步连接成簇。一个完备的锂离子电池模块，通常包含以串联、并联或串并联连接的电池单体、外壳、管理与保护装置等。根据储能电站运行情况，可能会发生电池单体在过充或过热状态下的故障，也可能在早期未发现或及时采取措施的情况下造成整个锂离子电池模块的过充等反应。在 GB/T 36276—2018《电力储能用锂离子电池》中，重点考察的是锂离子电池模块中一个电池单体出现热失控后不会造成相邻电池单体，该标准的附录中提到，“选择可实现热失控触发的电池单体作为热失控触发对象，其热失控产生的热量应非常容易传递至相邻电池单体，例如，选择电池模块内最靠近中心位置的电池单体，或被其他电池单体包围且很难产生热辐射的电池单体”。实际上，单个电池单体发生热失控向周边传递的能量相对较小，造成的影响也较小，结合储能电站运行情况，在某些特殊情况下可能出现锂离子电池模块整体过充，因此需针对不同类型的锂离子电池模块，研究整体发生过充的极端情况，考察储能电池模块发生事故的状态。

8.2.3.1 磷酸铁锂电池模组过充试验

当前我国储能电站中采用的典型储能电池单体包括铝壳磷酸铁锂电池、钢壳磷酸铁锂电池、软包磷酸铁锂电池三种，本节分别针对这三种类型的电池单体构成的模组，按照电池模组的额定电压和电流进行过充，对比试验现象，从而分析研究其火灾防控的关键因素。

（1）铝壳磷酸铁锂储能电池模块过充燃烧试验

为了更好地模拟储能电站预制舱中储能电池模组发生火灾后不同灭火装置的灭火效果，本研究按实际储能电池预制舱 1∶1 搭建试验平台，试验舱体长 12m，宽 2.4m，高 2.6m，舱体一侧墙及两端安全门上均设有高强度防火玻璃观察窗，舱体设有防爆阀。采用最高输出电压为 800V，最大输出电流为 300A 的电池模组充放电柜对电池模组进行过充。锂电池模组试验舱体如图 8-10 所示。

图 8-10 锂电池模组试验舱体

试验时将储能电池模组放置于舱体中心位置的地面上，舱体两端安全门关闭。

针对某款铝壳磷酸铁锂电池模块，采用充电倍率 0.5C 对其进行恒流过充，从开始充电到整个模块发生燃烧，整个过程大致可以分为以下三个阶段：第一阶段为起始阶段，试验开始至第一个储能电池安全阀打开，如图 8-11a 所示。此时在安全阀打开瞬间释放出极少量烟气，可通过特定气体探测装置实现预制舱内早期火灾探测预警。第二阶段为部分储能电池发生剧烈热失控阶段，大量可燃气体、电解液和固体残渣的混合物从多个单体电池的安全阀急剧喷出，预制舱内被白色浓稠烟气混合物笼罩，如图 8-11b 和 c 所示。此时舱内感烟探测器报警，但烟气温度较低，感温探测器不会报警。第三阶段为发生储能电池模块燃烧阶段，燃烧初期瞬时火焰形态为爆燃，如图 8-11d 所示。反复多次爆燃后形成稳定燃烧，整个燃烧阶段持续 30min 以上。此时舱内感温探测器和感烟探测器报警。储能电池模块燃烧特性试验情况见表 8-2。

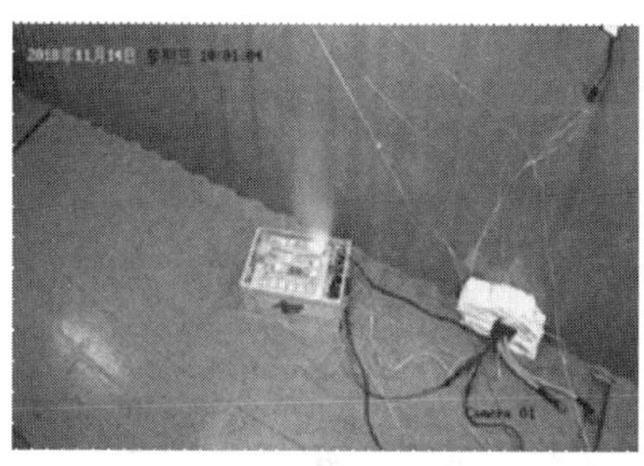

a) 单个储能电池安全阀打开

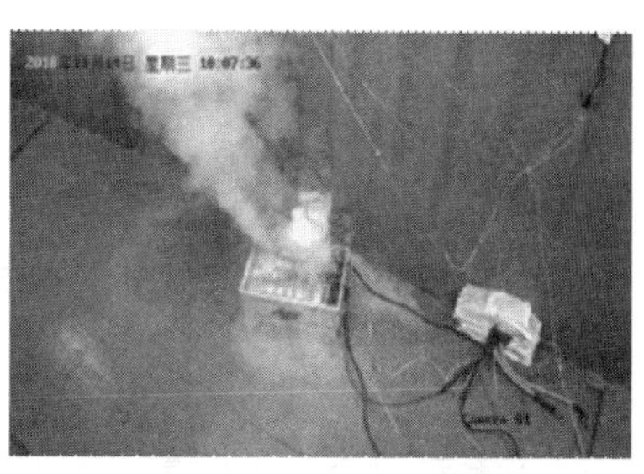

b) 多个储能电池安全阀处出现喷射烟气

c) 电池预制舱内烟气弥漫

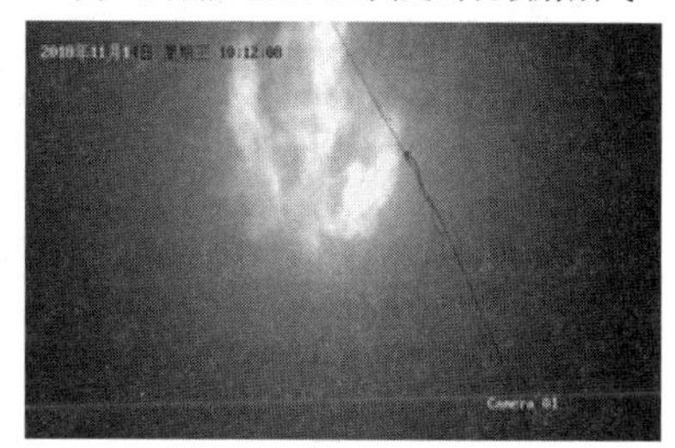

d) 储能电池模块爆燃

图 8-11　某款铝壳磷酸铁锂电池模块过充燃烧试验现象

表 8-2　储能电池模块燃烧特性试验情况

时间（min:s）	试验现象
0:00	开始过充
16:41	第一个储能电池安全阀打开
24:12	开始出现电池安全阀处急剧冒烟情况，此时根据安全阀打开声音判断，安全阀打开的电池数约为 22 个
26:50	储能电池模块开始发生燃烧，初期火焰形态为爆燃
60:00	储能电池模块持续稳定燃烧，火势逐渐减小

针对同样的储能电池模块试样采用同样的过充倍率进行过充，当第一个安全阀打开且特征气体探测器（H_2、CO 等特征气体）报警后立即停止过充，试验结果表明后续仅发生 4 个电池安全阀打开现象，未出现电池剧烈热失控急剧喷射可燃物质的情况，且未出现舱内浓烟密布、未发生火灾。这一组试验对比表明，对于储能电池系统，火灾早期预警并进行相应的联动停止充电显得极为重要，可以有效地防止火灾发生。

（2）软包磷酸铁锂电池模块过充燃烧试验

针对某款软包磷酸铁锂电池模块，采用充电倍率 0.5C 对其进行恒流过充，试验现象如图 8-12 所示。由于软包磷酸铁锂电池没有安全阀，试验现象与铝壳磷酸铁锂电池模块试验有一定的差异性。在试验第一阶段，主要出现的是软包电池膨胀，如图 8-12a 和 b 所示，从第一个电池膨胀直至最终所有电池均产生膨胀，外壳膨胀至极限状态。第二阶段电池包出现破裂，出现少量轻烟，随着试验的进行大量电池包均出现烟气急剧喷射现象，且电池包开始漏液。第三阶段电池模块出现猛烈的爆燃火焰，地面漏液形成流淌火。

a) 软包电池模块膨胀初期

b) 软包电池模块膨胀后期

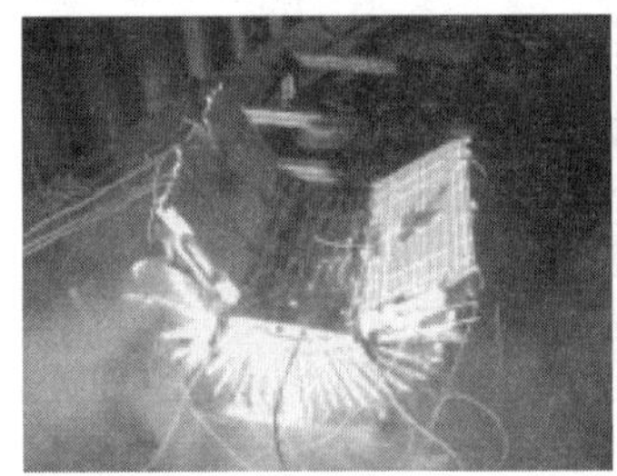

c) 软包电池模块急剧喷射烟气

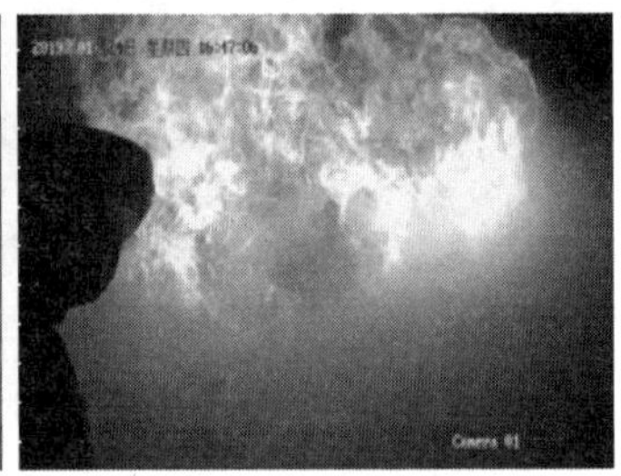

d) 软包电池模块燃烧

图 8-12　软包电池模块过充燃烧试验现象

由于磷酸铁锂电池电解液多为碳酸乙烯酯、碳酸丙烯酯、碳酸二乙酯、碳酸二甲酯、碳酸甲乙酯等火灾危险性为甲乙类的物质，因此出现流淌火后，火灾蔓延的速度将进一步加快。

（3）钢壳磷酸铁锂电池模块过充燃烧试验

针对某款钢壳磷酸铁锂电池模块，采用充电倍率 0.5C 对其进行恒流过充至第一个安全阀打开后停止过充的试验现象如图 8-13 所示。试验过程大致可分为两个阶段：第一阶段为过充开始至第一个电池安全阀打开、特征气体探测器报警，此时停止过充。第二阶段为静置阶段，此时可看到 4~5 个电池安全阀打开，冒出少量轻烟。静置期间右半侧的电池由于内部化学反应产生的压力过大，模组底部固定电池的螺钉被强力崩开，绑带断裂，右半侧电池瞬间产生位移，随后部分单体电解液泄漏。

a) 首个电池安全阀打开

b) 多个电池安全阀打开

c) 电池表面冒出少量轻烟

d) 一组电池崩开后出现电解液泄漏

图 8-13　钢壳电池模块过充试验

（4）不同类型锂离子电池模块过充试验对比

根据上述三组不同类型锂离子电池模块过充试验对比，可以初步得出以下三个结论：

1）多次试验表明，当单个或者少量锂离子电池安全阀打开、特征气体探测器发出告警信号时停止充电，电池模块仅会发生部分电池单体安全阀打开，不会出现烟气急剧喷射和火灾。由于在过充倍率为 0.5C 时，首个锂离子电池安全阀打开至电池发生燃烧间隔约 20min，这为储能系统有效的火灾防控提供了可能。

2）在锂离子电池模块过充的过程中，有两个阶段均非常危险，其一是烟气急剧喷射阶段，大量可燃易燃气体聚集在试验预制舱内，部分气体爆炸极限浓度范围较宽，此时一旦出现最小点火能，极易发生爆炸事故；其二是发生火灾后的爆燃现象，火焰温度高、波及范围广，一个电池模块发生燃烧后，将扩散至多个模块。对于软包电池模块和钢壳电池模块，试验过程中还出现漏液现象，在火灾过程中还会有流淌火，因此火焰蔓延将进一步加快。

3）本研究针对铝壳储能电池模块开展了不同充电倍率的试验，结果表明，过充倍率提高后，电池内部反应速度更快，电池模块爆燃时间提前，且燃烧更为猛烈。储能电池模块过充试验爆燃瞬间照片如图 8-14 所示。

8.2.3.2　储能电池模块加热燃烧试验

针对某磷酸铁锂电池模组，采用加热片对其中两块电池单体进行加热，考察

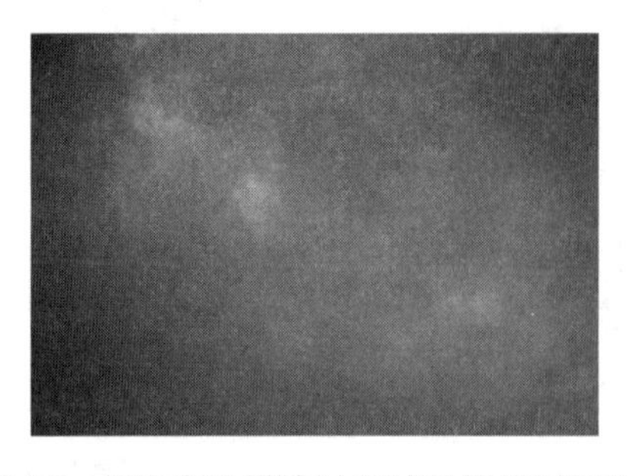

图 8-14 储能电池模块过充试验爆燃瞬间照片

电池模块的试验现象，如图 8-15 所示。本组试验整个燃烧持续时间约为 1h，从起始加热的两块电池发生热失控至持续爆燃，到逐步引燃周边的电池，不断地出现持久的爆燃，直至所有的电池内部可燃材料及电池反应产生的可燃气体全部燃烧殆尽。

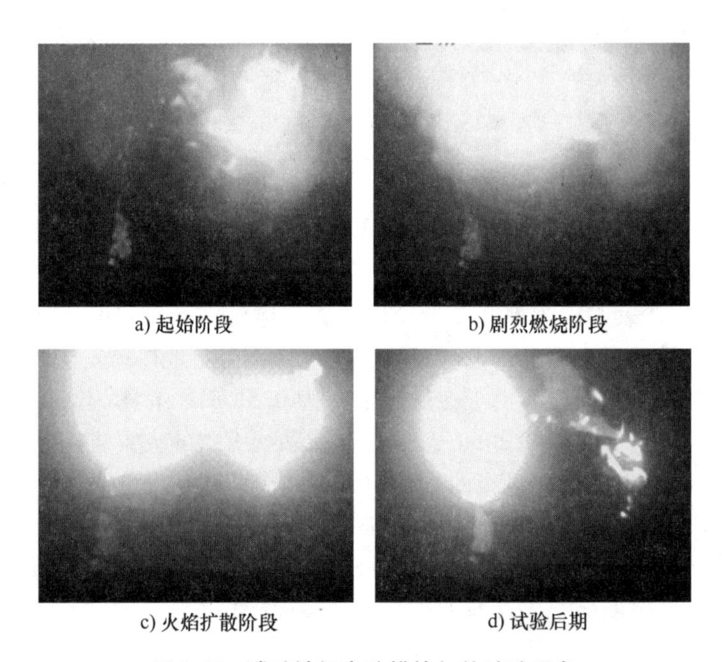

a) 起始阶段　b) 剧烈燃烧阶段

c) 火焰扩散阶段　d) 试验后期

图 8-15 磷酸铁锂电池模块加热试验现象

8.2.4 电力储能系统电站火灾特点

根据电力储能系统电站中储能电池模块的布置特征，可以看出，储能电站火灾类型主要是可燃固体深位火灾、气体火灾、液体火灾和电气火灾的综合体。锂离子电池自身是可燃固体，具有固体火灾的特征，由于其在储能柜体或储能房间中极为密集的布置方式，导致某块电池单体发生热失控甚至发生火灾时初期很难被火灾探测器探测到，也难以准确定位。因此具有可燃固体深位火灾的特征，也是在消防领域较难扑灭的一种火灾类型。同时，在锂离子电池发生热失控时，产生大量的可燃易燃气体，具有气体火灾的特性。电池热失控过程中的喷溅物部分为液体，部分电池热失控及火灾过程中存在漏液现象，因而也有液体火灾的特征。储能电池系统自身为直流电，即使断电状态下仍旧持续带电，所以具有电气火灾的特性。另外，烟气急剧喷射阶段部分可燃易燃气体可能在爆炸极限浓度范围内，也可能存在爆炸风险。根据以上分析可以看出，电力储能系统电站火灾类型复杂，对于消防救援和应急处置也非常不利。

8.3 储能电站火灾预警报警系统研究

火灾自动报警系统由火灾探测装置、火灾报警与警报装置和火灾报警控制器与联动控制设备及相应的信号传输线路、电源等构成，具有火灾探测报警、消防联控控制、对相关消防设备实现状态监测、管理和控制等功能。火灾报警系统对于早期探测火灾和发出火灾警报，尽早采取灭火、控制火灾蔓延和快速疏散等具有重要的作用。对于储能电站，无论其为户外集装箱式还是户内房间式，均需要按照现行国家标准 GB 50016—2014《建筑设计防火规范》和 GB 50116—2013《火灾自动报警系统设计规范》的相关要求安装火灾自动报警系统。值得注意的是，根据 8.2 节的分析可知，储能电站火灾与常规火灾存在部分不一样的特征，这也将导致可以结合其火灾自身的特点设计更为合理可靠、实现早期预警与火灾报警系统相结合的系统，从而实现早期火灾探测和报警、采取有效联动措施等功能。

8.3.1 火灾预警系统

根据对电力储能系统电站火灾特征的分析研究可知，储能电站中火灾的缘起通常为储能电池单体的热失控。根据 GB/T 36276—2018《电力储能用锂离子电池》，热失控定义为电池单体内部放热反应引起不可控温升现象。对于锂离子电池的热失控特征参数，通常用加速绝热量热仪来测量，其测试原理是通过同步采集各种滥用条件下电池电压、电流、温度、压力、时间数据，测得包含热失控起始温度、最大热失控速率等参数，从而解释电池热失控机理，定性分析电池热扩散和火灾热蔓延过程。电池达到热失控起始温度时，可能发生热失控，但电池热失控的结果并不一定会导致火灾。如 8.2 节所述，电池热失控到达一定程度后，电池安全阀打开，出现烟气少量散逸，如果此时停止过充，仅相邻的电池安全阀会打开，并不一定会发生火灾。这就表明，在电池模组中，单个电池热失控到安全阀打开，此时电池单体之间仅发生局部热传递，热量仅能导致相邻电池达到热失控起始温度相继发生热失控，随着传递的进行能量逐渐减弱，仅部分电池出现安全阀打开现象，并不能导致整个电池模组所有的电池安全阀全部打开。

当电池模组中某个或某几个电池安全阀打开时，电池内部反应导致部分特征气体溢出，磷酸铁锂电池热失控产生的气体通常包括 CO、H_2、CH_4、C_2H_4 等多种易燃气体及 HF、HCN、HCl、PF_5 等酸性气体。

对某次模组短路试验模拟中，H_2、CO、CO_2、EX（烃类气体）、HF、HCN、HCl、SO_2 八种气体监测曲线如图 8-16 所示。可以很明显地看出，在安全阀打开初期，H_2 曲线就出现较为明显的波动和快速增长期，较适宜作为早期特征气体，同时，在 1200s 左右，CO、CO_2、HCl 均出现明显的峰值，也可以作为早期特征气体的选择。

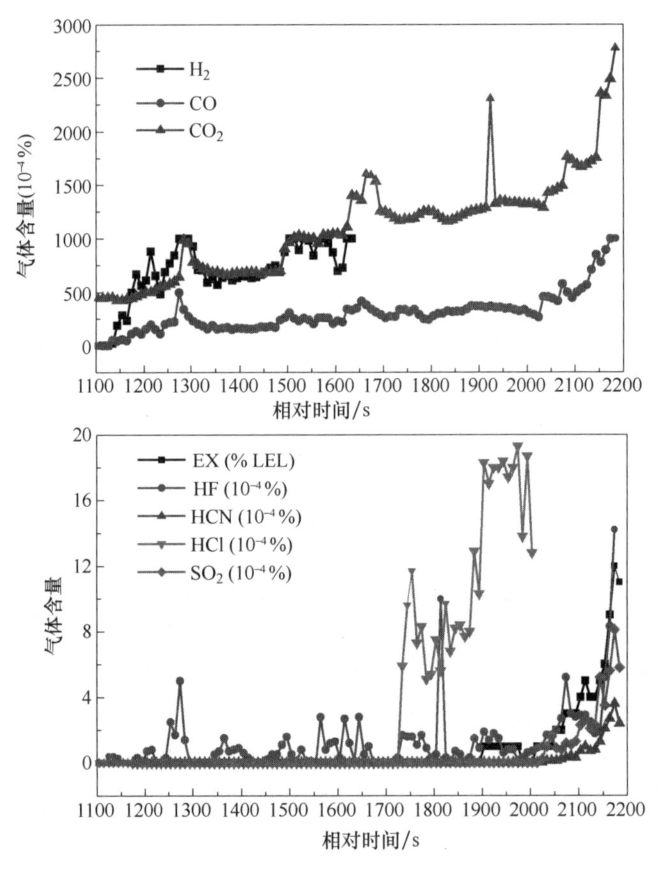

图 8-16　电池模组过充试验特征气体监测曲线

注：图中 LEL 指的是爆炸下限。

除了早期特征气体探测的选择以外，与火灾自动报警系统类似，还需要考虑其适宜的联动措施。在8.2节的分析中，已经说明了探测到早期特征气体并发出警告后，可以联动停止过充，这就要与储能系统的电气管理系统进行结合。锂离子电池的安全运用离不开电池管理系统，检测电池的电压、电流、温度等参数信息，并对电池的状态进行管理和控制，预防电池出现过热、过充等现象。早期特征气体探测后，需要与电池管理系统或储能系统的电气管理系统进行联动，从而对储能电池模块、储能系统进行有效的管理，实现停止过充，防止火灾发生。

8.3.2　火灾自动报警系统

8.3.2.1　火灾探测器的选择和布置

火灾探测器是火灾自动报警系统的基本组成部分之一，至少含有一个能够连续或以一定频率周期监视与火灾有关的适宜的物理和/或化学现象的传感器，并且至少能够向控制和指示设备提供一个合适的信号，是否报火警或操纵自动消防设备，可由探测器或控制与指示设备做出判断。根据其探测火灾特征参数的不同，火灾探测器通常可分为感烟、感温、感光、气体、复合五种基本类型。

根据储能电池模块火灾特性试验研究可以知道，储能电池模块中的电池热失控安全阀打开之后、火灾发生之前会产生大量的烟，可以采用感烟探测器来探测，但此时并未产生明火，火灾初起为爆燃现象，环境温度将迅速升高，可以通过感烟探测器和感温探测器同时探测告警来判断。同时，在储能电站中，通常还采用视频监控系统来辅助观察现场情况，也可采用图像型火灾探测器。

一般情况下，由于火灾发生时高温烟气聚集于顶部，因此火灾探测器均布置于顶部。储能电池模块火灾特性试验过程中，由于电池安全阀打开后，烟气急剧喷射的物质组成较为复杂，前期溢出的大量重组分烟气物质将在地面形成一层明显的烟气层，如图8-17a所示。后期随着持续过充电池内部反应急剧加剧，烟气喷射方向向上，如图8-17b所示。之后可燃易燃气体在整个舱内弥漫并最终达到火灾条件形成爆燃的火焰，如图8-17c和d所示。根据这一现象，可以进一步根据烟气成分选择适宜的感烟探测器类型，并根据储能电站的布置情况，选择适宜的感烟探测器布置点位，在烟气急剧喷射早期采取适宜的联动措施，从而避免可燃易燃烟气聚集造成爆炸环境，同时也有效避免后续火灾的发生。

8.3.2.2　消防联动控制系统

消防联动控制系统由消防联动控制器、消防控制室图形显示装置、消防电气

a) 地面明显烟气层

b) 烟气急剧喷射气流方向向上

c) 烟气在整个舱内弥漫

d) 爆燃瞬间

图 8-17　典型储能电池模块过充燃烧试验烟气规律

控制装置、消防电动装置、消防联动模块、消火栓按钮、消防应急广播设备、消防电话等设备和组件组成。在火灾发生时，联动控制器按设定的控制逻辑准确发出联动控制信号给消防泵、喷淋泵、防火门、防火阀、防排烟阀和通风等消防设备，完成对灭火系统、疏散指示系统、防排烟系统及防火卷帘等其他消防有关设备的控制功能。在火灾自动报警系统中，火灾报警控制器和消防联动控制器是核心组件，是系统中火灾报警和警报的监控管理枢纽和人机交互平台。

根据电池模块过充试验的不同阶段，可以初步提出不同阶段的联动措施：

第一阶段：储能电池单体安全阀打开阶段，此时少量烟气散逸，如 H_2、CO、CO_2、HCl 等，可通过特定阈值的特征气体探测器进行第一步火灾预警，整个电池预制舱或电池房间内无明显现象，难以通过感烟火灾探测器或感温火灾探测器探测相关现象，需采用可靠联动措施联动电气管理系统实现电池模块停止充电。

第二阶段：储能电池模块多个电池烟气急剧喷射阶段，此时大量烟气急剧喷射，感烟探测器报警，舱体内聚集大量的可燃易燃气体，需联动排烟设备降低电池预制舱或房间内的气体浓度，防止发生爆炸。

第三阶段：储能电池模块发生燃烧，感烟探测器、感温探测器同时报警，此时需联动自动灭火系统进行灭火处理。

通常自动灭火系统在探明火灾发生后才联动启动，由于储能系统火灾的特殊性，当前对于储能电站及储能系统的火灾报警系统与灭火系统之间的联动也处于探索阶段，部分灭火系统在火灾发生前已经启动。如美国亚利桑那州电力储能系统火灾，在探测到电池模组温度从 40℃ 升至 49.8℃ 且感烟探测器报警后，启动了全氟己酮气体灭火系统；美国加利福尼亚州大型储能项目探测到储能电池模块过热后启动了自动喷水灭火系统。灭火系统的提前启动主要是为了防止后续爆燃甚至爆炸事故的发生，但值得注意的是，由于现阶段针对储能系统适用灭火系统的研究也在进行中，部分灭火系统的设计未能阻挡后续事故发生，如美国亚利桑那州电力储能系统火灾事故中，灭火系统启动后消防员到现场多次研判现场环境及电池舱内的安全性，但是仍在喷放灭火剂后 3h 打开电池舱门的瞬间发生了爆燃，造成 4 名消防救援人员不同程度的受伤。

8.3.2.3 可燃气体探测报警系统

可燃气体探测报警系统由可燃气体报警控制器、可燃气体探测器和火灾声光报警器组成，能够在保护区域内泄漏可燃气体的浓度低于爆炸下限的条件下提前报警，从而预防由于可燃气体泄漏引发的火灾和爆炸事故的发生。储能电池模块发生电池单体热失控未能得到及时抑制的情况下，多个储能电池单体将急剧释放出大量的可燃易燃气体，造成电池预制舱或房间内处于爆炸极限范围，可能发生爆炸事故，因此需要安装适宜的可燃气体探测器，及时采取措施，排除火灾、爆炸隐患，实现火灾早期预防，避免火灾爆炸事故的发生。

当前国内外多起事故均已验证了储能电站在电池热失控后存在爆炸风险，因此储能电站必须安装可燃气体探测报警系统。

8.3.3 小结

储能电站火灾预警报警系统的研究对于火灾、爆炸事故的预防和早期处置具有十分重要的意义，当前国内外相关研究仍处于初期阶段，还有很多内容值得深入研究，如储能电池典型燃烧物质识别、不同类型火灾探测器在储能模块场景中的响应特性、合理的火灾探测器阈值选择、电池模块分布方式对于火灾探测预警可能造成的延迟等。同时，与电站内相关电气管理系统、灭火系统、疏散指示系统、防排烟系统及防火卷帘等其他消防有关设备的合理可靠联动也是重要的研究内容。

8.4 储能电站灭火系统适用性研究

当前，常规建筑常用的自动灭火系统包括自动喷水灭火系统、水喷雾灭火系统、细水雾灭火系统、气体灭火系统、泡沫灭火系统、干粉灭火系统等。由于储能电站火灾规律具有特殊性，初期火灾扑灭后电池内部仍有大量直流电，可能在一定温度或一定条件下发生电化学反应，继续产生热量并形成燃烧，因此已有多起储能电站火灾扑救后经过一段时间发生复燃的事故案例。本节将重点介绍国内外针对储能电站灭火系统的研究，明确针对储能电站安全可靠适用的自动灭火系统尚待进一步验证。

8.4.1 国外储能电池模块灭火系统研究

美国DNV GL船级社在DNV GL-RP-0043《电网侧储能系统安全、运行和维护标准》（2017版）中公布了针对三元锂电池、磷酸铁锂电池、钛酸锂电池、矾氧化还原电池等锂离子电池模组采用水、Pyrocool、F-500、FireIce、气溶胶等多种灭火剂开展的试验研究。DNV GL船级社大尺度电池模块灭火试验装置如图8-18所示。该试验初步结论如下：

1）在建筑物中安装电池系统会带来风险，采取建筑防火措施和适当灭火方式可管理该风险。

2）发生火灾或出现热滥用时，测试电池均散发出有毒气体，应合理设计排烟缓解毒性危害。

3）电池表现出复杂的火灾行为，灭火需要大量的水，但需注意其导致其他电池发生短路的副作用。

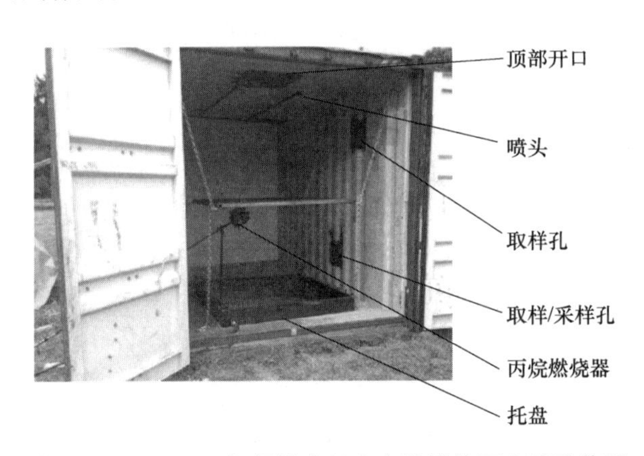

图8-18 DNV GL船级社大尺度电池模块灭火试验装置

美国消防协会（NFPA）在2019年公布了《锂离子储能系统自动喷水保护》指南，发布了针对磷酸铁锂电池簇和三元锂离子电池簇，采用自动喷水灭火系统的灭火效果，部分试验照片如图8-19所示。根据该试验结果，自动喷水灭火系统可以有效地延缓火灾蔓延的速度，限制火灾发展的规模，但对于簇级储能电池系统，只能达到控火的效果，难以实现完全灭火。特别是对于三元锂离子电池簇，即使在自动喷水灭火系统保护的情况下，仍发生了全面燃烧，火势极为迅猛。

a) 磷酸铁锂电池簇

b) 三元锂离子电池簇

图 8-19　锂电池簇自动喷水灭火试验照片

8.4.2　国内储能电池模块灭火系统研究

针对储能电池模块火灾，国内也开展了部分灭火系统的有效性试验。与火灾特性研究试验装置相同，采用实体电池预制舱，将储能电池模块放置于舱体中间，观察不同类型的灭火系统的灭火效果。本节将重点针对七氟丙烷、全氟己酮、热气溶胶、细水雾等灭火系统的适用性展开讨论。

1. 七氟丙烷灭火系统灭火试验研究

试验采用的七氟丙烷灭火装置由灭火剂储瓶、管道和喷嘴组成，灭火剂量为 75kg，压力为 2.5MPa，灭火剂浓度为 10.4%。试验时将灭火剂储瓶安装于试验舱外部，喷头放置于预制舱内，采用全淹没保护方式。

七氟丙烷灭火装置及喷头布置示意图如图 8-20 所示。储能电池模组试样在过充 27.8min 时发生首次爆燃，预燃 30s 后启动七氟丙烷灭火剂灭火，10s 内明火迅速扑灭，但白色烟气仍旧持续从储能模组中释放出来，灭火后 6.5min 时储能电池模组再次发生爆燃，试验舱体内聚集大量白色烟气，爆燃瞬间的冲击力导致一侧安全门开启。

图 8-20　七氟丙烷灭火装置及喷头布置示意图

根据试验结果可知，尽管施加七氟丙烷灭火剂后明火迅速被抑制，但是由于储能电池内部化学反应仍在持续进行，反应过程中产生大量由可燃物质构成的烟气，同时释放出大量热量，因此造成储能电池模组再次发生爆燃并持续燃烧。七氟丙烷灭火剂主要通过在喷放过程中吸收大量热量、降低保护区的氧浓度以及通过化学反应阻断燃烧链式反应等作用灭火。在储能电池模组的灭火过程中，由于储能电池模组中电池内部反应速度极快，不断生成可燃烟气，并累积产生热量，因此定量喷射的七氟丙烷灭火剂仅能完成第一次舱内灭火，难以对后续产生的烟气和热量发生作用，容易发生复燃。七氟丙烷灭火装置试验现象如图 8-21 所示。

2. 全氟己酮灭火系统灭火试验研究

试验采用的全氟己酮灭火装置由启动瓶、灭火剂储瓶、管网和喷嘴组成，试验时启动瓶、灭火剂储瓶安装于预制舱外，喷头安装于电池模组上方，两层环绕布置。试验时，灭火剂用量为 72kg，灭火剂浓度为 6%。

全氟己酮管网布置示意图如图 8-22 所示。储能电池模组试样过充至 32. 2min 时发生爆燃，此后持续预燃 30s 启动全氟己酮灭火剂灭火，10s 内明火迅速扑灭，但灭火后 3. 8min 时储能电池模组再次爆燃。之后采取人工干预方式灭火。在本次试验中，采用全氟己酮灭火剂灭火时，储能电池模组表面火焰可以迅速扑灭，同时电池表面温度下降至 100℃左右，表明全氟己酮灭火剂降温效果较好。但是由于储能电池模组内部的反应链并未完全终止，储能电池内部仍旧大量释放烟气并产生热量，因此储能电池模组发生复燃。全氟己酮灭火试验现象如图 8-23 所示。

a) 储能模组首次爆燃

b) 储能模组燃烧

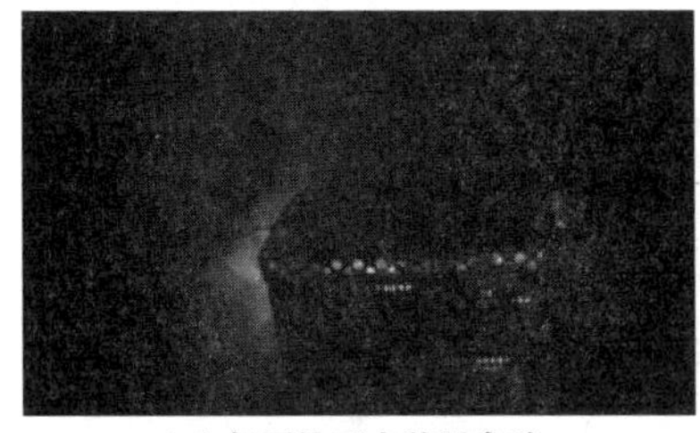

c) 七氟丙烷灭火装置启动

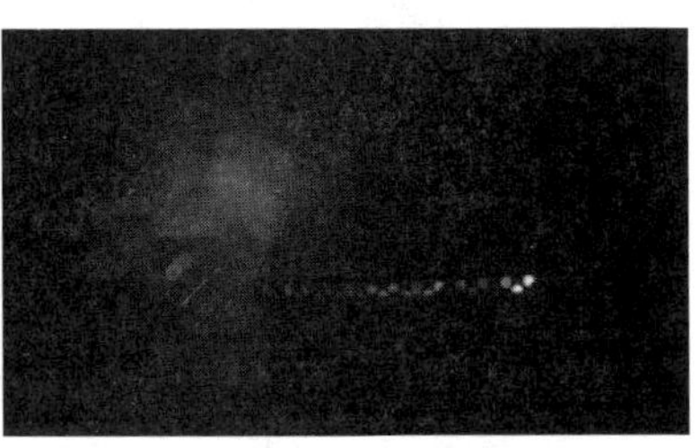

d) 储能模组火焰接近熄灭

e) 储能电池模组复燃

f) 复燃后试验舱体蓄积大量白色烟气

图 8-21　七氟丙烷灭火装置试验现象

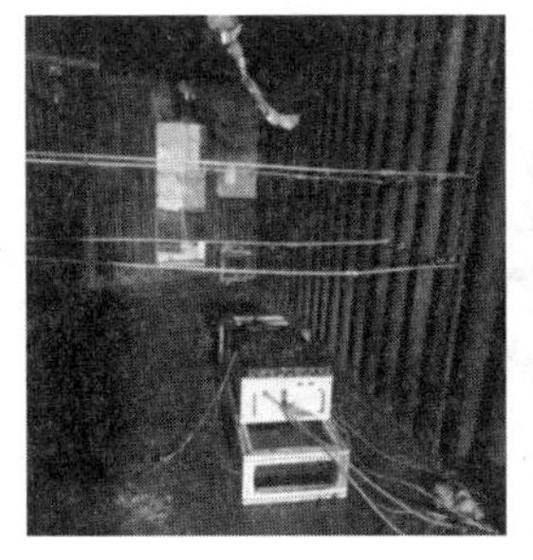

图 8-22　全氟己酮管网布置示意图

3. 热气溶胶灭火系统灭火试验研究

试验采用热气溶胶灭火装置在预制舱中安装 6 套热气溶胶，每套热气溶胶装

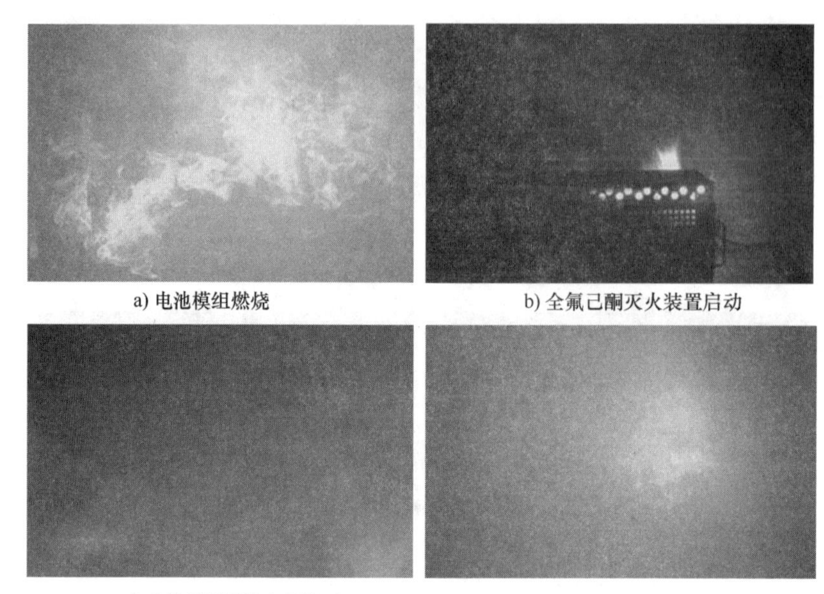

a) 电池模组燃烧　　b) 全氟己酮灭火装置启动

c) 电池模组初次火焰熄灭　　d) 电池模组复燃

图 8-23　全氟己酮灭火试验现象

置中含有的灭火剂量为 1600g，灭火浓度为 124.68g/m³。

热气溶胶装置分布示意图如图 8-24 所示。试验中储能电池模组过充至 49min 时发生首次爆燃，预燃 30s 后启动热气溶胶开始灭火，喷放后 3s 可见火焰得到一定程度的抑制，可在 20s 后又见储能电池模组位置出现明火，热气溶胶未能有效灭火。热气溶胶灭火试验如图 8-25 所示。

图 8-24　热气溶胶装置分布示意图

热气溶胶灭火剂主要通过切断火灾过程中的链式燃烧反应、降低氧浓度起到窒息作用等实现灭火。与七氟丙烷灭火剂、全氟己酮灭火剂相比，热气溶胶灭火剂的降温作用相对较差。在本次试验中，储能电池模组燃烧时电池模组表面温度为 372℃，在喷放之后电池表面仅降至 312℃，喷放完毕后电池模组仍然持续燃

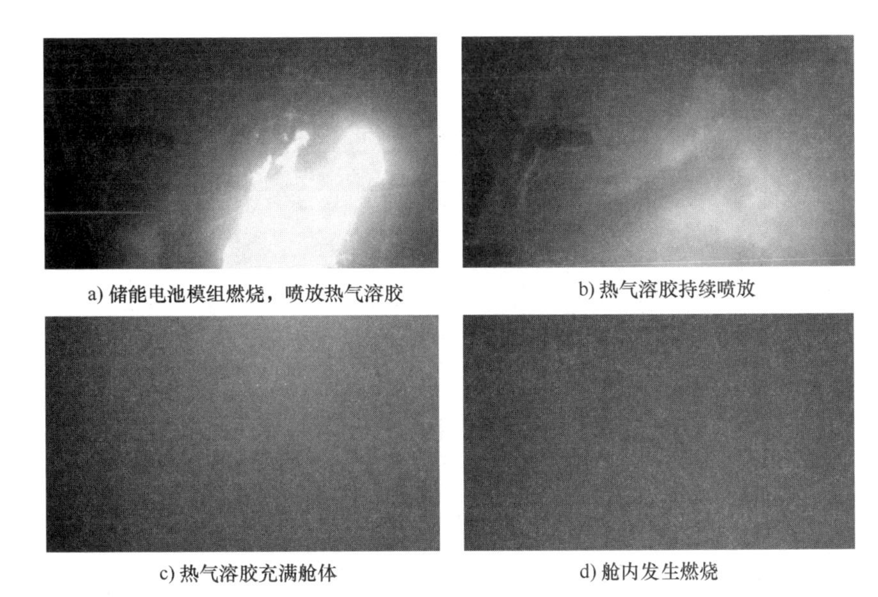

a) 储能电池模组燃烧，喷放热气溶胶　　b) 热气溶胶持续喷放

c) 热气溶胶充满舱体　　d) 舱内发生燃烧

图 8-25　热气溶胶灭火试验

烧，表明热气溶胶灭火剂难以实现对储能电池模组的灭火作用。

4. 细水雾灭火系统灭火试验研究

试验采用的细水雾灭火装置由供水泵、管道及细水雾喷头组成。试验时采用局部应用灭火方式，将喷头放置于储能模组中心位置，保持与电池表面一定距离以形成较好的喷射角度。试验时采取的细水雾灭火装置压力为 10MPa，灭火剂流量为 3L/min，设计方案为灭火后持续冷却 10min。细水雾灭火装置安装示意图如图 8-26 所示。

图 8-26　细水雾灭火装置安装示意图

储能电池模组在过充至 19. 5min 时发生爆燃，预燃 30s 后启动中压细水雾灭火系统，持续喷射 2. 5min 后舱体内无可见火焰，表明明火已被扑灭。此时仍继续喷射细水雾灭火系统 10min 进行冷却。试验结束后持续观测 12h，未见储能电

池模组发生复燃。中压细水雾灭火试验如图 8-27 所示。

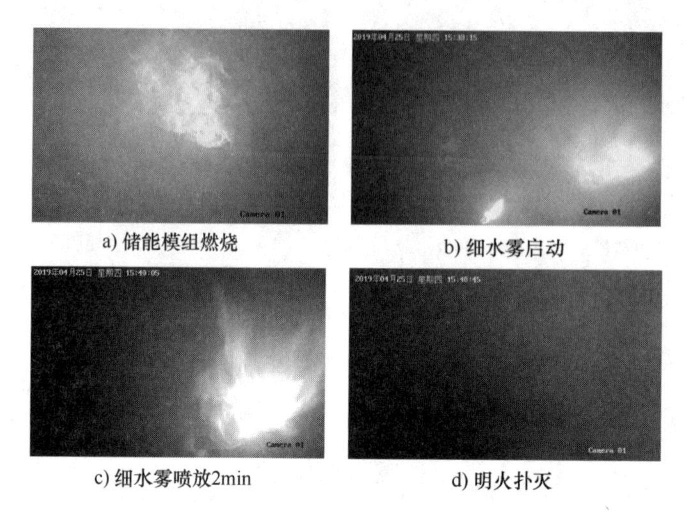

a) 储能模组燃烧　b) 细水雾启动　c) 细水雾喷放2min　d) 明火扑灭

图 8-27　中压细水雾灭火试验

细水雾的灭火机理主要是吸热冷却、隔氧窒息、辐射热阻隔和浸湿作用。本次试验中，由于将细水雾喷头探入模组内部，在细水雾喷放瞬间，细水雾直接作用于起火面，迅速起到了隔氧窒息的作用，燃烧受到较大的抑制。同时，细水雾的雾滴直径较小，受热后易于汽化，在汽、液相态变化过程中吸收大量的热量，从而迅速冷却燃烧物质表面和火灾区域的温度，在细水雾灭火系统持续作用过程中可以有效阻断电池内部的反应，当温度降低至一定程度时，电池内部化学反应将不再持续进行。

通过比较四种灭火装置（七氟丙烷、全氟己酮、热气溶胶、细水雾）对预制舱中单个储能电池模组燃烧的灭火效果，试验结果表明：

1）储能电池模组燃烧时会产生爆燃，且在灭火后电池内部仍会持续发生反应，灭火装置设计时需同时兼顾灭火装置的灭火能力和降温效果，无降温效果的灭火装置难以在储能电池模组火灾中发挥灭火作用。在本组试验中，热气溶胶的降温能力相对较差，因此未能扑灭明火。

2）评价灭火装置对储能电池模组火灾的灭火效果需要充分考察其防止复燃的特性。本组试验中，七氟丙烷、全氟己酮和细水雾灭火装置均能有效扑灭储能电池模组的初期火灾，但七氟丙烷和全氟己酮灭火装置扑灭后储能电池模组发生复燃，如果没有后续灭火措施，仍会发生储能电池模块的全面燃烧，造成储能电站较为严重的火灾事故。

3）本次试验过程中采用的细水雾灭火装置不同于常规细水雾灭火系统。常规细水雾灭火系统是在预制舱中按照 GB 50898—2013《细水雾灭火系统技术规范》要求安装细水雾喷头，但本次试验是在模组中设置喷头，当火灾发生时，在储能电池模块表面形成较好的窒息、冷却和辐射热阻隔作用，这就导致在实际应用时需要在预制舱中的每一个模组中均设置喷头。如果采用常规方式在预制舱顶部位置设置细水雾喷头，将难以实现本次试验的效果，可能难以扑灭火焰。

4）细水雾属于水系灭火剂，由于预制舱式储能电站工作状态下电压较高，因此需特别注意在设计、施工、验收和维护管理过程中避免造成短路。同时，储能预制舱中设置细水雾灭火系统时，必须遵守“先断电、后灭火”的原则，当火灾报警探测器探测到火灾发生时，或者较早前接收到火灾预警信号时，控制器立即进行断电处理，然后开启自动灭火装置。

8.5 储能电站防火设计要点

一般而言，建筑防火设计的目标主要是：1）保证建筑内的人员在火灾时能够安全疏散出建筑物，火灾不会引燃临近建筑物；2）保证建筑结构在火灾中的安全，使其受到火灾或高温热作用后不会发生破坏，并且不会因建筑结构的垮塌而危及救援人员的人身安全；3）保证重要公用设施的正常运行、工业的正常生产或商业经营活动等不会因火灾而中断、停产或造成重大不良影响或巨大经济损失；4）防止因火灾而导致周围环境受到重大影响或污染。针对储能电站，其防火设计也需要以上述四个目标作为基础，针对储能电站火灾特点，结合具体工程、地理环境条件、人文背景、经济技术发展水平和消防救援能力等实际情况综合考虑，实现消防安全水平与经济高效的统一。

8.5.1 锂离子储能电池火灾危险性

火灾危险性分类是储能电站防火设计的基础。GB 51048—2014《电化学储能电站设计规范》中将锂离子电池的火灾危险性分类为戊类，而根据 GB 50016—2014《建筑设计防火规范（2018 年版）》，戊类指的是“常温下使用或加工不燃烧物质的生产”。近年来，锂离子储能电站发生多起火灾事故引发社会广泛关注，而锂离子电池作为能量载体，大量研究表明在过充、受热、外部火源等作用下均可能发生热失控从而引发燃烧或爆炸，锂离子电池的安全性是当前研究的热点问题。电池预制舱中，储能电池模块作为基本单元，其过充试验也表明，电池管理系统故障时可能因为过充而发生爆燃和爆炸。尽管关于锂离子电池的火灾危险性分类仍需要展开系统的研究，可初步判定锂离子电池的火灾危险性大于常规丙类“可燃固体”的火灾危险性。

锂离子电池由壳体材料、正极材料、负极材料、隔膜、电解液等组成，其中不同材料的燃烧特性及火灾危险性均不一致，而且不同电池厂家所采用的各种材料、组分、比例还有差异，因而暂时难以明确划定其火灾危险性类别。在储能电站防火设计中，需充分结合所采用的电池类型、布置方式等，参照甲乙类生产场所进行设计。

8.5.2 户外布置储能电站的防火间距

美国储能柜、储能电池预制舱的应用较为广泛，在美国消防协会（NFPA）2016 年发布的《锂离子储能系统危险评估》中，结合针对特斯拉 100kW 的商用储能系统开展的外部引燃和内部引燃试验，提出了储能柜之间保持 6ft[㊀]（1.83m）的防火间距，同时储能柜上方保持 5ft（1.52m）的净空。值得注意的是，相对于电池预制舱，特斯拉的商用储能系统规模较小，且电池系统也非磷酸铁锂电池。美国工厂联合保险商协会（FM）在 2017 年颁布了财产防损数据表 5-33，在此表中要求储能系统安装在建筑物中时，建筑物的墙体、楼板等需要满足 1h 耐火极限，储能建（构）筑物之间的防火间距不小于 6m，当小于 6m 时，可采用耐火极限至少为 1h 的防火隔离带进行分隔，FM 公司关于储能建筑物防火分隔示意图如图 8-28 所示。

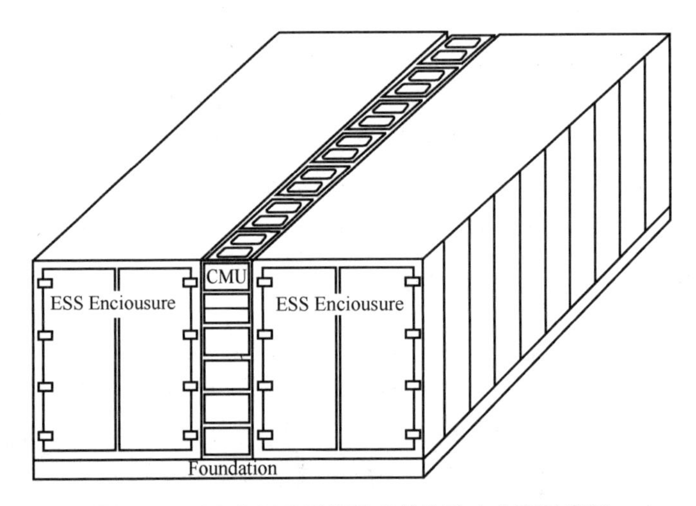

图 8-28 FM 公司关于储能建筑物防火分隔示意图

结合储能电站内不同电力设备的布置情况，防火间距的设计需要从三个层级来考虑，一是储能电站与站外其他建筑之间的防火间距，二是储能电站内预制舱集中布置区域与站内其他建筑物、电力设备之间的防火间距，三是电池预制舱集

㊀ 1ft = 0.3048m。——编辑注

中布置区域内舱体之间的防火间距。当前我国电池预制舱外围护结构多为 20 尺或 40 尺集装箱壳体，作为电力设备未对设备壳体的耐火极限提出要求。为避免其传播火焰，一般要求采用不燃材料制造，且其铺地材料、保温材料等均需选用不燃材料。结合前期储能电池模块燃烧特性试验结果及相关火灾案例分析，储能电池模块燃烧后，由于受到舱体保护，火焰仅在爆燃瞬间可能从位于舱体短边端的门洞口蹿出舱外形成火灾蔓延，一般情况下多在舱体内部发生燃烧，而预制舱长边之间多以热辐射为主。因此，建议适当加大预制舱短边端的防火间距。随着储能电站规模的不断扩大，当预制舱数量较多时，为节约土地资源，提高储能电站的经济性，需要进一步研究考虑预制舱的成组布置问题。由于电池预制舱属于带电设备，火灾发生后储能电池在舱内燃烧，现阶段消防救援采取的策略为在储能电站断电后，在着火预制舱外部持续远距离喷水降温，因而在成组布置时一方面应尽可能避免预制舱之间的火灾蔓延，另一方面需保留足够的消防救援空间。

8.5.3　户内布置储能电站的耐火等级和平面布置

对于采用户内布置的储能电站，建筑耐火等级一般要求不低于二级。同时，由于考虑到锂离子电池产生剧烈热失控后会溢出大量的可燃易燃气体，存在爆炸风险，所以对于建筑结构还需要考虑适当的防爆设计。

储能房间参照甲乙类生产场所，因此按照 GB 50016—2014《建筑设计防火规范（2018 年版）》，防火墙的耐火极限不应低于 4h，办公室、休息室不应设置在厂房内，也尽可能不要贴邻，确需贴邻时，需采用耐火极限不低于 3h 的防爆墙与厂房分隔，并设置独立的安全出口。

8.5.4　火灾探测报警系统设计

结合磷酸铁锂储能电池模块燃烧试验结果可知，电池预制舱火灾防控的关键在于早期预警，一旦在少数电池安全阀打开、特征气体探测器报警时立即联动断电停止对储能电池模块过充，可有效避免火灾发生。由此，建议磷酸铁锂电池预制舱火灾探测报警联动实行分级机制：第一级策略为火灾预警，即通过特征气体如 H_2、CO 探测报警，在第一时间感知到储能电池模块发生少量电池安全阀打开时，采取立即断电停止过充的方式阻止电池内部进一步发生反应，可以有效避免火灾的形成；第二级策略是在感烟火灾探测器探测到舱内储能电池发生急剧热失控、喷射大量可燃烟气时，需联动关闭空调，启动排烟风机，避免舱体内可燃气体浓度过大形成超压；第三级策略为火灾报警，当感温、感烟等火灾探测器探知舱内发生火灾时，应立即联动断电，确认断电后联动启动舱内固定灭火系统进行灭火。

8.5.5 舱内灭火系统设计

预制舱内储能电池模块的布置方式和燃烧特性表明其火灾类型为固体深位火灾、气体火灾、液体火灾和电气火灾，较为复杂的火灾类型使得如何在预制舱中选用合适的灭火方式成为难题。当前国内外均围绕这一问题开展大量研究，但究竟是延续采用气体灭火系统还是可以选用水灭火系统尚存在争议，同时如何有效避免初期火灾扑灭后储能电池自身持续反应引发的复燃问题是当前研究的热点课题。

根据调研，早期电池预制舱内多采用全淹没柜式七氟丙烷灭火系统，然而国内电池预制舱火灾案例表明，七氟丙烷灭火系统可以扑灭舱内初期火灾，但无法抑制复燃。

储能电站固定灭火系统的启动必须遵循“先断电、后灭火”的原则。当前我国针对电池预制舱内固定灭火系统的设计路线，一方面正在开展模块级别细水雾灭火系统的研发，通过细水雾的窒息、持续冷却和隔绝热辐射的多重作用，有效扑灭初期火灾并防止发生复燃；另一方面是研发多级喷射的气体灭火系统，如多次能形成舱内全淹没的七氟丙烷灭火系统以及冷却效果更好的全氟己酮灭火系统。由于当前针对电池预制舱内固定灭火系统的研究尚处于初期阶段，建议在舱内选用固定灭火系统之前开展储能电池模块、储能电池簇的实体灭火试验进行验证，在确保可灭火且不发生复燃的情况下，可在预制舱内设置与试验参数完全一致的灭火系统，同时应保证该固定灭火系统在实际工程应用中的可靠性。

8.5.6 消防水源及消防车道

由于 GB 51048—2014《电化学储能电站设计规范》中未对电力储能系统电站的消防用水提出明确要求，我国早期建设的预制舱式磷酸铁锂电池储能电站周边存在无给水管网或消防水源的情况。结合储能电站火灾案例及消防救援实际情况，建议储能电站周围应设置完备的室外消防给水系统。消防用水宜由市政给水管网供给，也可采用消防水池或天然水源供给，相关要求应符合 GB 50974—2014《消防给水及消火栓系统技术规范》。结合当前部分储能电站火灾扑救经验，储能电站火灾扑救时需要用到大量水持续冷却降温，才能确保储能电站不发生复燃，因此储能电站周边合理水源设计非常关键。

同时，储能电站内宜设置环形消防车道，便于消防救援人员靠近并展开救援，消防车道的相关要求应符合 GB 50016—2014《建筑设计防火规范（2018 年版）》。

一般情况下，由于火灾发生时高温烟气聚集于顶部，因此火灾探测器均布置于顶部。储能电池模块火灾特性试验过程中，由于电池安全阀打开后，烟气急剧喷射的物质组成较为复杂，前期溢出的大量重组分烟气物质将在地面形成一层明显的烟气层。后期随着持续过充电池内部反应急剧加剧，烟气喷射方向朝上。之后可燃易燃气体在整个舱内弥漫并最终达到火灾条件形成爆燃的火焰。对于这一现象，可以进一步根据烟气成分选择适宜的感烟探测器类型，并根据储能电站的布置情况，选择适宜的感烟探测器布置点位，在烟气急剧喷射早期采取适宜的联动措施，从而避免可燃易燃烟气聚集造成爆炸环境，同时也有效避免后续火灾的发生。

8.5.7　其他

储能电站防火设计还包括安全疏散、防爆、应急照明及疏散指示、防烟排烟、电气防火等内容，需结合储能电站的规模、场地、人员等多方面的情况进行综合考虑。

8.6　总结

本章分析了锂离子电池储能系统的本质安全及其火灾特性，从电池单体与电池模组两个角度的过充试验、燃烧试验讨论了电池火灾的特点，介绍了目前储能电站火灾预警系统、自动报警系统的现状以及存在的问题，并进一步总结了储能电站防火设计的要点。

参 考 文 献

[1] GB/T 2408—2021　塑料　燃烧性能的测定　水平法和垂直法
[2] GB/T 2423.1—2008 电工电子产品环境试验　第 2 部分：试验方法　试验 A：低温
[3] GB/T 2423.2—2008 电工电子产品环境试验　第 2 部分：试验方法　试验 B：高温
[4] GB/T 2423.3—2016 环境试验　第 2 部分：试验方法　试验 Cab：恒定湿热试验
[5] GB/T 2423.8—1995 电工电子产品环境试验　第二部分：试验方法　试验 Ed：自由跌落
[6] GB/T 2423.10—2019 环境试验　第 2 部分：试验方法　试验 Fc：振动（正弦）
[7] GB/T 2900.11—1988 蓄电池名词术语
[8] GB/T 4208—2017 外壳防护等级（IP 代码）
[9] GB 7947—2006 人机界面标志标识的基本和安全规则　导体的颜色或数字标识
[10] GB 8702—1988 电磁辐射防护规定
[11] GB 14048.1—2006 低压开关设备和控制设备　第 1 部分：总则
[12] GB/T 36276—2018　电力储能用锂离子电池
[13] GB/T 36548—2018 电化学储能系统接入电网测试规范
[14] GB 38031—2020　电动汽车用动力蓄电池安全要求
[15] GB/T 13384—2008 机电产品包装通用技术条件
[16] GB/T 14537—1993 量度继电器和保护装置的冲击与碰撞试验
[17] GB/T 14598.27—2017 量度继电器和保护装置　第 27 部分：产品安全要求
[18] GB/T 17478—2004 低压直流电源设备的性能特性
[19] GB/T 17626.2—2006 电磁兼容　试验和测量技术　静电放电抗扰度试验
[20] GB/T 17626.4—2008 电磁兼容　试验和测量技术　电快速瞬变脉冲群抗扰度试验
[21] GB/T 17626.8—2006 电磁兼容　试验和测量技术　工频磁场抗扰度试验
[22] GB/T 17626.12—1998 电磁兼容　试验和测量技术　振荡波抗扰度试验
[23] GB/T 19826—2014 电力工程直流电源设备通用技术条件及安全要求
[24] GB 21966—2008 锂原电池和蓄电池在运输中的安全要求
[25] GB 50217—2018 电力工程电缆设计标准
[26] GJB 4477—2002 锂离子蓄电池组通用规范
[27] JB/T 8456—2017 低压直流成套开关设备和控制设备
[28] DL/T 459—2000 电力系统直流电源柜订货技术条件
[29] DL/T 478—2001 静态继电保护及安全自动装置通用技术条件
[30] DL/T 620—1997 交流电气装置的过电压保护和绝缘配合
[31] DL/T 621—1997 交流电气装置的接地
[32] DL/T 724—2000 电力系统用蓄电池直流电源装置运行与维护技术规程
[33] DL/T 5044—2014 电力工程直流电源系统设计技术规程
[34] DL/T 5136—2012 火力发电厂、变电所二次接线设计技术规程
[35] DL/T 5429—2009 电力系统设计技术规程
[36] IEC 61427 光伏能系统（PVES）用二次电池和蓄电池组 一般要求和试验方法
[37] IEC 61850 变电站通信网络和系统

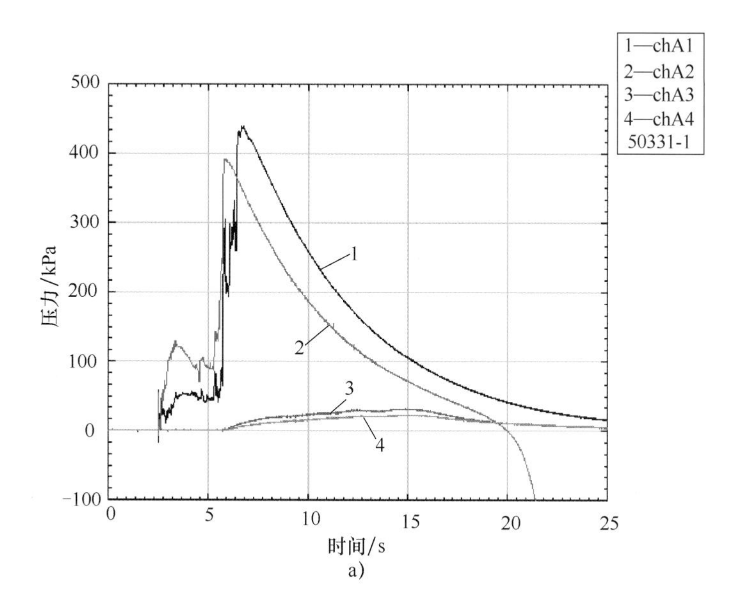

a)

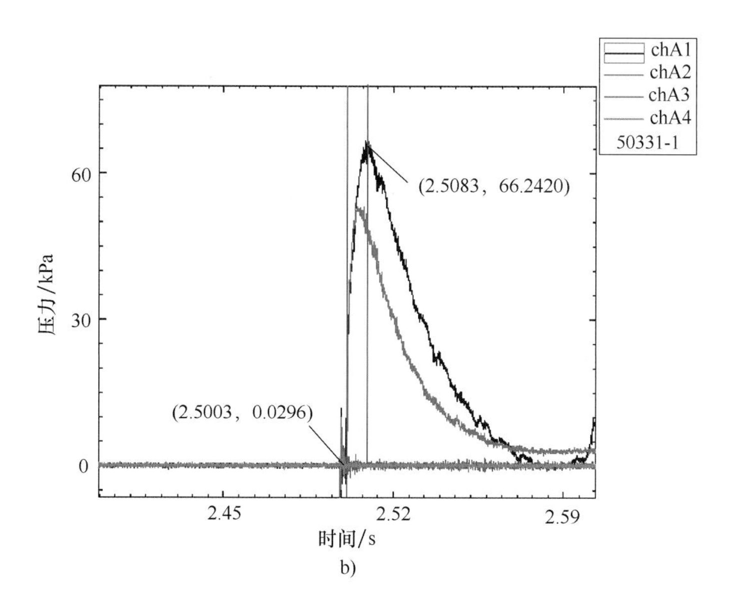

b)

图 4-6　电池单体 2C 过充致爆冲击波波形（试验编号 50331-1）

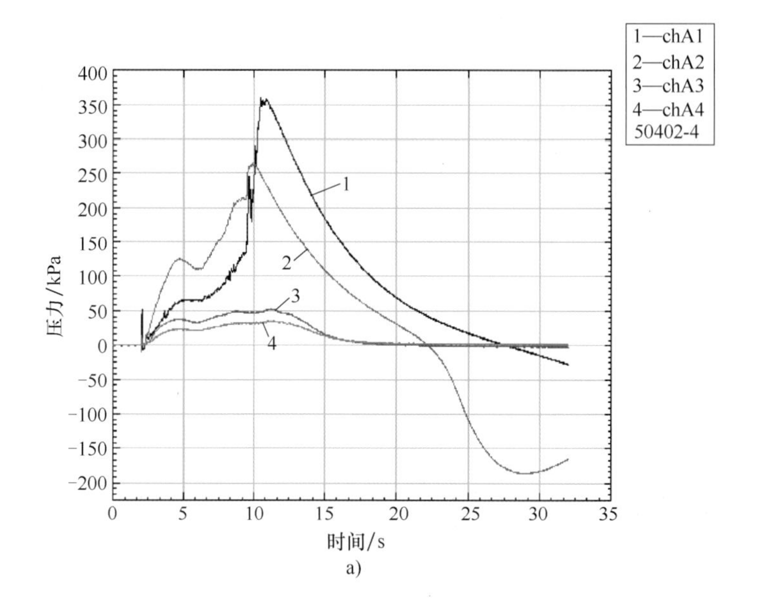

a)

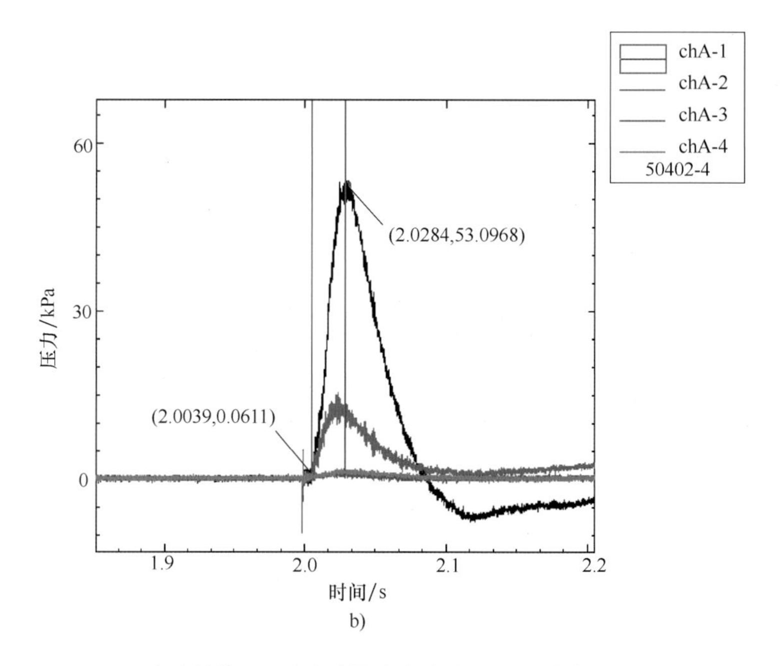

b)

图 4-7　电池单体 2C 过充致爆冲击波波形（试验编号 50402-4）

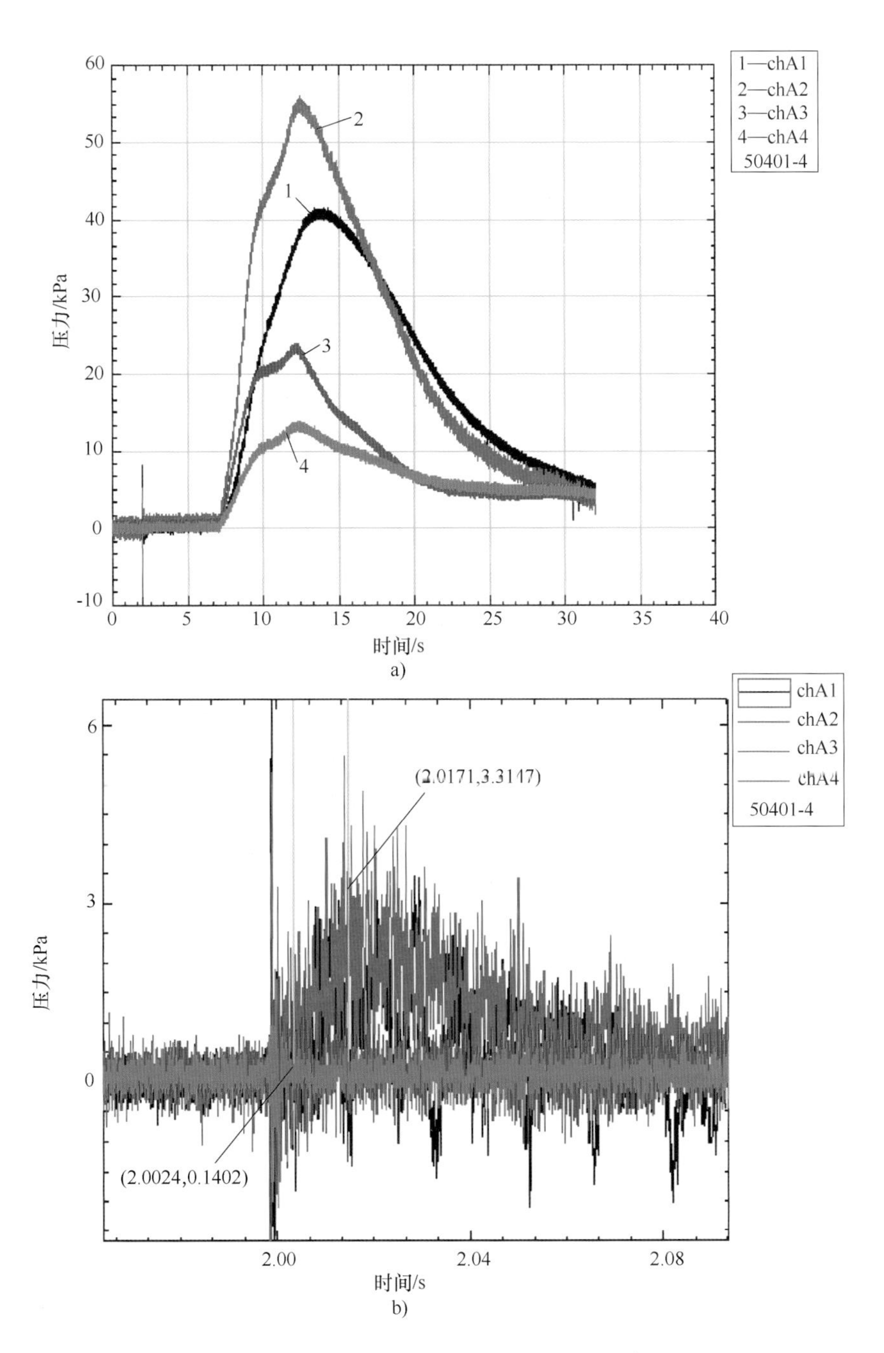

图 4-8　电池单体 3C 过充致爆冲击波波形（试验编号 50401-4）

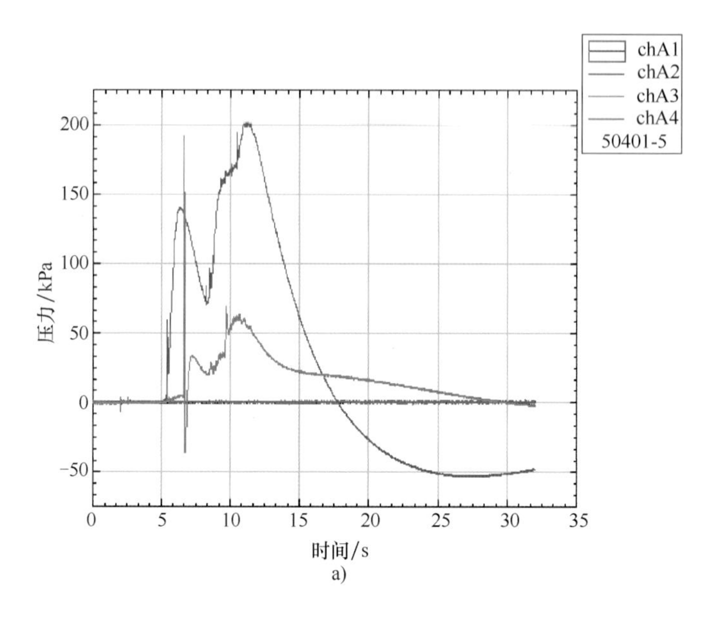

a)

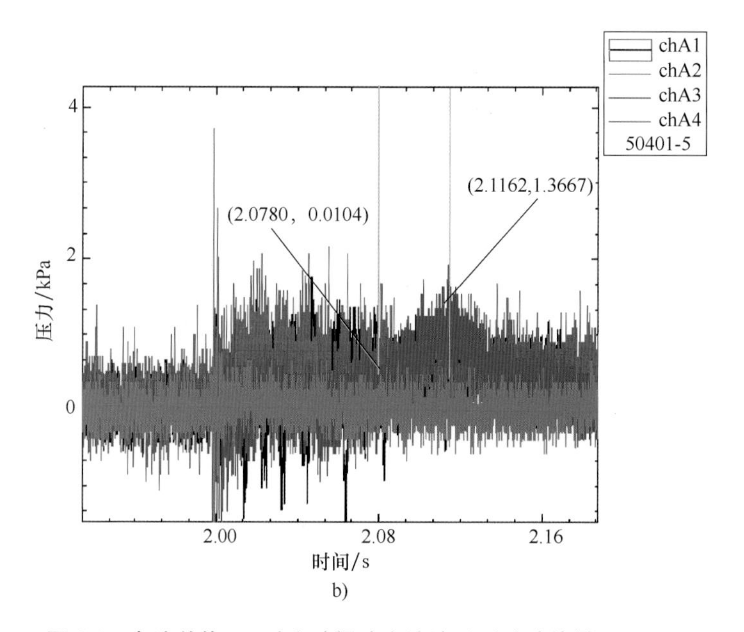

b)

图 4-9　电池单体 3C 过充致爆冲击波波形（试验编号 50401-5）

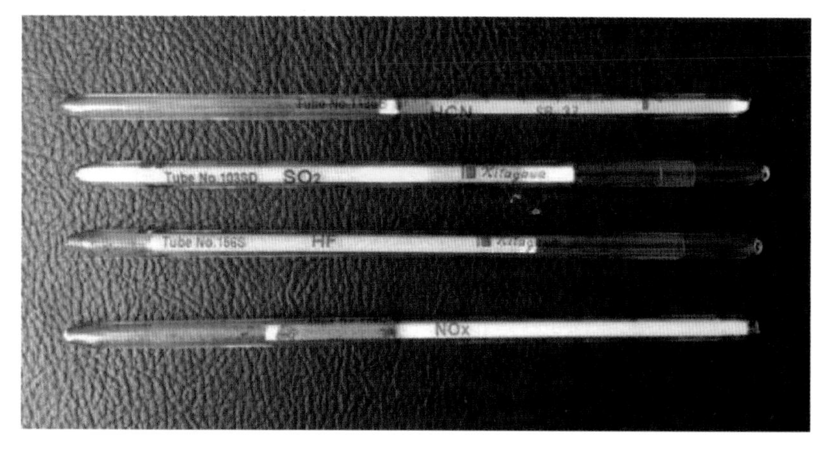

图 **4-15** 电池及隔膜经管式炉完全燃烧后收集的气体经比色管后的读数

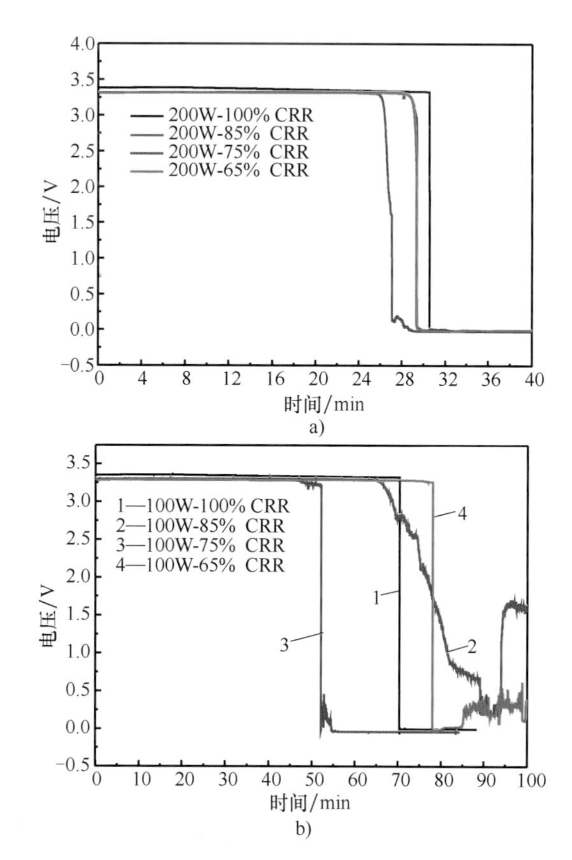

图 **4-46** 不同功率加热下 **25Ah** 梯次利用电池电压和时间的关系曲线

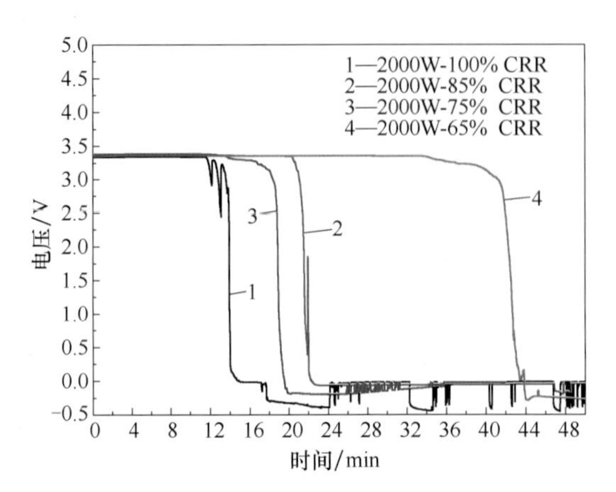

图 4-47　**2000W** 加热 **200Ah** 梯次利用电池电压和时间的关系曲线

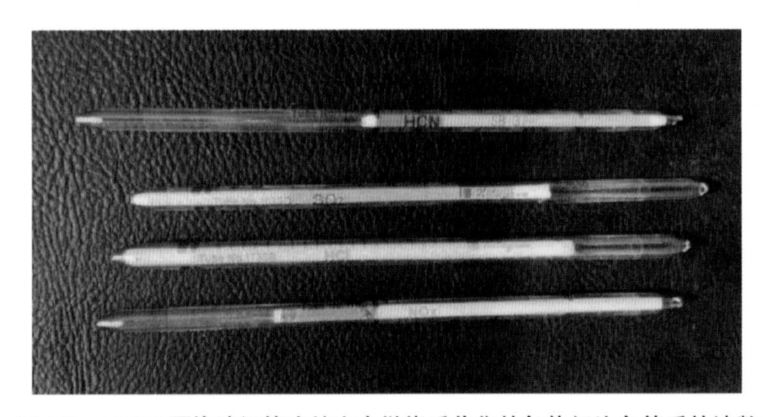

图 6-2　三元乙丙橡胶经管式炉完全燃烧后收集的气体经比色管后的读数

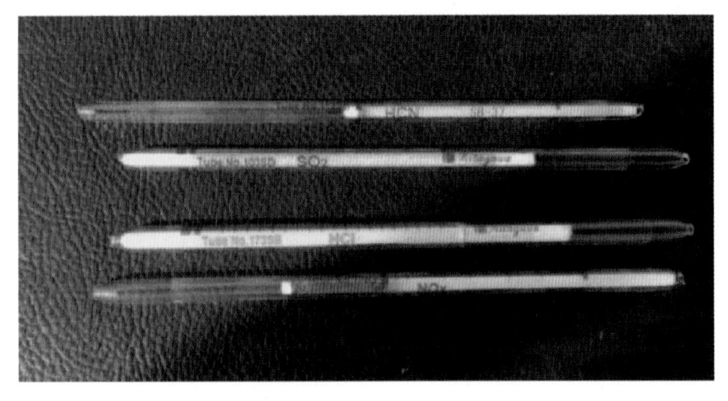

图 6-3　酚醛玻纤板经管式炉完全燃烧后收集的气体经比色管后的读数

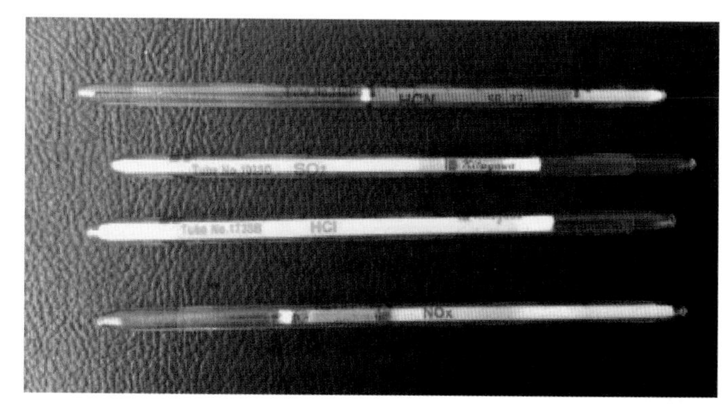

图 6-4　聚氨酯涂层经管式炉完全燃烧后收集的气体经比色管后的读数

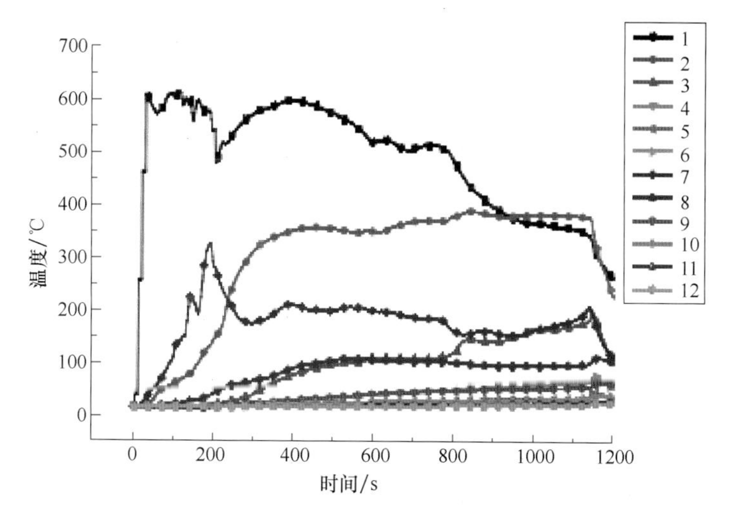

图 6-17　100% SOC 磷酸铁锂电池之间温度随时间变化曲线

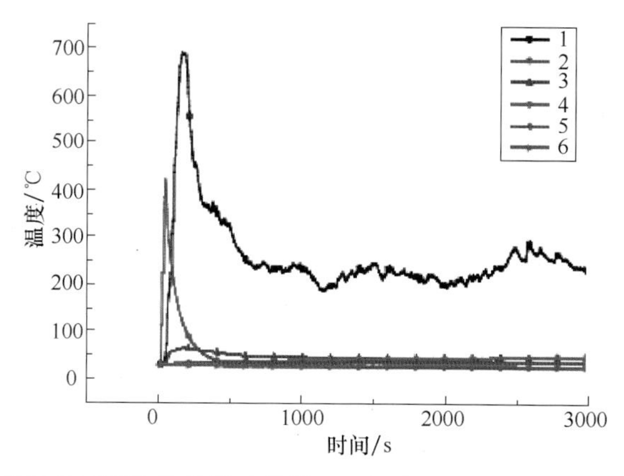

图 6-23　带三元乙丙橡胶片热防护的三元锂电池之间温度随时间变化曲线

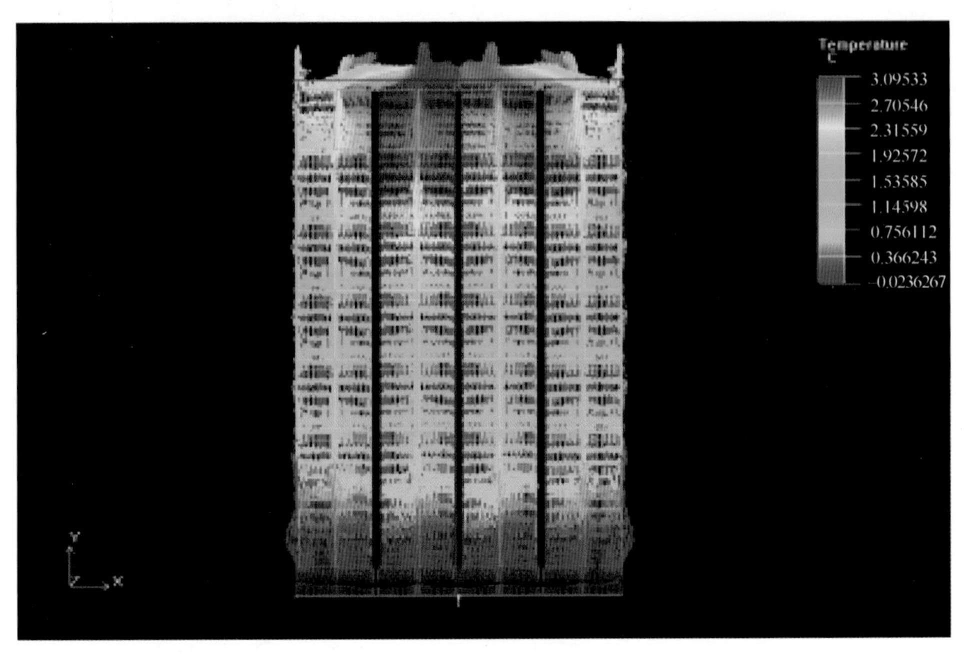

图 7-14　某款电池柜工作温升分布

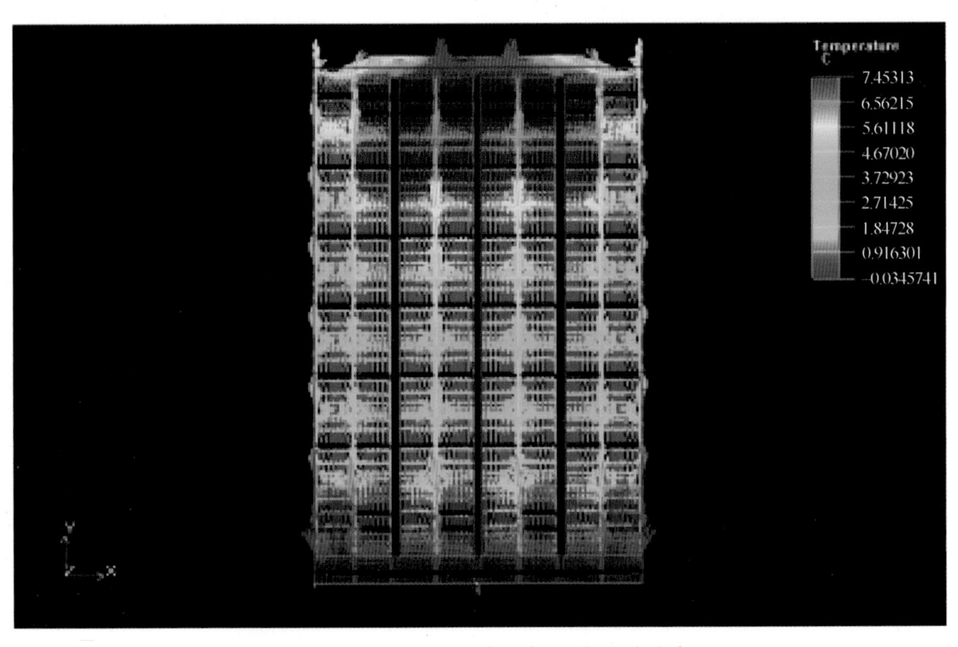

图 7-15　长期使用后电池柜工作温升分布